Sicherer Umgang mit Gefahrstoffen

Herbert F. Bender

Sicherer Umgang mit Gefahrstoffen

Unter Berücksichtigung von REACH und GHS

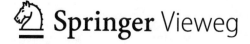 Springer Vieweg

Herbert F. Bender
Böhl-Iggelheim, Deutschland

ISBN 978-3-658-42885-3   ISBN 978-3-658-42886-0   (eBook)
https://doi.org/10.1007/978-3-658-42886-0

Die Deutsche Nationalbibliothek verzeichnet diese Publikation in der Deutschen Nationalbibliografie; detaillierte bibliografische Daten sind im Internet über https://portal.dnb.de abrufbar.

Planung/Lektorat: Ralf Harms
Springer Vieweg ist ein Imprint der eingetragenen Gesellschaft Springer Fachmedien Wiesbaden GmbH und ist ein Teil von Springer Nature.
Die Anschrift der Gesellschaft ist: Abraham-Lincoln-Str. 46, 65189 Wiesbaden, Germany

Das Papier dieses Produkts ist recycelbar.

Vorwort

Das Gefahrstoffrecht erscheint den meisten Verantwortlichen in den Betrieben immer komplexer, verworrener und undurchsichtiger. Der Mix von nationalen Vorschriften mit europäischen Richtlinien und Verordnungen macht die Rechtslage nicht einfacher. Die fast schon unübersehbarer Anzahl von Regeln und Guidelines, eigentlich als Hilfestellung zur Auslegung der Vorschriften gedacht, verwirren oft mehr als sie zur Klärung beitragen.

Was muss ich für eine rechtskonforme Herstellung und Verwendung von Chemikalien wissen? Was ist beim Inverkehrbringen zu beachten? Was bedeuten die zahllosen, verwirrenden Abkürzungen, nicht nur – aber ganz besonders – unter REACH?

Welche Kenntnisse werden zum Bestehen der Sachkundeprüfung nach Chemikalien-Verbotsverordnung benötigt? Was sind die zusätzlichen Anforderungen an die Sachkunde für die Abgabe von Biozidprodukten und Pflanzenschutzmitteln? Viele Fragen im Zusammenhang des amtlichen Fragenkatalogs, dessen Fragen häufig schwer verständlich sind oder wenig mit den tatsächlich notwendigen Kenntnissen für eine Sachkunde zu tun haben.

Im Rahmen des Pharmaziestudiums sowie weiterer naturwissenschaftlicher Studiengänge wird die Sachkunde nach Chemikalien-Verbotsverordnung erworben.

Dieses Lehrbuch versucht auf alle der aufgeführten praxisgerechte Antworten zu geben und das notwendige Rüstzeug zum Erwerb der Sachkunde zu vermitteln. Zu jedem Kapitel sind zur Selbstkontrolle Fragen aus dem amtlichen Fragenkatalog angefügt, am Ende des Buches sind die Lösungen aufgeführt. Unklare Fragestellungen bzw. Fragen mit unzutreffenden Antworten wurden nicht aufgenommen, um die in der Praxis vorhandene Verwirrung nicht noch weiter zu vergrößern.

Jedes Kapitel wird mit einer kurzen Zusammenfassung der Lehrinhalte eingeleitet, Tipps und Empfehlungen sind deutlich hervorgehoben. Um insbesondere Naturwissenschaftler die Stoffeigenschaften und die geregelten Stoffe verständlicher darzulegen, wurden viele Strukturformeln und Abbildungen aufgenommen.

Ohne die Kenntnis von wissenschaftlichen Grundlagen sind viele Einstufungen und Vorschriften nur schwer verständlich, im ersten Kapitel 1 sind diese für alle relevanten toxikologischen und physikalisch-chemischen Eigenschaften beschrieben. Desgleichen sind die über alle Themen geltenden Begriffsdefinitionen hier zusammengefasst.

Die Einstufungskriterien und die Kennzeichnungselemente für alle einstufungsrelevanten Eigenschaften der CLP-Verordnung legen den Grundstein für das Verständnis der gefahrstoffrechtlichen Vorschriften. Die Regelungen zur Einstufung von Gemischen werden im Überblick besprochen, ausführlicher die allgemeinen und speziellen Kennzeichnungsvorschriften.

Im Rahmen der nationalen gefahrstoffrechtlichen Regelungen stehen die Gefahrstoffverordnung und die Chemikalien-Verbotsverordnung im Mittelpunkt. Neben dem Chemikaliengesetz werden noch das Mutterschutzgesetz, die Verordnung über Anlagen zum Umgang mit wassergefährdenden Stoffen, das Kreislaufwirtschaftsgesetz und das Gefahrgutgesetz behandelt, soweit die Inhalte relevant für die Sachkunde sind.

Die Kernelemente der REACH-Verordnung werden soweit erläutert, wie es zum Verständnis der umfassenden europäischen Stoffregelung notwendig ist. Auf detaillierte Beschreibung der Anforderungen an die Registrierung, an die Kandidatenliste und die Zulassung wurde verzichtet, gleichwohl gehen die Ausführungen wegen der großen Bedeutung der REACH-Verordnung deutlich über die Fragen des amtlichen Fragenkatalogs hinaus. Die wichtigsten Anforderungen an das Sicherheitsdatenblatt werden beschrieben, das erweiterte Sicherheitsdatenblatt und die Expositionsszenarien wegen der geringen praktischen Bedeutung dagegen nur kursorisch. Bei der Auswahl der Beschränkungen bei Herstellung, Verwendung und Inverkehrbringen von Stoffen nach Anhang XVII wurde wiederum auf die im Fragenkatalog aufgeführten Regelungen beschränkt.

Ableitung und Anwendung des für Tätigkeiten mit Gefahrstoffen geltenden Arbeitsplatzgrenzwertes AGW, einschließlich der allgemeinen Staubgrenzwerte, finden sich im vorletzten Kapitel. Das Expositions-Risiko-Konzept nach TRGS 910 ist ebenfalls ausführlich erläutert, auch wenn das weitere Schicksal im Rahmen der Diskussionen auf europäischer Ebene zur Zeit noch unklar ist. Aufgrund der großen Bedeutung werden die MAK-Werte ebenfalls ausführlich besprochen, die Grenzwerte der europäischen Union aufgrund ihrer nur begrenzten Bedeutung in der Praxis jedoch nur kurz. Etwas mehr Raum wird der Abhandlung der DNEL und PNEC nach REACH gewidmet. Zur Vermeidung von Missinterpretationen werden die Anwendung und die Bedeutung von Innenraumwerten im Gegensatz zu den Grenzwerten am Arbeitsplatz belechtet.

Im letzten Kapitel werden ausschließlich die im amtlichen Fragenkatalog Teil III abgefragten Informationen aufgeführt. Es wird nicht der Anspruch erhoben, im Gegensatz zu den anderen Kapiteln, das Sachgebiet umfassend und nachvollziehbar zu besprechen. Es will lediglich die für die Sachkunde zum Inverkehrbringen von Biozidprodukten und Schädlingsbekämpfungsmitteln geforderten Kenntnisse aufbereitet vermitteln.

Herbert F. Bender

Inhaltsverzeichnis

Grundlagen

1

Inhaltsverzeichnis

Die gesetzlichen Vorschriften und Regelungen sowie die Schutzmaßnahmen bei der Verwendung von Stoffen basieren primär auf deren toxikologischen, ökotoxikologischen und physikalisch-chemischen Eigenschaften. Im ersten Kapitel werden daher die grundlegenden naturwissenschaftlichen Prinzipien kurz erläutert. Hierbei soll keinesfalls der Anspruch erhoben werden, die umfangreiche Fachliteratur zu den jeweiligen Themen zu ersetzen, sondern lediglich die zum Verständnis notwendigen Grundlagen kurz darzustellen.

1.1 Begriffsbestimmungen

▶ Die grundlegenden Definitionen im Stoffrecht der REACH- [1] und CLP-Verordnung [2] werden erläutert, ebenso wie wichtige nationale Begriffe vom Chemikaliengesetz und der Gefahrstoffverordnung.

Stoff: chemisches Element und seine Verbindungen in natürlicher Form oder gewonnen durch ein Herstellungsverfahren, einschließlich der zur Wahrung seiner Stabilität notwendigen Zusatzstoffe und der durch das angewandte Verfahren bedingten Verunreinigungen, aber mit Ausnahme von Lösungsmitteln, die von dem Stoff ohne Beeinträchtigung seiner Stabilität und ohne Änderung seiner Zusammensetzung abgetrennt werden können.

Gemisch: Gemenge, Gemisch oder Lösung, die aus zwei oder mehr Stoffen bestehen.

Erzeugnis: Gegenstand, der bei der Herstellung eine spezifische Form, Oberfläche oder Gestalt enthält, die in größerem Maße als die chemische Zusammensetzung seine Funktion bestimmt.

Zwischenprodukt: Stoff, der für die chemische Weiterverarbeitung hergestellt und hierbei verbraucht oder verwendet wird, um in einen anderen Stoff umgewandelt zu werden. (nachstehend „Synthese" genannt): Typen:

a) Nicht-isoliertes Zwischenprodukt
b) Standortinternes isoliertes Zwischenprodukt
c) Transportiertes isoliertes Zwischenprodukt

Registrant: Hersteller oder Importeur eines Stoffes oder Produzent oder Importeur eines Erzeugnisses, der ein Registrierungsdossier nach der REACH-VO für einen Stoff bei der ECHA einreicht.

Hersteller: natürliche oder juristische Person mit Sitz in der EU, die in der EU einen Stoff herstellt.

Importeur: natürliche oder juristische Person mit Sitz in der EU, die für die Einfuhr verantwortlich ist.

Händler: natürliche oder juristische Person mit Sitz in der EU, die einen Stoff als solchen oder in einem Gemisch lediglich lagert und an Dritte in Verkehr bringt; darunter fallen auch Einzelhändler.

Inverkehrbringen: entgeltliche oder unentgeltliche Abgabe an Dritte oder Bereitstellung für Dritte. Die Einfuhr gilt als Inverkehrbringen.

Nachgeschalteter Anwender: natürliche oder juristische Person mit Sitz in der EU, die im Rahmen ihrer industriellen oder gewerblichen Tätigkeit einen Stoff als solchen oder in einem Gemisch verwendet, mit Ausnahme des Herstellers oder Importeurs. Händler oder Verbraucher sind keine nachgeschalteten Anwender.

Identifizierte Verwendung: Verwendung eines Stoffes als solchem oder in einem Gemisch oder Verwendung eines Gemischs, die ein Akteur der Lieferkette, auch zur eigenen Verwendung, beabsichtigt oder die ihm schriftlich von einem unmittelbar nachgeschalteten Anwender mitgeteilt wird.

Expositionsszenario: Zusammenstellung von Bedingungen einschließlich der Verwendungsbedingungen und Risikomanagementmaßnahmen, mit denen dargestellt wird, wie der Stoff hergestellt oder während seines Lebenszyklus verwendet wird und wie der Hersteller oder Importeur die Exposition von Mensch und Umwelt beherrscht oder den nachgeschalteten Anwendern zu beherrschen empfiehlt. Diese Expositionsszenarien können ein spezifisches Verfahren oder eine spezifische Verwendung oder gegebenenfalls verschiedene Verfahren oder Verwendungen abdecken.

Verwendungs- und Expositionskategorie: Expositionsszenario, das ein breites Spektrum von Verfahren oder Verwendungen abdeckt, wobei die Verfahren oder Verwendungen zumindest in Form der kurzen, allgemeinen Angaben zur Verwendung bekannt gegeben werden.

Gefährlicher Stoff: Stoff, auf das mindestens ein Einstufungskriterium einer Gefahrenklasse zutrifft.

Gefährliches Gemisch: Gemisch, auf das mindestens ein Einstufungskriterium einer Gefahrenklasse zutrifft.

Explosionsfähiges Gemisch: Gemisch, aus brennbaren Gasen, Dämpfen, Nebeln oder aufgewirbelten Stäuben mit Luft oder einem anderen Oxidationsmitte, das nach Wirksamwerden einer Zündquelle in einer sich selbsttätig fortpflanzenden Flammenausbreitung reagiert, sodass im Allgemeinen ein sprunghafter Temperatur- und Druckanstieg hervorgerufen wird.

Eine **gefährliche explosionsfähige Atmosphäre,** im Fachjargon häufig als geA abgekürzt, ist ein gefährliches explosionsfähiges Gemisch mit Luft als Oxidationsmittel unter atmosphärischen Bedingungen (Umgebungstemperatur von $-20\,°C$ bis $+60\,°C$ und Druck von 0,8 Bar bis 1,1 Bar).

Verwenden: Gebrauchen, Verbrauchen, Lagern, Aufbewahren, Be- und Verarbeiten, Abfüllen, Umfüllen, Mischen, Entfernen, Vernichten und innerbetriebliches Befördern."

Einführer: natürliche oder juristische Person oder eine nicht rechtsfähige Personenvereinigung, die einen Stoff, ein Gemisch oder ein Erzeugnis in den Geltungsbereich des Chemikaliengesetzes verbringt; kein Einführer ist, wer lediglich einen Transitverkehr unter zollamtlicher Überwachung durchführt, soweit keine Be- oder Verarbeitung erfolgt.

Gefahrstoffe sind nach § 2 Gefahrstoffverordnung [3], siehe Abb. 1.1:

1. gefährliche Stoffe und Gemische gemäß CLP-Verordnung,
2. Stoffe, Gemische und Erzeugnisse, die explosionsfähig sind,
3. Stoffe, Gemische und Erzeugnisse, aus denen bei der Herstellung oder Verwendung gefährliche oder explosionsfähige Stoffe entstehen oder freigesetzt werden,
4. nicht eingestufte Stoffe und Gemische, die aufgrund ihrer physikalisch-chemischen, chemischen oder toxischen Eigenschaften und der Art und Weise, wie sie am Arbeitsplatz vorhanden sind oder verwendet werden, die Gesundheit und die Sicherheit der Beschäftigten gefährden können sowie
5. alle Stoffe, die ein Arbeitsplatzgrenzwert nach TRGS 900 [4] besitzen.

Lagern ist das Aufbewahren zur späteren Verwendung sowie zur Abgabe an andere. Es schließt die Bereitstellung zur Beförderung ein, wenn die Beförderung nicht innerhalb von 24 h oder am darauffolgenden Werktag erfolgt. Ist dieser Werktag ein Samstag, so endet die Frist mit Ablauf des nächsten Werktags.

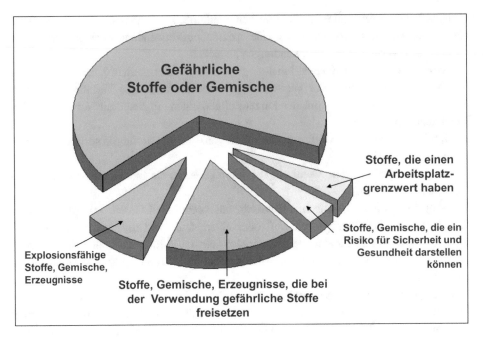

Abb. 1.1 Gefahrstoffe

Als **Stand der Technik** gelten fortschrittliche Verfahren, Einrichtungen oder Betriebsweisen, die sich in der Praxis erprobt, bewährt und geeignet sind, den Schutz der Gesundheit und der Sicherheit zu erreichen. Nähere Ausführungen enthält TRGS 460.

1.2   Grundprinzipien der Toxikologie

▶   Zum Verständnis der Einstufungskriterien der CLP-Verordnung sowie der auf den toxikologischen Eigenschaften resultierenden Schutzmaßnahmen werden grundlegende Kenntnisse der Toxikologie benötigt, die in diesem Abschnitt kurz erläutert werden.

Die wesentlichen stoffbedingten Gesundheitsschäden bei der Verwendung von Chemikalien werden durch folgende Eigenschaften beschrieben:

Lokale Wirkung: toxikologische Wirkung, die auf den unmittelbaren Einwirkungsort beschränkt bleibt, eine Verteilung im Körper findet üblicherweise nicht statt

Beispiele: anorganische Säuren und Laugen, Reizgase wie Stickoxide, Chlorwasserstoff

Systemische Wirkung: toxikologische Wirkung an unterschiedlichen Organen im Körper durch Verteilung nach der Stoffaufnahme durch das Blut- oder Lymphatische System

Akute Toxizität: Wirkung bei einmaliger Stoffaufnahme, meist hoher Dosis.

Chronische Toxizität: Wirkung bei wiederholter, über einen längeren Zeitraum stattfindende Stoffaufnahme

Oral Aufnahme: Aufnahme über den Mund direkt in den Magen

Dermal Aufnahme: Aufnahme über die Haut, perkutan

Inhalativ Aufnahme: Aufnahme über die Atemorgane

1.2.1 Orale Aufnahme

Bei oraler Aufnahme werden durch das saure Milieu im Magentrakt (pH = 1 bis 5) hydrolyseempfindliche Stoffe gespalten. Die Hydrolyse bewirkt fast immer eine Umwandlung in ungiftigere Stoffe: Entgiftung. Seltener erfolgt die Hydrolyse zu giftigeren Stoffen: Giftung.

Im Magen selbst erfolgt keine Resorption, im nachgeschaltetem Darm-Trakt werden fettlösliche (lipophile) Stoffe gut aufgenommen, resorbiert. Stoffe, die weder im Magen noch im Magen-Darm-Trakt resorbiert werden, werden direkt wieder ausgeschieden.

Beispiel: oral aufgenommenes metallische Quecksilber ist nicht bioverfügbar und wird ohne toxikologische Wirkung wieder ausgeschieden. Quecksilberdämpfe werden im Gegensatz hierzu beim Einatmen von den Alveolen aufgenommen und zeigen das typische toxikologische Profil. Organische sowie viele anorganischen Quecksilberverbindungen sind ausreichend löslich und wirken entsprechend auch bei oraler Aufnahme sehr toxisch.

1.2.2 Dermale Aufnahme

Die Haut besitzt eine gute Schutzfunktion gegenüber salzartige, stark polare sowie gegen hochmolekulare Stoffe.

Fettlösliche (lipophile) Stoffe werden demgegenüber meist gut über die Haut aufgenommen und resorbiert. Erfahrungsgemäß werden organische Stoffe mit einem Molekulargewicht unter 200 Dalton meist gut über die Haut aufgenommen. Besonders effektiv ist die dermale Resorption von bipolaren Stoffen mit lipophilen und hydrophilen Gruppen, Abb. 1.2 zeigt eindrucksvoll die effektive Aufnahme des Lösemittels Dimethylformamid. Organische Lösemittel werden daher meist sehr gut über die Haut aufgenommen, die entfettende Wirkung verstärkt durch Schädigung des Schutzmantels noch zusätzlich die dermale Aufnahme. Stoffe, die nicht oder nur geringfügig über die Haut aufgenommen werden, können gelöst in Lösemittel nach dem „Carrier-Effekt" die Hautbarriere trotzdem gut überwinden.

Sehr giftige oder giftige Stoffe mit zusätzlicher ätzender Wirkung werden etrem schnell und wirkungsvoll über die Haut aufgenommen; tödliche Unfälle durch *Phenole, Amine* oder *Flusssäure* sind bekannte Beispiele.

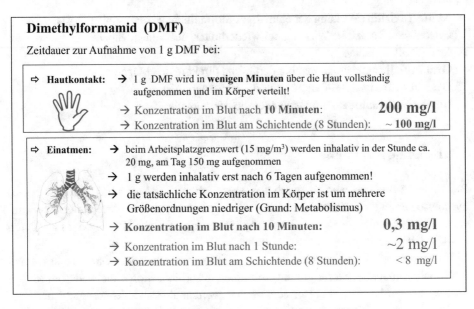

Abb. 1.2 Vergleich dermale und inhalative Exposition

Die folgenden Einflussfaktoren beeinflussen wesentlich die dermale Stoffaufnahme:

- Lipohilie
- Bipolarität
- Molekülgröße
- Ätzwirkung

1.2.3   Inhalative Aufnahme

Gut wasserlösliche Stoffe werden primär im oberen Atemtrakt abgeschieden und von der Schleimhaut resorbiert, lipophile Gase und Dämpfe erreichen dagegen den unteren Atemtrakt, die Bronchiolen und die Alveolen.

Stoffe mit reizender oder ätzender Wirkung lösen im oberen Atemtrakt typische Reaktionen wie Husten oder Niesen aus. Typische Beispiele von

- Reizgasen sind Ammoniak, Chlor-, Fluorwasserstoff oder Schwefeldioxid,
- Dämpfen oder Flüssigaerosolen sind Essig- oder Propionsäure, Schwefelsäureaerosole
- Feststoffen sind Natrium- oder Kaliumhydroxid.

Schwerlösliche Gase und Dämpfe erreichen das nur aus einer sehr dünnen Membran bestehende Bronchial- und Alveolargewebe, in Abhängigkeit des toxikologischen Profils können schwere Gesundheitsschäden ausgelöst werden.,

- Beispiele sind Fluor, Chlor, Brom, Iod, Ozon, Isocyanate, Phosphorchloride.

Sehr kleine Feststoffpartikel mit einem aerodynamischen Durchmesser kleiner 1 μm können ebenso wie nicht wasserlösliche Gase und Dämpfe über die Bronchien bis zu den Lungenbläschen (Alveolen) vordringen. Eine ausführlichere Beschreibung findet sich in Abschn. 1.3.

Stoffe, die die Alveolen erreichen und aufgrund einer latenten Ätzwirkung eine langsame Flüssigkeitsanreicherung bewirken, können ein lebensgefährliches Lungenödem auslösen, das oft erst Stunden nach der Exposition auftritt, wie beispielsweise bei Phosgen, Ozon, Stickstoffdioxid, Methylisocyanat sowie viele Diisocyanate.

1.2.4 Stoffwechsel

Der Stoffwechsel, Metabolismus, dient primär der Energiegewinnung des Körpers. Unabhängig des Aufnahmeweges versucht der Organismus Stoffe energetisch nutzbar zu machen. Nicht oder nur schwer wasserlösliche Stoffe werden hierzu bevorzugt in der Leber enzymatisch zu wasserlösliche Metabolite umgewandelt. Ist dies aufgrund der chemischen Struktur nicht möglich, findet eine direkte Ausscheidung statt, wie bei vielen Metalloxiden.

Toxikokinetik und Toxikodynamik werden wesentlich durch Löslichkeit, Polarität und Lipophilie beeinflusst. Gut wasserlöslich Stoffe sowie die wasserlöslichen Metaboliten haben typischerweise Halbwertszeit von nur wenigen Minuten (Beispiele sind Alkali- oder Erdalkalicyanide) bis zu einem Tag, typisch für die meisten organischen Stoffe. Hochhalogenierte Stoffe sowie die meisten Schwermetallverbindungen haben im Gegensatz hierzu Halbwertszeiten von Monaten bis Jahren.

Die wichtigsten Organe beim Metabolismus sind Leber, Galle, Niere und Magen. In der Leber werden durch enzymatische Hydrolyse, Oxidations- und Reduktionsreaktionen, sowie durch Konjugations- und Adduktbildung an Eiweißen und Enzymen die Wasserlöslichkeit bewirkt. Beim metabolischen Abbau dominieren Oxidationsreaktionen, häufig werden hierbei reaktive Zwischenstufen durch Reaktion mit aktiviertem Sauerstoff gebildet.

1.2.5 Akute Wirkung

Die akute Wirkung beschreibt die zeitnahe Körperreaktion nach Stoffaufnahme. Zur Angabe der akuten Giftigkeit wird die mittlere letale Dosis benutzt, bei der die Hälfte der untersuchten Tiere bei einmaliger Stoffgabe infolge der Stoffeinwirkung sterben. In Abhängigkeit des Aufnahmepfades sind folgende Tierversuche durchzuführen:

- oral: einmalige Applikation der gesamten Menge in den Magen, an Maus oder Ratte
- dermal: einmaliges Auftragen der gesamten Substanzmenge auf die Haut, Einwirkungsdauer 24 h, an Kaninchen
- inhalativ: Exposition über die Atemluft für vier Stunden an Maus oder Ratte

Durch Division der mittleren tödlichen Stoffmenge bei oraler oder dermaler Applikation durch das Körpergewicht wird die mittlere letale Dosis, LD_{50}, berechnet. Einheit: Stoffmenge in Milligramm pro Kilogramm Körpergewicht [mg/kg KGW]. Diese stoffspezifische Größe unterscheidet sich innerhalb einer Spezies, z. B. den Säugetieren, nicht signifikant.

Zur Angabe der akuten inhalativen Toxizität wird die Konzentration des Stoffes in Milligramm pro Liter Atemluft bei vierstündiger Exposition, LC_{50}, [mg/l/4h] benutzt. Da das Atemvolumen unterschiedlicher Tierarten sehr gut mit dem Körpergewicht korreliert, muss keine Adjustierung mit dem Körpergewicht erfolgen. Abb. 1.3 fasst die Definitionen zusammen.

Sind LD_{50} oder LC_{50} von Stoffen/Gemischen nicht bekannt, sondern nur die Einstufung, ist anstelle der experimentellen Werte ersatzweise die so genannten ATEs heranzuziehen.

- **ATE:** acute toxicity estimate, Schätzwert (korrekter ist Ersatzwert) für die akute Toxizität

Tab. 1.1 zeigt einige natürlich vorkommende Toxine mit ihren LD_{50} Werten.

LD_{50} oral:	Dosis, bei der die Hälfte der Versuchstiere bei Aufnahme des Stoffes über den Magen sterben Einheit: mg Stoff pro Kg Körpergewicht Tier [mg/kg KGW]
LD_{50} dermal:	Dosis, bei der die Hälfte der Versuchstiere bei Aufnahme des Stoffes über die Haut sterben Einheit: mg Stoff pro Kg Körpergewicht Tier [mg/kg KGW]
LC_{50} inhalativ:	Konzentration, bei der die Hälfte der Versuchstiere nach vierstündiger Exposition sterben Einheit: mg Stoff pro Liter Atemluft [mg / L / 4 h]

Abb. 1.3   Mittlere letale Dosis bzw. Konzentration

Tab. 1.1 Sehr giftige
Naturstoffe

Stoff	LD$_{50}$ [mg/kg]	Vorkommen
Botulinustoxin	0,000 000 03	Fleisch, Wurst, Konserven
Tetanustoxin	0,000 000 1	Wundstarrkrampf
Crotalustoxin	0,000 02	Cobra
Diphtherietoxin	0,000 3	Krankheitserreger
Crototoxin	0,000 2	Fischgift
Amantanin	0,000 1	Knollenblätterpilz
TCDD	0,001	Zigarettenrauch
Ricin, Abrin	0,005	Paternostererbse, Rizinus
Tetrodotoxin	0,01	Fischgift
Aflatoxin B1	0,01	Schimmelpilz
Muscarin	0,1	Fliegenpilz
Saxitoxin	0,2	Miesmuschel
Oleandrin	0,3	Oleander
Strychnin	0,5	Brechnuss
Nikotin	1	Tabak
Aconitin	0,2	Eisenhut
Orellanin	3	Pilze
Natriumcyanid	10	Bittermandel
Atropin	10	Tollkirsche, Stechapfel

1.2.6   Wirkung bei wiederholter Applikation

Tierexperimentelle Untersuchungen mit wiederholter Stoffaufnahme werden durchgeführt, um die Stoffmenge ohne gesundheitliche Schäden zu ermitteln. Auf Basis dieser Versuche können die Luftgrenzwerte am Arbeitsplatz abgeleitet werden, siehe Kap. 5. Gemäß der REACH-VO müssen diese Versuche ab einer importierten oder hergestellten Stoffmenge von 10 t pro Jahr, siehe Abschn. 4.3.2, durchgeführt werden. Die Versuchsdauern variieren in Abhängigkeit der hergestellten bzw. importierten Stoffmenge, siehe Tab. 1.2.

Versuche mit wiederholter Applikation erlauben die Ermittlung von Dosis-Wirkungs-Kurven, wie in Abb. 1.4 idealtypisch doppellogarithmisch dargestellt. Der Dosis-Wirkungs-Kurve kann die Wirkschwelle, abgekürzt NOAEL (no adverse effect level), entnommen werden.

Zur Festlegung der Wirkschwelle sind alle stoffspezifische Wirkungen mit gesundheitlicher Relevanz heranzuziehen. Die Steilheit (S) der Kurve gibt an, ob bei Überschreitung

Tab. 1.2 Studien mit wiederholter Applikation

Versuchstyp	Expositionsdauer
Akut	Einmalig
Subakut	28 Tage
Subchronisch	90 Tage
Chronisch	>6 Monate bis 2 Jahre
Kanzerogen	2 Jahre

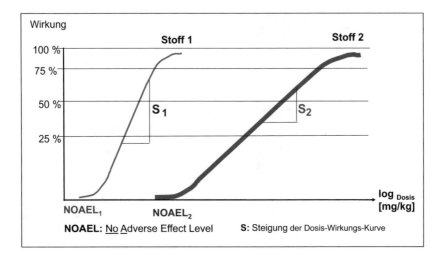

Abb. 1.4 Dosis-Wirkungs-Kurven

der Wirkschwelle mit leichteren oder bereits schnell mit ernsthaften Gesundheitsgefahren zu rechnen ist.

Bekannte Stoffe mit sehr steilem Kurvenverlauf sind Ethylenchlorhydrin, Phosgen, Blausäure, Stickoxide oder Schwefelwasserstoff.

Die Langzeituntersuchungen werden üblicherweise wie die akuten Tests an Ratten oder Mäusen durchgeführt. Die Zeitspanne zwischen Expositionsbeginn und Wirkungs-eintritt (Latenzzeit) ist proportional zur mittleren Lebenserwartung. Zweijährige Tier-studien bei Ratten entsprechen daher einer lebenslänglichen Exposition beim Menschen und repräsentieren somit nicht die Situation am Arbeitsplatz.

Wenn in den Tierversuchen bei der niedrigsten Dosis noch marginale Gesundheits-effekte gefunden werden, kann von diesem LOAEL (Lowest Observable Adverse Effect Level) mit einem zusätzlichen Sicherheitsfaktor der Luftgrenzwert dennoch abgeleitet werden.

1.2.7 Sensibilisierende Wirkung

Eine Allergie ist eine überschießende Immunreaktion des Organismus auf körperfremde Stoffe, unabhängig ob Naturstoffe oder Chemikalie.

Bekannte natürliche Allergene sind Blütenpollen, Gluten im Getreide, Tierhaare oder Schimmelpilze. Zusätzlich besitzen mehrere Metalle ein allergenes Potenzial, Beispiele sind Nickel, Kobalt oder Beryllium. Bekannte Chemikalien mit allergenem Potenzial sind Formaldehyd, Diisocyanate, Glutaraldehyd, Carbonsäureanhydride oder Phenylendiamin. Arzneimittel mit sensibilisierenden Eigenschaften sind beispielsweise Penicillin, Acetyl-Salicylsäure oder Sulfonamide.

Bei einer Allergie bildet das Immunsystem Antikörper gegen strukturelle Merkmale eines Stoffes, oft nach vorheriger Bindung an körpereigene Proteine, die das Immunsystem als Krankheitserreger interpretiert.

Sensibilisierungen verlaufen zweistufig: In der Initiierungsphase werden durch Kontakt mit dem sensibilisierenden Agens bzw. dem Protein-Stoff-Addukt die Antikörper vom Immunsystem gebildet. Die Antikörperbildung ist selbst dann nicht ausgeschlossen, wenn bereits seit Jahrzehnten mit dem allergenen Stoff gearbeitet wurde, ohne dass eine allergische Reaktion ausgelöst wurde. Beispielsweise erkranken viele Bäcker und Konditoren an einer Mehlstauballergie erst in der 2. Lebenshälfte.

Nachdem in der Induktionsphase die Antikörper gebildet wurden, kann bei erneuter Exposition die Sensibilisierungsreaktion ausgelöst werden.

Nach den Einstufungskriterien der CLP-Verordnung wird zwischen einer allergischer Reaktion

- der Atemwege (Atemwegsallergene) und
- der Haut (Kontaktallergene)unterschieden.

Symptome einer atemwegsallergischen Reaktion sind der allergische Schnupfen (Rhinitis allergica) mit Nasenjucken oder Niesreiz bis hin zu Niessalven, Fließschnupfen und Nasenverstopfung sowie das allergische Asthma bronchiale mit anfallartiger Luftnot und pfeifenden Atemgeräuschen. Häufig gehen diese allergischen Reaktionen einher mit Augenbindehautentzündung (Blepharokonjunktivitis) oder seltener mit fieberhaften Lungenerkrankungen (allergische Alveolitis, z. B. Farmerlunge).

Allergische Reaktionen werden sehr stark von der individuellen genetischen Disposition bestimmt. Ein allergischer Schnupfen oder allergisches Asthma durch pflanzliche und tierische Allergene ausgelöst, tritt häufig bei Personen mit einer vererbten Bereitschaft zu Überempfindlichkeitsreaktionen (Atopie) auf. Die Schwere von allergischen Atemwegsbeschwerden ist u. a. abhängig von der Expositionshöhe und Dauer sowie der sensibilisierenden Potenz des Allergens.

Die meisten allergischen Berufskrankheiten werden durch Mehlstaub ausgelöst, gefolgt von Chromat (Zement), Epoxide oder Diisocyanate.

Zur Prüfung auf hautsensibilisierende Eigenschaft wird in Tierversuchen bevorzugt der Lymphknotentest (LLNA: Local Lymphe Node Assay) nach der OECD Testmethode TG 429 an der Maus verwendet. Beim Maximierungstest nach Magnusson-Kligmann (OECD TG 406) wird die zu prüfende Substanz in einer nicht reizenden Konzentration unter die Haut von Meerschweinchen injiziert und zur Verstärkung mit einem bekannten Allergen eine Körperreaktion ausgelöst. Zur Ermittlung der atemwegsensibilisierenden Wirkung stehen keine tierexperimentellen Untersuchungsmethoden zur Verfügung, die Einstufung als Atemwegsallergen beruht weitgehend auf Erfahrungen am Arbeitsplatz.

1.2.8   Reproduktionstoxische Wirkung

Nach der CLP-Verordnung werden entwicklungsschädigende und fruchtbarkeitsschädigende Wirkung in dem Oberbegriff reproduktionstoxisch zusammengefasst. Beide Eigenschaften sind vollkommen unterschiedlich, besitzen keine toxikologischen Ähnlichkeiten und werden im Folgenden getrennt beschrieben.

1.2.8.1 Entwicklungsschädigende Wirkung

Zum Verständnis entwicklungsschädigender Wirkungen sind Kenntnisse der Entwicklung von der befruchteten Eizelle bis zur Geburt notwendig: In den beiden ersten Wochen nach der Befruchtung beginnen die Zellteilungen bis zur Embryonalphase. Schädigungen in dieser Phase der Schwangerschaft, der sogenannten **Blastogenese,** sind oft so gravierend, dass sich die befruchtete Eizelle nicht in die Gebärmutter einnistet. Da die Schwangerschaft in diesem Stadium i. A. noch nicht bekannt ist, wird auch die Fehlgeburt (Abort) nicht wahrgenommen. An das Stadium der Blastogenese schließt sich die **Embryogenese** an. Beim Menschen erstreckt sich diese Phase von der dritten bis zur achten Schwangerschaftswoche. In dieser Entwicklungsphase werden die Organe und die Extremitäten ausgebildet, als Folge sind schwerwiegende morphologische Veränderungen möglich. Diese anatomischen Missbildungen werden als **teratogene** Effekte bezeichnet. Abb. 1.5 zeigt die Schädigung verschiedener Organe in Abhängigkeit der Zeit.

An die Embryogenese schließt sich die **Fetalperiode** an, während der sich das zentrale Nervensystem ausbildet und das weitere Wachstum der Organe stattfindet.

Gemäß den Einstufungskriterien der CLP-Verordnung werden Stoffe als entwicklungsschädigend eingestuft, wenn bei einer Dosis unter 1000 mg/kg Körpergewicht (Limitdosis) embryo- oder fötotoxische Wirkungen festgestellt wurden, ohne dass eine Schädigung des mütterlichen Organismus (maternaltoxischer Effekt) ausgelöst wurde. Während teratogene Effekte anatomische Missbildungen ausdrücken, ist der Begriff Fruchtschädigung weiter gefasst. Hierzu zählen alle durch die Stoffexposition

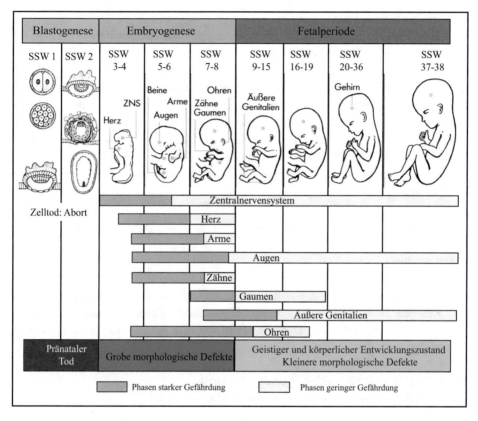

Abb. 1.5   Sensible Phasen der Schwangerschaft

ausgelösten Veränderungen, die bei der Geburt erkennbar sind, wie z. B. verringertes Geburtsgewicht oder Organschäden.

Zu den **Entwicklungsschädigungen** werden auch die Effekte gezählt, die sich bis ins Kindesalter zeigen. Bestens bekannt sind die Entwicklungs- und Verhaltensstörungen durch Alkohol.

Zu den Entwicklungsschädigungen zählen

- embryo- oder fötotoxische Wirkungen wie geringeres Körpergewicht, Wachstums- oder Entwicklungsstörungen und Organschäden,
- letale Effekte oder Aborte,
- Missbildungen (teratogene Effekte),
- funktionelle Schädigungen,
- pränatale Schäden,
- perinatale Schäden (zwischen 24. Schwangerschaftswoche und 7 Tage nach der Geburt),

- postnatale Schäden und
- Beeinträchtigung der postnatalen geistigen und physischen Entwicklung bis zum Abschluss der pubertären Entwicklung.

Analog den meisten toxikologischen Wirkung existiert auch für die Entwicklungsschädigung eine Wirkschwelle, unterhalb derer keine Schädigungen auftreten. Liegt die Wirkschwelle eines Stoffes mit ausreichendem Sicherheitsabstand bei inhalativer Exposition unter dem MAK-Wert, stuft die deutsche MAK-Kommission den Stoff in die Schwangerschaftsgruppe C ein, siehe hierzu Abschn. 1.2.8.3.

Wichtige Ursachen von Entwicklungsschädigungen beim Menschen sind neben Chemikalien von großer Bedeutung

- physikalische Strahlen, wie beispielsweise Röntgen- oder gamma-Strahlen,
- Viren und
- Bakterien.

Zivilisatorische Ursachen von Entwicklungsschädigungen beim Menschen sind Alkohol, Rauchen (Kohlenmonoxid), Drogen, Zytostatika (Krebsmedikamente), Vitamin A und seine pharmazeutischen Derivate sowie spezielle Arzneimittel (z. B. *Contergan, Phenothiazin*).

1.2.8.2 Fruchtbarkeitsschädigende Wirkung

Fruchtbarkeitsschädigende Wirkungen sind Effekte auf

- die Sexualorgane,
- die Libido (Geschlechtstrieb),
- das Sexualverhalten,
- die Spermatogenese (Samenbildung),
- die Oogenese (Entwicklung der Eizelle) und
- den Hormonhaushalt und physiologische Reaktionen, die im Zusammenhang mit der Befruchtungsfähigkeit, der Befruchtung und der Entwicklung der befruchteten Eizelle bis zur Einnistung im Uterus, stehen.

Eine Einstufung als fruchtbarkeitsschädigend setzt voraus, dass eine eindeutige Wirkung auf das Reproduktionssystem durch die Stoffexposition belegt ist, z. B. durch einen geänderten Hormonspiegel.

1.2.8.3 Einteilung der MAK-Kommission in Schwangerschaftsgruppen

Analog krebserzeugender und erbgutverändernder Stoffe teilt die deutsche MAK-Kommission Arbeitsstoffe bezüglich ihrer entwicklungsschädigenden Eigenschaft in Relation zum MAK-Wert in Schwangerschaftsgruppen ein.

Schwangerschaftsgruppe A:
Eine fruchtschädigende Wirkung ist beim Menschen sicher nachgewiesen und auch bei Einhaltung des MAK- und BAT-Wertes zu erwarten.

Schwangerschaftsgruppe B:
Eine fruchtschädigende Wirkung ist nach den vorliegenden Informationen bei Exposition in Höhe des MAK- und BAT-Wertes nicht auszuschließen. In der jeweiligen Begründung ist, sofern die Bewertung der Datenlage durch die Kommission es ermöglicht, ein Hinweis gegeben, welche Konzentration der Zuordnung zur Schwangerschaftsgruppe C entsprechen würde.

Schwangerschaftsgruppe C:
Eine fruchtschädigende Wirkung ist bei Einhaltung des MAK- und BAT-Wertes nicht anzunehmen.

Schwangerschaftsgruppe D:
Für die Beurteilung der fruchtschädigenden Wirkung ggf. inklusive der entwicklungsneurotoxischen Wirkung liegen entweder keine Daten vor oder die vorliegenden Daten reichen für eine Einstufung in eine der Gruppen A, B oder C nicht aus.

In die Schwangerschaftsgruppe A und B sind u. a. eingestuft:Carbendazim, Methylenchlorid, N,N-Dimethylformamid, Dimethylsulfoxid (DMSO), 2-Ethoxyethanol, 2-Ethoxyethylacetat, Halothan, Kohlenstoffmonoxid, Methoxyessigsäure, 2-Methoxyethanol, Natriumfluoracetat, Tetraethylblei, Butylzinnverbindungen. Die meisten der bisher eingestuften Stoffe wurden der Schwangerschaftsgruppe C zugeordnet, Abb. 1.6 zeigt eine Auswahl.

1.2.9 Krebserzeugende Wirkung

Stoffe, die erfahrungsgemäß beim Menschen unter Arbeitsplatzbedingungen Krebs auslösen können, werden in die Kategorie 1 A eingestuft, wenn in epidemiologischen Unter-

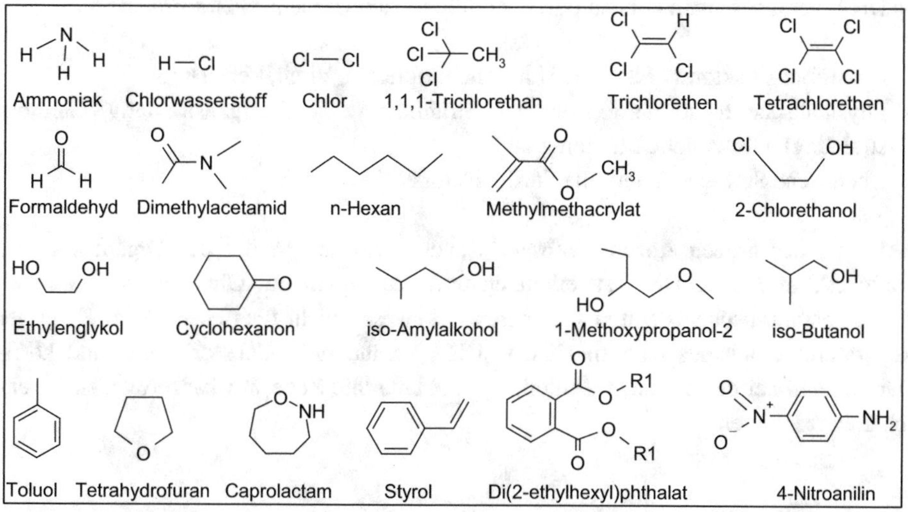

Abb. 1.6 Stoffe der Schwangerschaftsgruppe C

suchungen ein kausaler Zusammenhang zwischen einer statistisch signifikant erhöhten Tumorrate und der zugeordneten Exposition vorhanden ist.

Tumore werden durch unkontrolliertes Zellwachstum ausgelöst. Durch fortschreitende Teilung der Zelle können Geschwülste entstehen. Grundsätzlich wird zwischen gutartigen (benignen) und bösartigen (malignen) Tumoren unterschieden.

Gutartige Tumore wachsen isoliert vom umgebenden Gewebe. Diese Gewebswucherungen wachsen normalerweise eingekapselt und expansiv, d. h. aus sich heraus. Sie werden mit dem Suffix *-om* bezeichnet: Ein faserbildender Tumor des Bindegewebes ist demnach als Fibr*om*, Angi*om* ein Gefäßtumor, Aden*om* ein Drüsentumor und Lip*om* ein Tumor des Fettgewebes.

Bösartige Tumore wachsen im Gegensatz hierzu nicht in einer isolierten Einheit, sondern in das umliegende gesunde Gewebe hinein; im Sinne eines infiltrativen Wachstums. Werden Töchtergeschwülste über Blut- und Lymphsystem verteilt, können sich Metastasen an gänzlich anderen Organen ansiedeln. Bösartige Tumore werden üblicherweise als „Krebs" bezeichnet.

In Abhängigkeit vom befallenen Gewebe unterscheidet man zwischen:

- Karzinom: Krebs von Epithelzellen
- Sarkom: Krebs von Bindegewebszellen

Epithelzellen bilden die inneren und äußeren Oberflächen im Organismus. Hierzu zählen die Haut, die Atmungsorgane, der Magen-Darm-Trakt sowie zahlreiche Drüsen, wie z. B. die Brustdrüse, die Bauchspeicheldrüse oder die Schilddrüse. Die meisten Krebse (ca. 90 %) gehen von Epithelzellen aus und sind somit Karzinome. Zur Charakterisierung wird das Suffix *-karzinom* verwendet; ein bösartiger Tumor des Drüsengewebes ist daher ein Adenokarzinom.

DNA-Veränderungen können durch vielfältige Faktoren ausgelöst werden:

- Biologische Faktoren: Enzyme, Hormone, Bakterien, Viren, Vererbung
- Physikalische Faktoren: ionisierende Strahlung (z. B. Röntgenstrahlung, Gammastrahlung), ultraviolette Strahlung
- Chemische Stoffe: synthetische Stoffe, Naturstoffe

Aufgrund der großen Anzahl krebsauslösender Faktoren besitzt der Organismus die Fähigkeit, veränderte DNA zu erkennen und zu reparieren. Ohne die Vielzahl solcher Reparaturmechanismen sind höheren Lebewesen nicht überlebensfähig. Kann der Reparaturmechanismus eine spezifische DNA-Veränderung nicht erkennen und korrigieren, kann bei der nächsten Zellteilung eine entartete Zelle mit kanzerogenen Eigenschaften resultieren.

Die Reaktion eines Kanzerogens mit der DNA wird als **Initiationsphase** bezeichnet. Wird der DNA-Schaden durch die Reparaturmechanismen nicht korrigiert, ist die Änderung persistent. Eine so veränderte DNA kann jedoch selbst keinen Tumor auslösen, erst bei der nächsten Zellteilung kann das unkontrollierte Zellwachstum gestartet werden. Eine initiierte Zelle wird deshalb als „schlafende Krebszelle" bezeichnet.

Wirkt auf eine derart veränderte Zelle ein Promotor ein, kann die Zellteilung und somit das unkontrollierte Zellwachstum einsetzen. Im Gegensatz zur Initiationsphase ist die **Promotionsphase** reversibel. Wird der Promotor, bevor er die Zellteilung eingeleitet hat, beseitigt, erfolgt kein autonomes (unkontrolliertes) Zellwachstum. Als äußerst wirkungsvoller Promotor hat sich *2,3,7,8-Tetrachlordibenzodioxin* (TCDD) gezeigt. Im Gegensatz zu genotoxischen Kanzerogenen existiert bei Promotoren Wirkschwellen, unterhalb derer eine promovierende Wirkung nicht erfolgt.

Die Zeit zwischen Initiierung und der Entstehung von autonom wachsenden Zellen, die makroskopisch erkennbar sind, wird als **Latenzperiode** bezeichnet. Je nach Konzentration des Kanzerogens, seiner krebsauslösenden Potenz und vorhandener Promotoren beträgt die Latenzzeit beim Menschen typischerweise zwischen 10 und mehr als 60 Jahren. Die Zusammenhänge zwischen der krebsauslösenden Dosis und der Latenzzeit sowie der Wahrscheinlichkeit der Krebsauslösung bedürfen der weiteren wissenschaftlichen Untersuchung.

Energiereiche Strahlung, wie beispielsweise UV-Licht, kann Veränderungen der DNA auslösen. Daher besteht bei jedem Sonnenbrand prinzipiell die Gefahr eines Hautkrebses. Im gleichen Sinn kann die energiereichere Röntgenstrahlung Veränderungen der DNA bewirken.

Auch wenn in den letzten Jahrzehnten das Krebsgeschehen in der westlichen Bevölkerung Änderungen unterworfen war, haben sich die wesentlichen Ursachen tödlicher Krebserkrankungen nur unwesentlich verschoben. Rauchen und falsche Ernährung, insbesondere fettreiche Überernährung, sind die Hauptkrebsfaktoren, gefolgt von der endogenen Ursache Vererbung. Berufsbedingte Tumore haben an der gesamten Anzahl tödlicher Krebserkrankungen einen Anteil von ca. 4 %. In zahlreichen Studien wurde die Gültigkeit der bereits vor Jahrzehnten von den Professoren Doll und Peto aufgestellte Statistik immer wieder bestätigt. In Abb. 1.7 sind die Ursachen der tödlichen Krebserkrankung nach dem derzeitigen Kenntnisstand dargestellt.

Die deutsche MAK-Kommission teilt krebserzeugender Stoffe seit 1998 in die Kategorie 4 und 5 ein. Die Definition der Kategorien 1 bis 3 entsprechen denen der CLP-Verordnung 1 A, 1B und 2. Krebsauslösende Stoffe den Kategorien 4 und 5 besitzen beim MAK-Wert kein oder ein vernachlässigbares krebserzeugendes Potenzial.

Kategorie 4: Nicht-genotoxische Kanzerogene mit geringer Wirkungsstärke ohne Krebsrisiko beim MAK-Wert

Kategorie 5: Genotoxische Kanzerogene mit geringer Wirkungsstärke mit vernachlässigbarem Krebsrisiko beim MAK-Wert

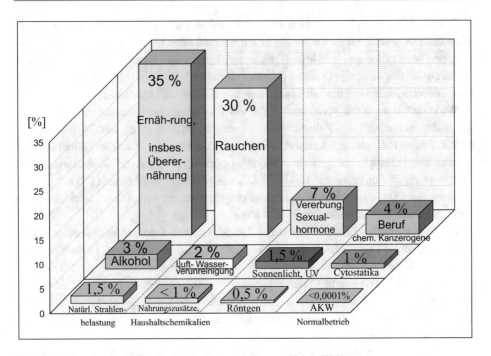

Abb. 1.7   Ursachen tödlicher Krebserkrankungen der westlichen Welt

Stoffe der Kategorie 4 sind u. a. Formaldehyd, Dimethylformamid, Dioxin, Propylenoxid, Furan, Tetrahydrofuran (THF), Tetachlorkohlenstoff, Anilin, Chloroform, MDI,
Wasserstoffperoxid, TCDD, chlorierte Biphenyle (PCB) oder Perfluoroctansäure.

In Kategorie 5 wurden bislang nur eingestuft Acetaldehyd, Dichlormethan, Ethanol,
Isopren (2-Methyl-1,3-butadien) und Styrol.

1.2.10 Keimzellmutagene Wirkung

Keimzellmutagene Wirkungen sind sprunghafte Veränderungen der Erbinformationen.
Zur Einstufung als keimzellmutagen stehen mehrere Untersuchungsmethoden zur Verfügung. Die wesentlichen Methoden basieren auf

- Mutagenitätstests in vivo (im Organismus) und in vitro (außerhalb des Organismus),
- Veränderungen an der Keimzellen-DNA, z. B. chemische Addukte, und
- Veränderungen der DNA der Körperzellen, wenn die Stoffe auch die Keimzellen er-
  reichen können.

Punktmutationen sind kleinste, mikroskopisch nicht sichtbare Veränderungen im mo-
lekularen Aufbau der DNA. Stoffe, die mit der DNA chemisch reagieren, sind hierzu

prinzipiell in der Lage. Die wichtigsten Testverfahren zur Prüfung auf Punktmutationen sind Bakterientests in vitro. Der bekannteste Bakterientest ist der Ames-Test. Bei diesem wird der zu untersuchende Stoff auf ein Nährmedium appliziert, auf dem der benutzte Bakterienstamm nicht mehr wachsen kann, jedoch der ursprüngliche Urstamm. Die Anzahl der Bakterienstämme, die in Anwesenheit der Prüfsubstanz auf dem Nährmedium wachsen, ist proportional zu der Anzahl der mutierten Bakterien.

Chromosomenmutationen (siehe Abb. 1.8) sind erkennbare Veränderungen der Gestalt der Chromosomen. Am bekanntesten sind Chromosomenbrüche (Bruch eines Chromosoms in mehrere Teile), Translokationen (Übertragung von Teilen auf ein anderes Chromosom) und Chromosomenverlust (Fehlen von Chromosomen).

Die natürliche, spontane Mutationsrate beim Menschen beträgt ca. 10^{-5} Mutationen pro Gen. Aufgrund der äußerst großen Anzahl von Genen beim Menschen stellt eine Mutation an einem Gen trotzdem kein seltenes Ereignis dar.

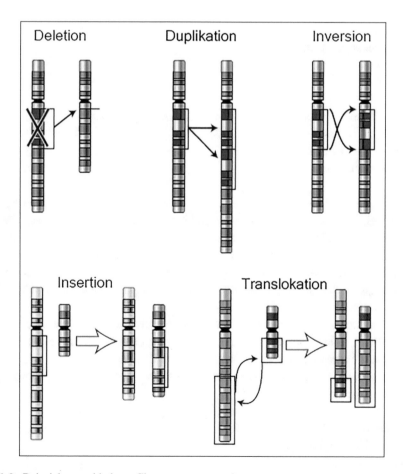

Abb. 1.8 Beispiele verschiedener Chromosomenmutationen

Die MAK-Kommission teilt erbgutverändernde Stoffe in die Kategorien 5 ein, wenn
sie beim MAK-Wert kein oder ein vernachlässigbares, erbgutveränderndes Potenzial besitzen.

Folgende Stoffe sind zur Zeit in Kategorie 5 eingestuft: Acetaldehyd, Dichlormethan,
Ethanol, Isopren, Styrol.

1.3   Aerosole

▶   Luftgetragene Aerosole spielen für das Berufskrankheitsgeschehen eine be-
      deutende Rolle; die Wirkungsweise von Aerosolen im Atemsystem werden be-
      schrieben.

Unter den Oberbegriff Aerosole fallen alle luftgetragene

- feste Partikel,
- Flüssigkeitströpfchen,
- Fasern und
- Rauche.

Die in der Atemluft befindlichen Aerosole werden unterteilt in den

- nicht einatembaren und den
- einatembaren Anteil.

In Abhängigkeit der Teilchendurchmesser, der Dichte und der geometrischen Form erreicht die einatembare Fraktion unterschiedliche Bereiche des Atemtraktes. Üblicherweise wird nur ein kleiner Anteil des eingeatmeten Staubes wieder ausgeatmet. Als total
deponierbarer Staub wird der im Atemtrakt deponierte Staubanteil bezeichnet.

Gröbere Partikel werden im Nasen-Rachen-Kehlkopf-Bereich abgeschieden. Die
lungengängigen Partikel erreichen den Bronchialbereich, die alveolare Staubfraktion
die Lungenbläschen, die Alveolen.

Zur Charakterisierung von Partikeln wird der aerodynamische Durchmesser herangezogen. Er ist definiert als der Durchmesser einer Kugel mit der Dichte 1,0 g/cm^3, der
dieselbe Sinkgeschwindigkeit wie das betrachtete Partikel aufweist.

Die einatembaren Partikel werden aus praktischen Erwägungen zur Festlegung der
Staubgrenzwerte unterteilt in die

- Einatembare Staubfraktion [E]
- Alveolare Staubfraktion [A]
- Faserstäube

Als einatembare Staubfraktion „E" wird der Staubanteil bezeichnet, der bei einer An-
sauggeschwindigkeit von 1,25 m/s erfasst wird. Die typischen mineralischen Stäube mit
einem Durchmesser unter 50 μm sind einatembar, größere Partikel dagegen nicht mehr.
Die leichteren organischen Stäube können in Abhängigkeit von Form und Dichte noch
bis 100 μm eingeatmet werden.

Der alveolare Staubfraktion „A" ist in der DIN EN 481 definiert und gibt im Wesentlichen den Staubanteil mit einem aerodynamischen Durchmesser kleiner 7 μm an. Aufgrund der Geometrie der Lungen können die Alveolen allerdings nur der Staubanteil mit
einem Partikeldurchmesser kleiner 1 μm erreichen.

Nanopartikel stellen eine Untermenge der alveolaren Staubfraktion dar. Gemäß europäischer Definition ist bei Nanopartikeln der Durchmesser mindestens einer Dimension
kleiner 0,1 μm = 100 nm. Ultrafeinstäube sind natürlich vorkommende Nanopartikel.
Aufgrund der enorm großen Partikeloberfläche im Vergleich zum Volumen besitzen
Nanopartikel sowohl interessante anwendungstechnische als auch toxikologische Eigenschaften. Bei Nanopartikel ohne eigenes toxikologisches Profil wird nach dem heutigen
Stand der Wissenschaft davon ausgegangen, dass ihr toxikologisches Profil ca. viermal
stärker im Vergleich zu der alveolaren Fraktion ist. Abb. 1.9 zeigt den Anteil der De-
position im Atemtrakt in Abhängigkeit des aerodynamischen Durchmessers.

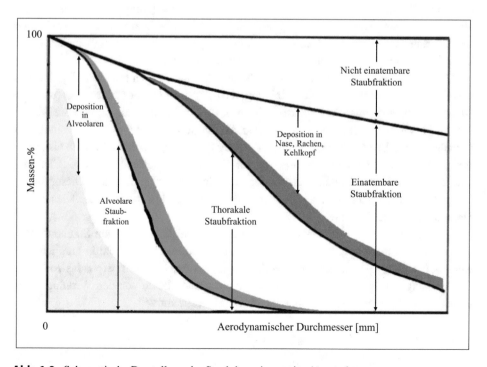

Abb. 1.9 Schematische Darstellung der Staubdeponierung im Atemtrakt

Gemäß der WHO-Definition besitzen Faserstäube einen Durchmesser kleiner 3 µm, eine Länge größer 10 µm und ein Verhältnis Länge zu Durchmesser größer 3:1. Insbesondere schwerlösliche dünne Fasern mit einem Durchmesser unter 1 µm können bis in die Alveolen vordringen und ein gesundheitsgefährdendes Potenzial entfalten. Faserstäube, die sehr lange in den Alveolen deponiert werden, typischerweise Jahrzehnte, besitzen sehr häufig ein krebserzeugendes Potenzial.

Ein großer Anteil der Berufskrankheiten, die durch bestimmte Stoffe verursacht werden, entfällt auf Erkrankungen der Lunge. Insbesondere die so genannte „Staublunge" im Bergbau und die Silikose, hervorgerufen durch Quarz und Feinsand, sind typische Berufskrankheiten der Lunge. Obwohl einige dieser Stäube selbst nicht toxisch sind, können sie trotzdem bei Überlastung der Lunge chronische Lungenschäden auslösen.

Luftröhre und **Bronchien** verfügen durch die Cilien (Flimmerhaare) und die Schleimhaut über wirkungsvolle Reinigungsmechanismen. Staubpartikel werden im Schleim suspendiert und mittels der Cilien bis zum Schlund bzw. der Nase weiterbefördert. Zu hohe Staubkonzentrationen führen zu einer Reizwirkung, sodass eine physiologische Warnwirkung eintritt. Die Lungenbläschen (**Alveolen**) verfügen über keine Cilien. Die Reinigung dieses äußerst wichtigen Lungenbereichs übernehmen die Makrophagen, Bestandteile der weißen Blutkörperchen und somit des Immunsystems. Feinstaub wird von den Makrophagen umhüllt und teilweise eingeschlossen. Je nach Eigenschaften des Staubes können die Makrophagen den Staub auflösen oder ihn aus der Lunge heraus transportieren. Werden die Stäube innerhalb kurzer Zeit aufgelöst (einige Wochen), so spricht man von einer geringen Biobeständigkeit. Derart eliminierte Stäube stellen zwar primär keine Gefahr mehr für die Alveolen dar, können aber, da sie bioverfügbar sind, durch Übertritt in das Blut- oder Lymphsystem systemisch wirken.

Können die Makrophagen den Feinstaub nicht auflösen, liegen biobeständige Partikel vor. Als einzige Möglichkeit zur Reinigung verbleibt nur noch der Abtransport aus den Alveolen, entweder durch einen aktiven Transport in das Zellinnere, durch eine Weiterleitung bis zu den Cilien, die den weiteren Abtransport übernehmen, oder mittels des Lymphsystems. Die Halbwertszeit dieses Reinigungssystems beträgt Monate bis Jahre. Bei zu hoher Feinstaubkonzentration werden diese Reinigungsmechanismen (Clearing) überfordert, es verbleiben dauerhaft Staubpartikel in den Lungenbläschen. Dieser für die Lunge kritische Zustand wird als „overload" bezeichnet und ist meistens die Ursache der Staublunge und der Silikose.

Als Folge überhöhter Exposition gegenüber schwerlöslichen „inerten Stäuben" (Partikel ohne eine toxikologische Einstufung) ist eine chronische Bronchitis möglich. Die weitaus häufigste Ursache chronischer Bronchitis ist jedoch zweifelsfrei das Rauchen. Die Wirkung von Fasern unterscheidet sich nicht grundsätzlich von den Wirkungen des Feinstaubes. Das kanzerogene Potenzial wird stark bestimmt von

- der Verweildauer der Fasern in der Lunge,
- der Verweildauer in den Alveolen und
- der Faserkonzentration.

Allgemein gilt, dass mit zunehmender Länge und abnehmendem Durchmesser der Fasern das kanzerogene Potenzial steigt.

1.4 Physikalisch-chemische Grundlagen

▶ Neben den sicherheitstechnischen Kenndaten werden weitere physikalische Kenngrößen besprochen, die für die Festlegung der Schutzmaßnahmen bedeutsam sind.

Der **Flammpunkt** einer brennbaren Flüssigkeit ist die niedrigste Temperatur (bei Normaldruck), bei der sich über ihrer Oberfläche Dämpfe in solcher Menge entwickeln, dass diese mit einer Zündquelle, z. B. einer Flamme oder einem Funken, gerade gezündet werden können. Tab. 1.3 gibt für häufig eingesetzte Lösemittel und Chemikalien den Flammpunkt an. Der Flammpunkt eines Stoffes wird in einem geschlossenen Tiegel bestimmt.

Da in der Praxis die Behälter jedoch offen sind, ist für die tatsächliche Bildung einer explosionsfähigen Atmosphäre der **Explosionspunkt** bedeutsamer. Da nach der REACH-VO nur der Flammpunkt bestimmt werden muss, liegen in der Regel keine experimentellen Daten zum Explosionspunkt vor. Bei reinen Stoffen liegt er erfahrungsgemäß 5°C unter dem Flammpunkt, bei Gemischen sollte man von mindestens 15 °C ausgehen. Bei komplexen Gemischen kann es ratsam sein, den niedrigsten Flammpunkt eines Inhaltsstoffes für die Festlegung der Explosionsschutzmaßnahmen zu verwenden.

Die **Zündtemperatur** ist die niedrigste Temperatur, bei der sich ein Stoff an einer heißen Oberfläche ohne äußere Zündquelle selbst entzündet. Im Labor und im Betrieb häufig vorkommende heiße Oberflächen sind Elektromotoren, heiße Kochplatten und Rührer. In Tab. 1.3 sind die Zündtemperaturen wichtiger Stoffe mit aufgeführt.

Arbeitsmittel (z. B. Motoren, Rührer, Heizbandagen etc.) werden aufgrund ihrer maximalen Oberflächentemperatur in Temperaturklassen unterteilt. Bei der Verwendung von brennbaren Stoffen dürfen keine Geräte mit einer Oberflächentemperatur eingesetzt werden, die über der Zündtemperatur der Stoffe liegt.

Eine Explosion ist eine Verbrennung mit sich selbstständig fortpflanzender Flamme. Ein Gemisch eines brennbaren Gases oder Dampfes mit Luft kann nur innerhalb bestimmter Konzentrationsgrenzen eine Verbrennung selbstständig fortpflanzen. Die niedrigste Konzentration, bei der ein Gas/Luft- bzw. Dampf/Luft-Gemisch gerade noch gezündet werden kann, wird als **untere Explosionsgrenze** , abgekürzt **UEG**, bezeichnet.

Die Konzentration, oberhalb derer eine Explosion eines Gas/Dampf-Luft-Gemisches nicht mehr möglich ist, wird **obere Explosionsgrenze (OEG)** , genannt. Bei Unterschreitung der unteren Explosionsgrenze kann ein Dampf-Luft-Gemisch nicht mehr mit einer Zündquelle zur Explosion gebracht werden. Die Konzentration des brennbaren Dampfes ist zu gering zur Ausbreitung einer Flammenfortpflanzung, das Gemisch wird gemeinhin als zu „mager" bezeichnet. Bei Überschreitung der oberen Konzentrationsgrenze ist zur Flammenausbreitung nicht genügend Sauerstoff vorhanden, das Gemisch ist zu „fett". Der Konzentrationsbereich zwischen UEG und OEG ist der sogenannte **Explosionsbereich**. Abb. 1.10 stellt den Zusammenhang zwischen den Explosionsgrenzen und dem Flammpunkt graphisch dar. Flammpunkt und untere Explosionsgrenze sind eng miteinander verknüpft: Beim Flammpunkt eines brennbaren Stoffes entspricht die Konzentration des Stoffes in der Luft der unteren Explosionsgrenze. Tab. 1.3 gibt von bekannten Stoffen die untere und obere Explosionsgrenze mit an, in Tab. 1.4 sind die maximale Oberflächentemperaturen der Temperaturklassen aufgeführt.

Die **Mindestzündenergie,** ist die geringste Energie, die unter Standardbedingungen benötigt wird, um ein zündfähiges Gas/Dampf-Luft-Gemisch unter atmosphärischen Bedingungen gerade noch zu zünden. Bei brennbaren Gasen und Dämpfen in Luft liegt sie typischerweise im Bereich zwischen 0,01 und 10 Millijoule (siehe Tab. 1.5). Mit

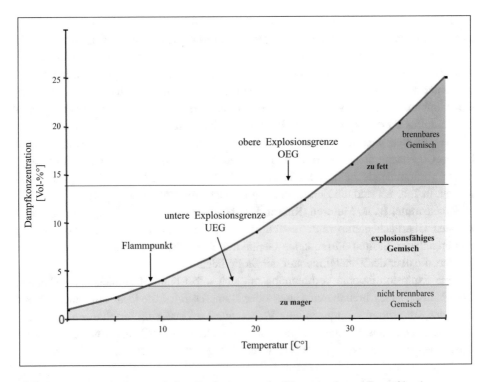

Abb. 1.10 Zusammenhang zwischen Explosionsgrenze, Flammpunkt und Dampfdruck

Tab. 1.3   Flammpunkt und Zündtemperatur einiger Stoffe

Stoff	Fp [°C] [1]	Zündt. [°C] [2]	UEG [3]	OEG [4]
Diethylether	<–20	170	1,7	36,0
Ottokraftstoff	<–20	260		
Aceton	–19	540	2,5	13,0
Acetaldehyd	<–20	140	4,0	57,0
Ethanol	12	425	3,5	15
Ethylacetat	–4	460	2,1	11,5
Glykol	111	410	3,2	53,0
Toluol	6	535	1,2	7,0
Xylol	25	465	1,0	7,6
Kohlenmonoxid	–	605	12,5	74,0
Methan	–	595	5,0	15,0
Wasserstoff	–	560	4,0	75,6
Schwefelkohlenstoff	<–20	95	1,0	60,0

1) Flammpunkt, 2) Zündtemperatur, 3) untere Explosionsgrenze in Luft in Vol.-%,
4) obere Explosionsgrenze in Luft in Vol.-%

Tab. 1.4   Temperaturklassen

Temperaturklasse	Maximale Oberflächentemperatur [°C]
T1	>450
T2	300
T3	200
T4	135
T5	100
T6	80

Tab. 1.5   Mindestzün-
denergien (MZE) von
Gasen, Dämpfen und
Stäuben

Stoff	MZE [mJ]	Staub	MZE [mJ]
Wasserstoff	0,011	Roter Phosphor	0,2
Acetylen	0,017	Zirkonium	5
Ethylen	0,07	Paraformaldehyd	20
Methanol	0,14	Polyacrylamid	30
Propan	0,25	Aluminium	2
Isopropanol	0,65	Kakao	95
Ethylacetat	1,42	Alkylcellulose	1000
Ethylamin	2,4	Cadmium	4000
Ammoniak	700	Eisenkies	8000

zunehmendem Druck und Sauerstoffgehalt sowie steigender Temperatur sinkt die Mindestzündenergie. Ist die Energie einer potenziellen Zündquelle kleiner als die Mindestzündenergie, ist auch bei Vorliegen einer explosionsfähigen Atmosphäre nicht mit einer Zündung
zu rechnen. Tab. 1.6 gibt die Energien einiger typischer praxisrelevanter Zündquellen an.

Die wichtigste und gefährlichste Zündquelle ist die **elektrostatische Aufladung.** Bei
der mechanischen Trennung von gleich- und verschiedenartigen Stoffen kann stets eine
elektrostatische Aufladung resultieren. Die mechanische Trennung kann durch Aus-
schütten, Rühren oder Versprühen von Flüssigkeiten oder durch Reiben, Zerkleinern oder
Mischen von Feststoffen erfolgen. Hohe Aufladungen entstehen insbesondere beim Strö-
men von Gasen und Dämpfen mit feinverteilten Flüssigkeiten. Aus diesem Grund ist die
Erdung aller Teile eine der wichtigsten Schutzmaßnahmen beim Umgang mit brennbaren
Flüssigkeiten. Die Erdung verhindert, dass eine elektrostatische Aufladung erfolgt, die
bei der Entladung als Zündquelle ein zündfähiges Gemisch zur Explosion bringen kann.
Da allein durch Laufen mit nicht leitfähigen Schuhen sich der Mensch so stark aufladen
kann, dass er als Zündquelle zum Zünden fast aller organischer Lösemittel dienen kann,
ist das Tragen von Sicherheitsschuhen mit leitfähigen Sohlen in explosionsgefährdeten
Bereichen strengstens einzuhalten!

Die wichtigsten Kenngrößen zur Beschreibung einer Explosion sind

- der maximale Explosionsdruck (p_{max}) und
- die Druckanstiegsgeschwindigkeit $(dp/dt)_{max}$.

Der **maximale Explosionsdruck** der meisten Gase und Dämpfe im Gemisch mit Luft
schwankt bei Atmosphärendruck zwischen 7,5 und 10 bar. Er steigt proportional zum ab-
soluten Anfangsdruck, d. h. bei dessen Erhöhung von 1 auf 10 bar steigt der maximale
Explosionsdruck auf ca. 100 bar (10fach)! Die **Druckanstiegsgeschwindigkeit** gibt die
Zeitspanne wieder, innerhalb derer sich der Explosionsdruck einstellt. Für die Auslegung
von Sicherheitseinrichtungen ist diese eine wichtige Kenngröße.

Typischerweise beginnt nach der Zündung eines explosionsfähigen Gas/Dampf-Luft-
Gemisches in Bruchteilen einer Sekunde der Druckanstieg. Während sich der maximale
Explosionsdruck bei Gasen und Dämpfen nach 100 bis 200 Millisekunden einstellt, wird

Tab. 1.6 Mindestzündenergien einiger praxisrelevanter Zündquellen

Zündquelle	MZE [mJ]
Schweißfunken	10.000
Schlagfunkengarbe in Mühle	1000
Garbe von Schleiffunken (Trennschleifer, Schleifbock)	100
Einzelne Schleiffunken	1
Einzelne Schlagfunken	1
Elektrostatisch aufgeladene Materialien	1

Tab. 1.7 Maximaler Explosionsdruck und Druckanstiegsgeschwindigkeit

Stoff	p_{max}[bar]	dp/dt [bar/s]
Methan	7,4	55
Propan	8,5	60
Wasserstoff	7,1	550
Puderzucker	7,4	75
Mehlstaub	8,5	60
Polyethylenstaub	9,0	200
Aluminiumstaub, grob	10,0	300
Aluminiumstaub, fein	11,5	1500

er bei Staubexplosionen bereits nach wenigen Millisekunden erreicht. Überraschenderweise variiert der maximale Explosionsdruck von Gasen, Dämpfen und Stäuben nur unwesentlich. Demgegenüber unterscheiden sich die Druckanstiegsgeschwindigkeiten erheblich. Während sie bei Gasen und Dämpfen noch sehr moderat sind, betragen sie bei Stäuben mehr als das 10fache, siehe Tab. 1.7. Staubexplosionen besitzen wegen des äußerst schnellen Aufbaus der Druckwelle ein enormes Zerstörungspotenzial.

Während sich die Druckwelle einer Explosion mit Schallgeschwindigkeit ausbreitet, ist die Druckausbreitungsgeschwindigkeit einer **Detonation** deutlich höher, sie liegt hier definitionsgemäß über 1 km/s. Derart hohe Druckausbreitungsgeschwindigkeiten werden von explosionsfähigen Gas/Dampf-Luft-Gemischen brennbarer Stoffe im Allgemeinen nicht erreicht, Detonationen werden in erster Linie von Sprengstoffen und instabilen Verbindungen ausgelöst. Als **Deflagration** wird die vollständige Zersetzung eines Stoffes nach lokaler Einwirkung einer Zündquelle unter Luftausschluss bezeichnet. Wird bei einer längeren Schüttung eines deflagrationsfähigen Stoffes nur an einer Stelle mittels einer Zündquelle eine Zersetzung des Stoffes ausgelöst, so pflanzt sich die Zersetzung innerhalb der Substanz auch unter Luftausschluss durch die komplette Materialmenge fort. Stoffe mit Neigung zur Deflagration müssen unter speziellen Schutzmaßnahmen gehandhabt werden, die übliche Methode der Inertisierung, das bedeutet Sauerstoffausschluss, kann eine Deflagration nicht verhindern.

1.5 Fragen zu Kapitel 1

1.1 Welche Definition trifft auf die letale Dosis zu?

☐ a   Dosis, die tödlich wirkt

☐ b   Dosis, die zum Erbrechen führt

☐ c   Schadstoffhöchstmenge in Lebensmittel

☐ d   Dosis, bei der die Hälfte der Tiere sterben

☐ e   Dosis, die krebserzeugend wirkt

1.2 Wovon ist die Giftwirkung eines Stoffes abhängig?

☐a   von der Konzentration

☐b   von der Einwirkzeit

☐c   vom Siedepunkt bei einer Flüssigkeit

☐d   von der Farbe

1.3 Was versteht man unter akuter Toxizität?

☐a   Giftigkeit eines Präparates bei langandauernder Aufnahme

☐b   kurze Zeit nach der Aufnahme eintretende Giftwirkung eines Präparates

☐c   Giftwirkung in Verbindung mit Alkoholgenuss

☐d   mindergiftige Wirkung

☐ e   Giftwirkung eines Stoffes, die nach längerer Einwirkungszeit eintritt

1.4 Was bedeutet die Abkürzung LD^{50}?

☐a   Larvicid

☐b   Abkürzung eines Rauschmittels

☐c   mittlere tödliche Dosis

☐d   tödliche Dosis

1.5 Wie wirken typischerweise keimzellmutagene Stoffe?

☐a   sehr stark magenreizend

☐b   als Molluskizid

☐c   das Erbgut verändernd

☐d   ermutigend

1.6 Wie wirken typischerweise teratogene Stoffe?

☐a   Die Haare fallen aus

☐b   Schädigung der Fruchtbarkeit

☐c   Sie bewirken Schwindelanfälle

☐d   Missbildungen bei Nachkommen werden erzeugt

1.7 Was sind Aerosole?

☐a   Aluminiumdosen mit flüssigem Inhalt

☐b   feinverteilte Tröpfchen oder feste Stoffe in einem Gas

☐c   eine mit Gas gesättigte Salzlösung

☐d   Salze, die an der Luft unter Freisetzung von Gasen reagieren

1.8 Was bedeutet der Fachausdruck dermale Aufnahme

☐a   Aufnahme über den Mund

☐b   Aufnahme über die Haut

☐c   Aufnahme über die Atmungsorgane

☐d   Aufnahme durch Injektion in die Blutbahn

1.9 Was versteht man unter kumulativer Wirkung?

□a   haut schädigend

□b   die Atmungsorgane reizend

□c   die schädlichen Wirkungen anderer Stoffe verstärkend

□d   im Körper verbleibend und sich anreichernd

1.10 Wie werden Stoffe bezeichnet, die in der Natur nur schwer abgebaut werden?

□a   latent

□b   okkult

□c   persistent

□d   resistent

Literatur

1. EU-Verordnung 1272/2008 vom 16.12.2008, ABl. L 353 vom 31.12.2008, S. 1.
2. Verordnung (EG) Nr. 1907/2006 vom 18.12.2006, ABl. EG vom 30.12.2006, Nr. L 396 S. 1
3. Verordnung zum Schutz vor Gefahrstoffen vom 26.11.2010 BGBl I S. 1643, i.d.F. vom.
4. TRGS 900 „Arbeitsplatzgrenzwerte"

Gefahrstoffklassen, Einstufung und Kennzeichnung

2

Inhaltsverzeichnis

▶ **Trailer** Um die adäquaten Maßnahmen bei der Verwendung von Chemikalien/Gefahrstoffen ergreifen zu können, müssen deren gefährlichen Eigenschaften bekannt sein. Basierend auf dem internationalen globalen Einstufungssystem GHS) *(Globally Harmonized System of Chemicals, Labelling and Packaging of Chemicals)* wird EU-Verordnung 1272/2008 (CLP-Verordnung) besprochen.

Grundlage hierfür sind die intrinsischen Stoffeigenschaften, unterteilt in
- Physikalische Gefahren,
- Gesundheitsgefahren und
- Umweltgefahren.

© Der/die Autor(en), exklusiv lizenziert an Springer Fachmedien Wiesbaden GmbH, ein Teil von Springer Nature 2024
H. F. Bender, *Sicherer Umgang mit Gefahrstoffen*,
https://doi.org/10.1007/978-3-658-42886-0_2

Das Einstufungs- und Kennzeichnungssystem dient sowohl zur Gefahrenkommunikation von Stoffen und Gemischen

- am Arbeitsplatz,
- für den Verbraucher und
- für den Transport.

▶ **Lernziele**
In diesem Kapitel lernen sie die Einstufungskriterien nach der CLP-Verordnung sowie wesentliche Unterschiede zum Transportrecht kennen. Die Gefahrenklassen werden für alle einstufungsrelevante Stoffeigenschaften besprochen und die Kennzeichnungselement aufgeführt. Am Ende des Kapitels sollten sie die Struktur der H-Sätze und für die am häufigsten benutzten H-Sätze deren Bedeutung kennen, ebenso wie das Konzept der Gefahrenpiktogramme.

2.1 Grundlagen der Einstufungs- und Kennzeichnungssysteme

▶ **Trailer** Lernen Sie die Unterschiede des internationalen GHS-Systems von dem in der Europäischen Union geltenden CLP-Verordnung kennen.
Kenntnis der unterschiedlichen Gefahrenklassen, der Aufbau der H- und P-Sätze sind zum besseren Verständnis des Einstufungs- und Kennzeichnungssystems notwendig.

Die Art der Gefahr wird wird im GHS-System durch die Gefahrenklassen ausgedrückt, die Gefährlichkeit durch Gefahrenkategorien. Für die Gefahrenkommunikation gemäß GHS gelten einheitliche

- Gefahrenpiktogramme,
- Gefahrenhinweise, die H-Sätze (hazard statements), und
- Sicherheitshinweise, die P-Sätze (precautionary statements).

Das GHS-System wird regelmäßig von der UNECE (United Nations Economic Commission for Europe) alle zwei Jahre fortgeschrieben.
GHS selbst ist kein für die Nationalstaaten verbindliches Regelwerk, zur Anwendung muss es in nationales Recht unter Beachtung der Regeln des *Building Block Approach* überführt werden:

- die Definition der Gefahrenklassen und -kategorien darf nicht geändert werden
- die Auswahl der Gefahrenklassen ist optional

- die Auswahl der Gefahrenkategorien ist optional mit der Maßgabe, dass beginnend mit der Kategorie der niedrigsten Gefährdung nicht übernommen werden müssen
- es dürfen zusätzliche, nicht harmonisierte Gefahrenklassen ergänzt werden.

▶   ☞**Konsequenz: die nationalen Einstufungs-** und Kennzeichnungssysteme unterscheiden sich in der Übernahme der einzelnen Gefahrenklassen.

Das internationalen Transportrecht hat ebenfalls viele toxikologische Eigenschaften nicht zur Einstufung als Gefahrgut übernommen. Abb. 2.1 fasst die wesentlichen Elemente von GHS zusammen und zeigt ein Praxisbeispiel.

Das internationale GHS-System ist in der EU in der CLP-Verordnung (Regulation on classification, labelling and packaging of substances and mixtures) übernommen worden. Die CLP-Verordnung [1] stuft die gefährlichen Eigenschaften in insgesamt 29 Hauptgefahren, den Gefahrenklassen ein, die in 83 Kategorien bzw. Untergruppen untergliedert sind. In Abb. 2.2 sind die Gefahrenklassen und Gefahrenkategorien der CLP-Verordnung, getrennt nach physikalischen Gefahren, Gesundheits- und Umweltgefahren, dargestellt.

Die Gefahrenhinweise, H-Sätze besitzen eine exakte Struktur, der die gefährliche Eigenschaft einfach entnommen werden kann, siehe Abb. 2.3:

- Zahl auf der Hunderterstelle beschreibt die Gefahrenart: physikalisch, toxikologisch oder Gefahr für die Umwelt
- Zahl auf der Zehnerstelle konkretisiert die Gefährdung und gibt beispielsweise den Aufnahmeweg an
- Zahl auf der Einerstelle beschreibt die Gefahrenkategorie und die Art der Gefährdung.

Die Sicherheitshinweise, P-Sätze, besitzen ebenfalls eine Struktur, die leider weder praxistauglich, leicht verständlich noch einheitlich ist. Im Anhang I der CLP-Verordnung werden jeder Gefahrenkategorie empfohlene P-Sätze zugeordnet, für die Kennzeichnung sind dann vom Inverkehrbringer teilweise aus über 30 P-Sätzen die relevanten 6 auszuwählen. Selbst die zuständige europäische Behörde ECHA führt im Anhang VI der CLP-Verordnung nicht die zugeordneten P-Sätze auf.

Im Rahmen dieses Lehrbuches werden als Praxishilfe nur die relevanten P-Sätze aufgeführt! Desgleichen werden die Einstufungskriterien gemäß Anhang I der CLP-Verordnung teilweise nur stark vereinfacht dargestellt; im konkreten Einzelfall müssen die sehr ausführlichen und detaillierten Ausführungen und Prüfmethoden beachtet werden.

Im Anhang VI der CLP-Verordnung wird die konkrete Einstufung eines Stoffes, siehe hierzu Abschn. 2.6, durch Acronyme wiedergegeben. Diese sind nicht im Einstufungsleitfaden gemäß Anhang I aufgeführt. Zur besseren Zuordnung von Einstufung und H-Sätzen sind die Einstufungs-Acronyme in den Abschn. 2.2 bis 2.4 angegeben, die zutreffende Kategorie ist noch zu ergänzen (Abb. 2.4).

GHS Implementierung

I.   Das „Purple Book"

⇨ UN Konsens Dokument, kein Gesetzestext

⇨ nicht rechtsverbindlich

⇨ Zieladressat: Staaten/Regierungen

⇨ die Regierungen sind eingeladen, das "purple book" in ihre
    Gesetzgebungen umzusetzen

II. Implementierung

➔ Umsetzung muss systemkonform erfolgen, d.h. streng wie im „Purple Book" beschrieben
    (globales Harmonisierungsziel)

   ⇨ Veränderung von Kriterien, anderer Festlegungen sind **unzulässig**

➔ Flexibilität (zahlreich) nur dort, wo im Purple Book vorgegeben

   ⇨ Building Block Approach

   ⇨ Competent Authority Options

   ⇨ Abschneidegrenzen für Gefahrenkommunikation bei Zubereitungen

Bausteine: Gefahrenklassen, Gefahrenkategorien, H- und P-Sätze etc.

   ⇨ nur die UN darf die Bausteine verändern.

   ⇨ aber der Gesetzgeber kann die nationalen Bausteine auswählen oder
       zusätzliche Bausteine definieren.

Konsequenzen: unterschiedliches GHS, manche Regionen/Länder übernehmen GHS
              unverändert, andere übernehmen nicht alle Gefahrenklassen, -kategorien

Beispiel: akute Toxizität

GHS akut tox Kat.	EU	USA	Japan	Transport
1	✓	✓	✓	✓
2	✓	✓	✓	✓
3	✓	✓	✓	✓
4	✓	-	✓	-
5	-	-	✓	-

Abb. 2.1 Die Elemente von GHS

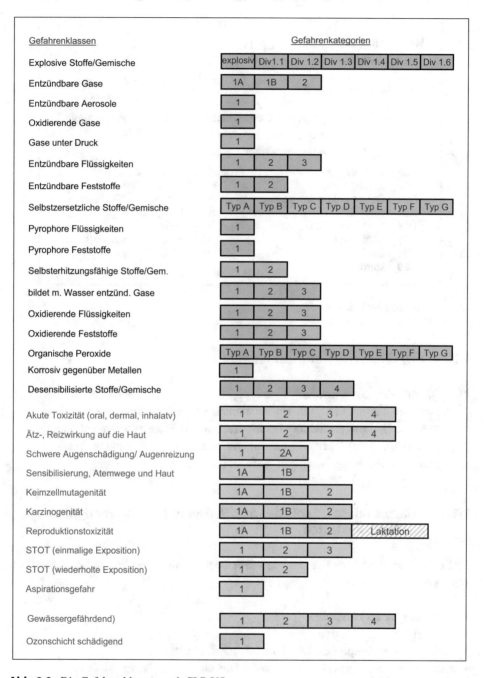

Abb. 2.2 Die Gefahrenklassen nach CLP-VO

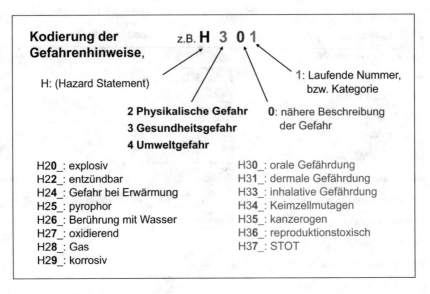

Abb. 2.3 Aufbau der H-Sätze

2.2   Physikalische Gefahrenklassen

▶   Die Kriterien zur Einstufung in die physikalischen Gefahrenklassen werden
stark verkürzt erläutert, um ein Verständnis der gefährlichen Eigenschaft zu
erzielen. Die zur Einstufung herangezogenen H-Sätze werden vollständig
aufgeführt, desgleichen die im Anhang VI benutzten Acronyme. Typische
Stoffbeispiele veranschaulichen die Gefahrenklassen.

2.2.1   Gefahrenklasse: Explosive Stoffe/Gemische und Erzeugnisse mit Explosivstoffen

Stoffe, Gemische als auch Erzeugnisse werden der Gefahrenklasse explosiv zugeordnet,
wenn sie als

- Feststoff oder als Flüssigkeit
- durch chemische Reaktion
- Gase mit einer Temperatur, Druck und Geschwindigkeit
- entwickeln können, dass hierdurch in der Umgebung Zerstörungen eintreten.

Pyrotechnische Stoffe und Erzeugnisse mit Explosivstoffen fallen ebenfalls unter diese
Gefahrklasse.

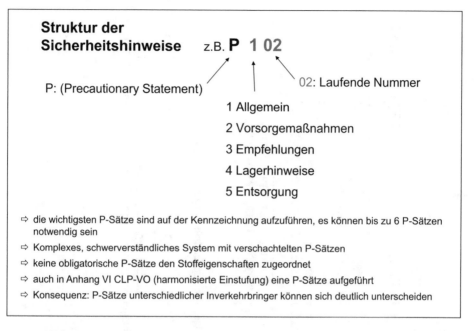

Abb. 2.4 Struktur der P-Sätze

Die Gefahrenklasse explosive Stoffe/Gemische und Erzeugnisse mit Explosivstoff wird in die Unterklassen 1.1 bis 1.6 unterteilt. Zur Unterscheidung der Unterklassen werden die H-Sätze H200 bis H205 benutzt, siehe Tab. 1.1.

1.1 massenexplosionsgefährliche Produkte

1.2 nicht massenexplosionsfähige Stoffe, die ernste Gefahren durch Splitter und Sprengstücke darstellen

1.3 Produkte, die eine Feuergefahr darstellen, aber nur eine geringe Sprengwirkung oder geringe Druckwirkung aufweisen und massenexplosionsfähig sind

1.4 Produkte und Gegenstände mit nur geringer Explosionsgefahr. Die Auswirkungen bleiben auf die Verpackung beschränkt

1.5 Sehr unempfindliche massenexplosionsfähige Produkte

1.6 Extrem unempfindliche Gegenstände, die nicht massenexplosionsfähig sind

H200	Instabil, explosiv
H201	Explosiv, Gefahr der Massenexplosion
H202	Explosiv; große Gefahr durch Splitter, Spreng- und Wurfstücke
H203	Explosiv; Gefahr durch Feuer, Luftdruck oder Splitter, Spreng und Wurfstücke
H204	Gefahr durch Feuer oder Splitter, Spreng- und Wurfstücke
H205	Gefahr der Massenexplosion bei Feuer

Abb. 2.5 zeigt chemisch instabile, explosive Stoffe gekennzeichnet mit H200.

Tab. 2.1 Kennzeichnung explosive Stoffe/Gemische, Erzeugnisse mit Explosivstoff

Einstufung	Instabil, explosiv	Unterklasse 1.1	Unterklasse 1.2	Unterklasse 1.3	Unterklasse 1.4	Unterklasse 1.5	Unterklasse 1.6
Piktogramm							
Signalwort	Gefahr	Gefahr	Gefahr	Gefahr	Warnung	Gefahr	Kein
H-Satz	H200	H201	H202	H203	H204	H205	Keine
P-Sätze	P250, P370+P372+ P380+P373	P210, P250, P370+P372+P380+P373			P370+P372+P380 +P373, P370+P380 +P375	P370+P372+ P380+P373	

Empfohlene P-Sätze:

P210 Von Hitze, heißen Oberflächen, Funken, offenen Flammen sowie anderen Zündquellenarten fernhalten. Nicht rauchen.

P250: Nicht schleifen / stoßen / reiben /

P370+P372+P380+P373 Bei Brand: Explosionsgefahr. Umgebung räumen. KEINE Brandbekämpfung, wenn das Feuer explosive Stoffe/Gemische/ Erzeugnisse erreicht.

P370+P372+P380+P373 Bei Brand: Explosionsgefahr. Umgebung räumen. KEINE Brandbekämpfung, wenn das Feuer explosive Stoffe/Gemische/ Erzeugnisse erreicht.P371+P380+P375 Bei Großbrand und großen Mengen: Umgebung räumen. Wegen Explosionsgefahr Brand aus der Entfernung bekämpfen.

Acronym: Unst. Expl.

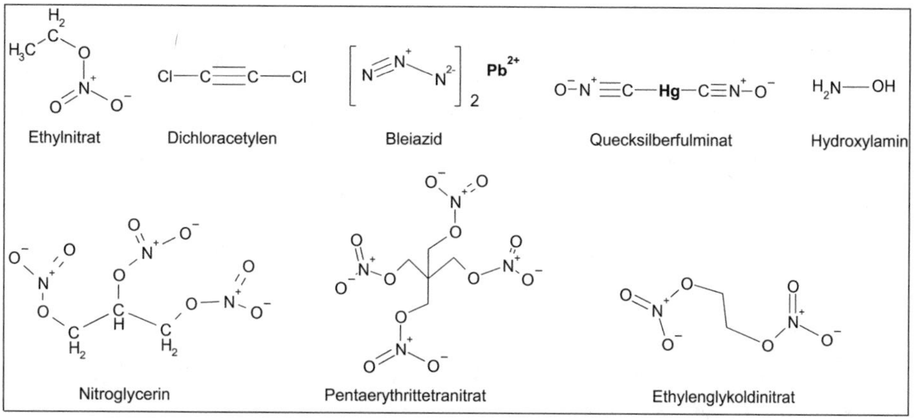

Abb. 2.5   Instabile, explosive Stoffe gekennzeichnet mit H200

2.2.2   Gefahrenklasse „Entzündbare Gase (einschließlich chemisch instabile Gase)"

Gase sind in der CLP-Verordnung definiert als Stoffe/Gemische, die

- bei 50 °C einen Dampfdruck von mehr als 300 kPa (absolut) haben oder
- bei 20 °C und einem Standarddruck von 101,3 kPa vollständig gasförmig sind.

Gase gelten als chemisch instabil, wenn sie auch in Abwesenheit von Luft oder Sauerstoff explosionsartig reagieren können.

Gase gelten als entzündbar wenn sie bei 20 °C und bei Normaldruck (1013 hPa) mit Luft einen Brennbarkeitsbereich besitzen.

Einstufungskriterien für **Kategorie 1:**

- entzündbar in Konzentration unter 13 % in Luft, oder
- besitzt in Luft einen Brennbarkeitsbereich von mindestens 12 %, unabhängig der unteren Entzündungsgrenze.

Einstufungskriterien für **Kategorie 2:**

- besitzet in Luft einen Brennbarkeitsbereich und erfüllt nicht die Kriterien für Kategorie 1.

Entzündbare, chemisch instabile Gase werden in die Kategorien A oder B unterteilt:

A Entzündbare Gase, die bei 20 °C und einem Standarddruck von 101,3 kPa chemisch instabil sind
B Entzündbare Gase, die bei 20 °C und/oder einem Standarddruck von mehr als
   101,3 kPa chemisch instabil sind

Die den Kategorien 1 und 2 sowie A und B zugeordneten H-Sätze und Gefahrenpiktogramme sind in Tab. 2.2 aufgeführt.

H220	Extrem entzündbares Gas
H221	Entzündbares Gas
H230	Kann auch in Abwesenheit von Luft explosionsartig reagieren
H231	Kann auch in Abwesenheit von Luft bei erhöhtem Druck und/oder er-höhter Tem-peratur explosionsartig reagieren
H232	Kann sich bei Kontakt mit Luft spontan entzünden

Tab. 2.2 Kennzeichnung entzündbarer Gase

Einstufung	Kategorie 1 A	Kategorie 1 A, da selbstentzündlich oder instabil			Kategorie 1B	Kategorie 2
		Selbst-entzünd-liches Gas	Chemisch instabiles Gas			
			Kat. A	Kat. B		
Piktogramm						Kein Pikto-gramm
Signalwort	Gefahr	Gefahr	Gefahr	Gefahr	Warnung	Gefahr
H-Satz	H220	H220, H232	H220, H230	H220, H231	H221	H221
P-Sätze	P210, P377, P381	P210, P222, P377, P381	P210, P377, P381	P210, P377, P381	P210, P377, P381	P210, P377, P381

Empfohlene P-Sätze:
P210: Von Hitze, heißen Oberflächen, Funken, offenen Flammen sowie anderen Zündquellenarten
fernhalten. Nicht rauchen
P222: Keinen Kontakt mit Luft zulassen
P377: Brand von ausströmendem Gas: Nicht löschen, bis Undichtigkeit gefahrlos beseitigt werden
kann
P381: Bei Undichtigkeit alle Zündquellen entfernen

Acronym: Flam. Gas 1 oder 2

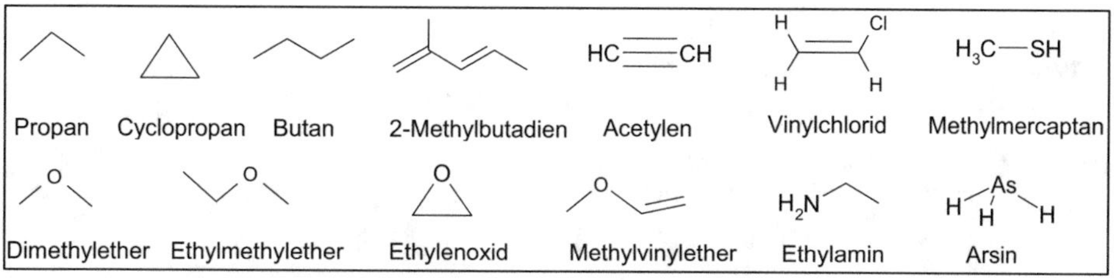

Abb. 2.6   Stoffbeispiele entzündbarer Gase der Kategorie 1

Stoffbeispiele; siehe Abb. 2.6.

2.2.3   Gefahrenklasse Aerosole

In die Gefahrenklasse Aerosole werden Aerosolpackungen eingestuft, die

- eine entzündbare Flüssigkeit mit einem Flammpunkt $\leq 93\ °C$ oder
- ein entzündbares Gas oder
- einen entzündbaren Feststoff

enthalten, der in einer Aerosolpackung verwendet wird.
   Als Aerosolpackung sind nach CLP-Verordnung

- nicht nachfüllbare Behälter aus Metall, Glas oder Kunststoff,
- einschließlich des darin enthaltenen verdichteten, verflüssigten oder unter Druck gelösten Gases mit oder ohne Flüssigkeit, Paste oder Pulver,
- die mit einer Entnahmevorrichtung versehen sind, die es ermöglicht,
- ihren Inhalt in Form von in Gas, suspendierten festen oder flüssigen Partikeln, als Schaum, Paste, Pulver oder in flüssigem oder gasförmigem Zustand austreten zu lassen.

> **Übersicht**
> Einstufungskriterien für **Kategorie 1:**
>
> - >85 % entzündbare Bestandteile bei einer Verbrennungswärme >30 kJ/g, oder
> - Sprühaerosol kann im Flammenstrahltest in einer Entfernung über 75 cm entzündet werden.

Einstufungskriterien für **Kategorie 2:**

- Verbrennungswärme <20 kJ/g, oder
- Sprühaerosol kann im Flammenstrahltest ab einer Entfernung von 15 cm entzündet erfolgt.

Einstufungskriterien für Aerosolpackungen in **Kategorie 3:**

- ≤1 % entzündbare Bestandteile, oder
- ihre Verbrennungswärme <20 kJ/g.

- H222 Extrem entzündbares Aerosol
- H223 Entzündbares Aerosol
- H229 Behälter steht unter Druck: Kann bei Erwärmung bersten

Die zugeordneten H-Sätze, Piktogramme und das Signalwort sind in Tab. 2.3 dargestellt. In Anhang VI ist z.Z. noch keine entsprechende Einstufung erfolgt.

2.2.4 Gefahrenklasse „Oxidierende Gase"

Gase werden als oxidierend eingestuft, wenn sie ein stärkeres Oxidationspotenzial als Luftsauerstoff besitzen. Eine Unterteilung in Gefahrenkategorien erfolgt nicht, die Kennzeichnungselemente sind in Tab. 2.4 dargestellt.

Tab. 2.3 Kennzeichnung für entzündbare und nicht entzündbare Aerosole

Einstufung	Kategorie 1		Kategorie 2	Kategorie 3
Piktogramm				Kein Piktogramm
Signalwort	Gefahr		Achtung	Achtung
H-Satz	H222, H229		H223, H229	H229
P-Satz	P210, P251, P410+P412			

Empfohlene P-Sätze:
P210: Von Hitze, heißen Oberflächen, Funken, offenen Flammen sowie anderen Zündquellenarten fernhalten. Nicht rauchen
P251: Nicht durchstechen oder verbrennen, auch nicht nach der Verwendung
P410+P412: Vor Sonnenbestrahlung schützen. Nicht Temperaturen über 50 °C aussetzen

Tab. 2.4 Kennzeichnung oxidierender Gase

Einstufung	Kategorie 1
Piktogramm	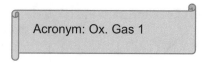
Signalwort	Gefahr
H-Satz	H270
P-Satz	P220, P244

Empfohlene P-Sätze:
P220: Von Kleidung und anderen brennbaren Materialien fernhalten
P244: Druckminderer frei von Fett und Öl halten
Stoffbeispiele: Chlor, Chlordioxid, Fluor, Stickstoffdioxid, Sauerstoff

Acronym: Ox. Gas 1

Einstufungskriterium für **Kategorie 1**: Oxidationspotenzial > Luftsauerstoff

2.2.5   Gefahrenklasse „Gase unter Druck"

Die Gefahrenklasse Gase unter Druck wird unterteilt in:

Übersicht
Verdichtetes Gas: Gas, das in verpacktem Zustand unter Druck bei 50 °C vollständig gasförmig ist, einschließlich aller Gase mit einer kritischen Temperatur $\leq$ -50 °C.
  Verflüssigtes Gas: Gas, das in verpacktem Zustand unter Druck bei Temperaturen über -50 °C teilweise flüssig ist. Es wird unterschieden zwischen:
  unter hohem Druck verflüssigtem Gas: ein Gas, dessen kritische Temperatur zwischen $-$ 50 °C und $+$ 65 °C liegt, und unter geringem Druck verflüssigtem Gas: ein Gas, dessen kritische Temperatur über $+$ 65 °C liegt.
  Tiefgekühlt verflüssigtes Gas: Gas, das in verpacktem Zustand aufgrund seiner niedrigen Temperatur teilweise verflüssigt wird.

Gelöstes Gas: Gas, das in verpacktem Zustand unter Druck in flüssigen Löse-mitteln gelöst wird.

H280	Enthält Gas unter Druck; kann bei Erwärmung explodieren
H281	Enthält tiefgekühltes Gas unter Druck; kann Kälteverbrennungen oder – verletzungen verursachen

In Anhang VI CLP-VO sind bisher keine Gase mit ihrem Acronym aufgeführt.
Die Kennzeichnungselemente sind in Tab. in 2.5 aufgeführt.

2.2.6 Gefahrenklasse „Entzündbare Flüssigkeiten"

Flüssigkeiten sind als Stoffe oder Gemische definiert, die

- bei 50 °C einen Dampfdruck von weniger als 300 kPa haben,
- bei 20 °C und einem Standarddruck von 101,3 kPa nicht vollständig gasförmig sind und
- einen Schmelzpunkt oder Schmelzbeginn von 20 °C oder weniger bei einem Standarddruck von 101,3 kPa haben.

Tab. 2.5 Kennzeichnung Gase unter Druck

Einstufung	Verdichtetes Gas	Verflüssigtes Gas	Tiefgekühlt verflüssigtes Gas	Gelöstes Gas
Piktogramm	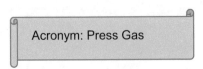			
Signalwort	Achtung	Achtung	Achtung	Achtung
H-Satz	H280	H280	H281	H280
P-Satz	P410+P403		P282	P410+P403

Empfohlene P-Sätze:
P282: Schutzhandschuhe mit Kälteisolierung und zusätzlich Gesichtsschild oder Augenschutz tragen

Acronym: Press Gas

P410+P403: Vor Sonnenbestrahlung schützen. An einem gut belüfteten Ort aufbewahren

In die Gefahrenklasse entzündbare Flüssigkeiten werden alle Flüssigkeiten mit einem Flammpunkt unter 60 °C eingestuft. In Abhängigkeit des Flammpunktes wird sie in 3 Kategorien unterteilt:

Übersicht

Einstufungskriterien
   Kategorie 1: Flammpunkt unter 23 °C, Siedebeginn kleiner oder gleich 35 °C
   Kategorie 2: Flammpunkt unter 23 °C, Siedebeginn über 35 °C
   Kategorie 3: Flammpunkt größer gleich 23 und kleiner gleich 60 °C

Die den jeweiligen Kategorien zugeteilten H-Sätze, Piktogramme und Signalwörter sind in Tab. 1.6 zusammengestellt.

Eine große Anzahl gängiger Lösemittel sind als leichtentzündbar oder entzündbar eingestuft, in den Abb. 2.7, 2.8 und 2.9 sind bekannte Chemikalien aufgeführt.

▶   Erfahrungsgemäß besitzen viele Stoffe mit einem Siedepunkt unter 180 °C einen Flammpunkt unter 60 °C

H224	Flüssigkeit und Dampf extrementzündbar
H225	Flüssigkeit und Dampf leichtentzündbar
H226	Flüssigkeit und Dampf entzündbar

Tab. 2.6 Kennzeichnung entzündbarer Flüssigkeiten

Einstufung	Kategorie	Kategorie	Kategorie
Piktogramm			
Signalwort	Gefahr	Gefahr	Achtung
H-Satz	H224	H225	H226
P-Satz	P210, P240, P243		

Empfohlene P-Sätze:
P210: Von Hitze, heißen Oberflächen, Funken, offenen Flammen sowie anderen Zündquellenarten fernhalten. Nicht rauchen.
P240: Behälter und zu befüllende Anlage erden.
P243: Maßnahmen gegen elektrostatische Entladungen treffen.

Acronym: Flam. Liq. 1, 2 oder 3

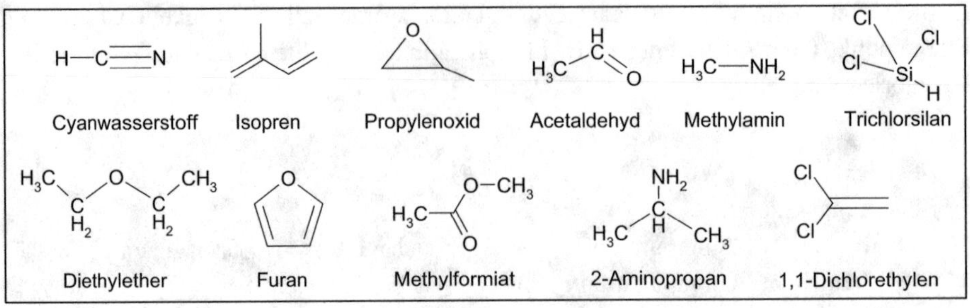

Abb. 2.7 Extrementzündbare Flüssigkeiten, gekennzeichnet mit H224

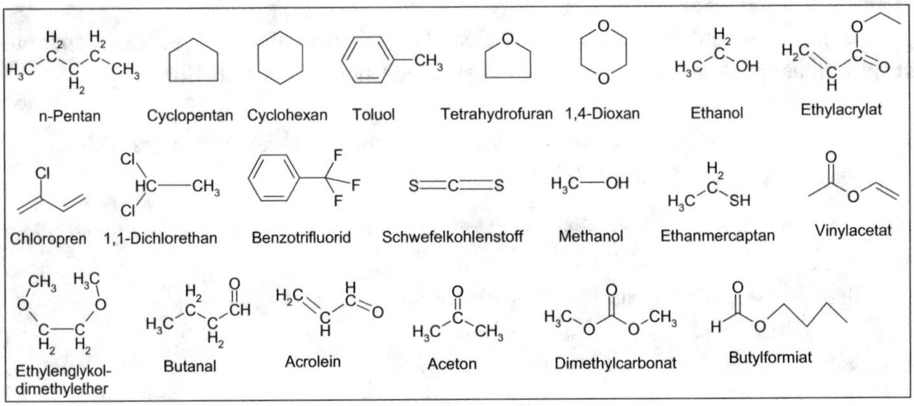

Abb. 2.8 Leichtentzündbare Flüssigkeiten, gekennzeichnet mit H225

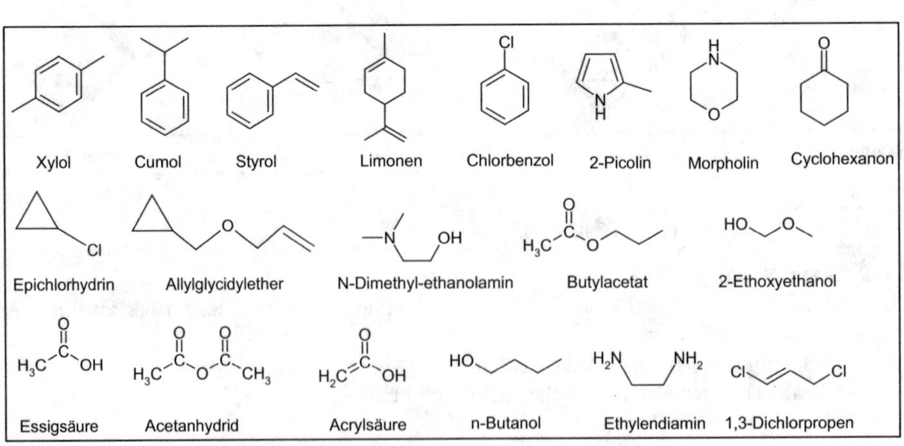

Abb. 2.9 Leichtentzündbare Flüssigkeiten, gekennzeichnet mit H226

2.2.7 Gefahrenklasse „Entzündbare Feststoffe"

Feststoffe werden in die Gefahrenklasse entzündbare Feststoffe eingestuft und in die Kategorien 1 und 2 gemäß folgenden Kriterien unterteilt:

Übersicht

Einstufungskriterien **Kategorie 1:** Abbrandtest bei

- nicht metallischen Verbindungen: befeuchtete Zone stoppt das Feuer nicht und die Abbrandzeit liegt unter 45 s oder die Abbrandgeschwindigkeit ist größer 2,2 mm/s
- bei Metallpulver: Abbrandgeschwindigkeit kleiner 5 min

Einstufungskriterien **Kategorie 2:** Abbrandtest bei

- nicht metallischen Verbindungen:
  a) befeuchtete Zone stoppt das Feuer wenigstens 4 Minuten und
  b) die Abbrandzeit liegt unter 45 Sekunden oder die Abbrandgeschwindigkeit ist größer 2,2 mm/s,
- bei Metallpulver: Abbrandgeschwindigkeit zwischen 5 und 10 min

Da beide Gefahrenkategorien mit dem gleichen H-Satz H228 gekennzeichnet werden, kann eine Unterscheidung ggf. nur mittels des Signalwortes erfolgen, siehe Tab. 2.7.

H228   Entzündbarer Feststoff

Stoffbeispiele entzündbarer Feststoffe sind neben Aluminium-, Eisen-, Magnesiumpulver oder roter Phosphor die in Abb. 2.10 aufgeführten Stoffe.

2.2.8 Gefahrenklasse „Selbstzersetzliche Stoffe und Gemische" und „Organische Peroxide"

In die Gefahrenklasse selbstzersetzliche Stoffe oder Gemische werden thermisch instabile flüssige/feste Stoffe oder Gemische eingestuft, die sich auch ohne (Luft)Sauerstoff stark exotherm zersetzen können. In diese Gefahrenklasse fallen alle Stoffe/Gemische mit explosiven Eigenschaften, die in Laborversuchen

Tab. 2.7 Kennzeichnung entzündbarer Feststoffe

Einstufung	Kategorie 1	Kategorie 2
Piktogramm		
Signalwort	Gefahr	Achtung
H-Satz	H228	H228
P-Satz	P210	P210

Empfohlene P-Sätze:
P210: Von Hitze, heißen Oberflächen, Funken, offenen Flammen sowie anderen Zündquellenarten
fernhalten. Nicht rauchen

Acronym: Flam. Sol. 1 oder 2

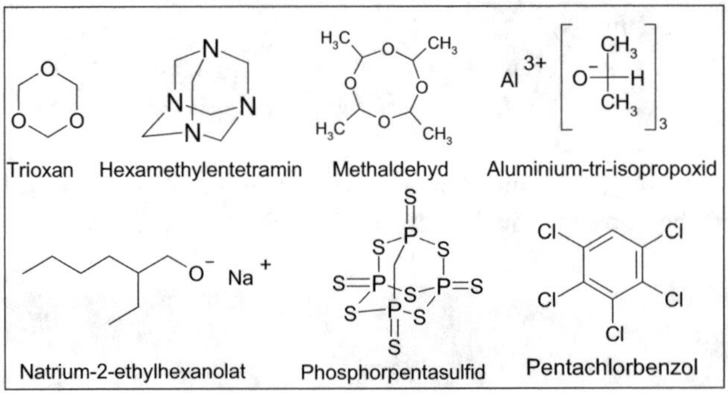

Abb. 2.10   Stoffbeispiele entzündbarer Feststoffe, gekennzeichnet mit H228

- leicht detonieren,
- schnell deflagrieren oder
- bei Erhitzen unter Einschluss heftig reagieren.

Organische Peroxide mit einer R-O-O-R Struktur mit den vorgenannten Eigenschaften
werden nicht als selbstzersetzlich Stoffe/Gemische, sondern als organische Peroxide eingestuft.

Als Deflagration wird ein schneller Verbrennungsvorgang mit einer Ausbreitungs-
geschwindigkeit unter Schallgeschwindigkeit bezeichnet.

Übersicht

Einstufungskriterien für selbstzersetzliche Stoffe/Gemische bzw. organische Peroxide die Typen A bis F:

Typ A   Stoffe/Gemische die in der Verpackung detonieren oder schnell deflagrieren

Typ B   Stoffe/Gemische, die explosive Eigenschaften haben und in der Verpackung weder detonieren noch schnell deflagrieren, aber in dieser Verpackung zur thermischen Explosion neigen

Typ C   Stoffe/Gemische, die explosive Eigenschaften haben, aber in der Verpackung weder detonieren noch schnell deflagrieren oder thermisch explodieren können

Typ D   Stoffe/Gemische, die unter Laborbedingungen entweder teilweise detonieren, nicht schnell deflagrieren und bei Erhitzen unter Einschluss keine heftige Wirkung zeigen, überhaupt nicht detonieren, langsam deflagrieren und bei Erhitzen unter Einschluss keine heftige Wirkung zeigen, überhaupt nicht detonieren, langsam deflagrieren und bei Erhitzen unter Einschluss eine mittlere Wirkung zeigen

Typ E   Stoffe/Gemische, die unter Laborbedingungen überhaupt nicht deflagrieren und bei Erhitzen unter Einschluss geringe oder keine Wirkung zeigen

Typ F   Stoffe/Gemische, die unter Laborbedingungen im kavitierten Zustand nicht detonieren, überhaupt nicht deflagrieren und bei Erhitzen unter Einschluss nur geringe oder keine Wirkung sowie nur eine geringe oder keine explosive Kraft zeigen.

Typ G   Stoffe/Gemische,c Zustand nicht detonieren, überhaupt nicht deflagrieren und bei Erhitzen unter Einschluss keinerlei Wirkung und auch keine explosive Kraft zeigen und thermisch stabil sind (Temperatur der selbstbeschleunigenden Zersetzung für ein 50 kg Versandstück zwischen 60 und 75 °C) und im Fall flüssiger Gemische wird ein Verdünnungsmittel mit einem Siedepunkt von mindestens 150 °C zur Desensibilisierung verwendet.

Die exakten Prüfkriterien zur Einstufung als selbstzersetzliche Stoffe/Gemische sowie die Zuordnung zu den einzelnen Typen kann dem Handbuch über Prüfungen und Kriterien der Vereinten Nationen in den Abschn. 28.1, 28.2, 28.3 entnommen werden. Die Kennzeichnungselemente sind in Tab. 2.8 aufgeführt, Stoffbeispiele in Abb. 2.11 und 2.12.

H240	Erwärmung kann Explosion verursachen
H241	Erwärmung kann Brand oder Explosion verursachen
H242	Erwärmung kann Brand verursachen

Tab. 2.8 Kennzeichnungselemente selbstzersetzlicher Stoffe/Gemische sowie organischer Peroxide

Einstufung	Typ A	Typ B	Typ C+D	Typ E+F
Piktogramm		 		
Signalwort	Gefahr	Gefahr	Gefahr	Achtung
H-Satz	H240	H241	H242	H242
P-Satz	P210, P370+P372+ P380+P373	P210, P371+P380+P375	P210, P370+P378	

Empfohlene P-Sätze:

P210: Von Hitze, heißen Oberflächen, Funken, offenen Flammen sowie anderen Zündquellenarten fernhalten. Nicht rauchen

P370+P378: Bei Brand: … zum Löschen … verwenden

P371+P380+P375: Bei Großbrand und großen Mengen: Umgebung räumen. Wegen Explosionsgefahr Brand aus der Entfernung bekämpfen

P370+P372+P380+P373: Bei Brand: Explosionsgefahr. Umgebung räumen. KEINE Brandbekämpfung, wenn das Feuer explosive Stoffe/Gemische/Erzeugnisse erreicht

Acronym: Self-React. A, B, CD, EF, G
           Org. Perox. A, B, CD, EF, G

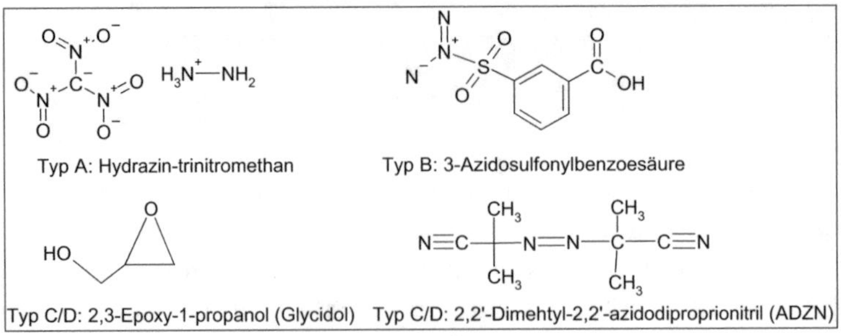

Typ A: Hydrazin-trinitromethan   Typ B: 3-Azidosulfonylbenzoesäure

Typ C/D: 2,3-Epoxy-1-propanol (Glycidol)   Typ C/D: 2,2'-Dimehtyl-2,2'-azidodiproprionitril (ADZN)

Abb. 2.11 Selbstzersetzliche Stoffe

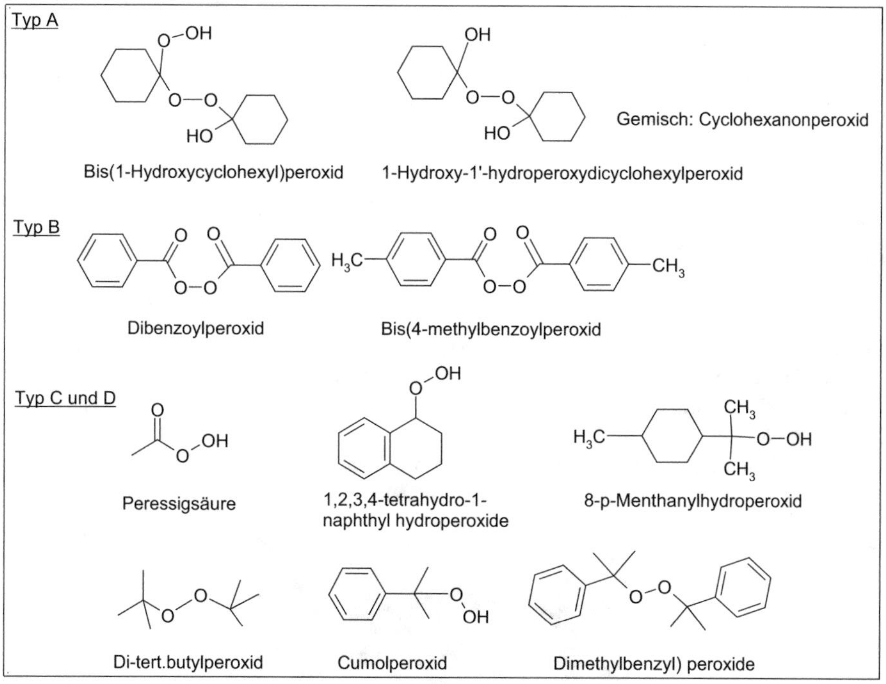

Abb. 2.12   Organische Peroxide

Stoffbeispiele selbstzersetzliche Stoffe sind in Abb. 2.11 aufgeführt, organische Peroxide in Abb. 2.11:

2.2.9   Gefahrenklasse „Pyrophore Flüssigkeiten" und „Pyrophore Feststoffe"

Stoffe, die bereits in kleinen Mengen dazu neigen, sich in Berührung mit Luft innerhalb von fünf Minuten zu entzünden, werden in Abhängigkeit des Aggregatzustandes in die Gefahrenklasse pyrophore Flüssigkeiten (Nr. 2.9 gemäß Anhang I der CLP-Verordnung) oder in die Gefahrenklasse pyrophore Feststoffe Nr. 2.10 gemäß Anhang I der CLP-Verordnung eingestuft. Für beide Gefahrenklassen wird der H-Satz H250 verwendet, siehe Tab. 1.9.

Einstufungskriterium **Kategorie 1:** entzündet an der Luft innerhalb von 5 Minuten auf einem inerten Trägermaterial.

H250   Entzündet sich in Berührung mit Luft von selbst

Tab. 2.9 Kennzeichnung pyrophore Flüssigkeiten

Einstufung	Kategorie 1
Piktogramm	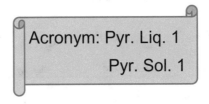
Signalwort	Gefahr
H-Satz	H250
P-Sätze	P210, P222, P231+P232, P370+P378

Empfohlene P-Sätze:

P210: Von Hitze, heißen Oberflächen, Funken, offenen Flammen sowie anderen Zündquellenarten fernhalten. Nicht rauchen

P222: Keinen Kontakt mit Luft zulassen

P231+P232: Inhalt unter inertem Gas/… handhaben und aufbewahren. Vor Feuchtigkeit schützen

P370+P378: Bei Brand: … zum Löschen … verwenden

> Acronym: Pyr. Liq. 1
> Pyr. Sol. 1

Neben den in Abb. 2.13 dargestellten metallorganischen Verbindungen sind mit H250 eingestuft: Magnesium-, Aluminium-, Zink-, Zirkonium-, Cadmiumpulver, weißer Phosphor, Di-n-octylaluminiumiodid oder Diethyl(ethyldimethylsilanolato)aluminium.

2.2.10 Gefahrenklasse „Selbsterhitzungsfähige Stoffe und Gemische" und „Organische Peroxide"

Analog der pyrophoren Eigenschaft reagieren selbsterhitzungsfähige Stoffe/Gemische mit Luft unter Erhitzung. In Abgrenzung zu diesen erfolgt die Selbsterhitzung erst nach längerer Zeit und nur bei größeren Mengen. Bei selbsterhitzungsfähigen Stoffen/Gemischen wird die mit Luftsauerstoff erzeugte Wärme nicht schnell genug nach außen abgeführt, und sich das Gemisch bis zur Selbsterhitzungstemperatur erhitzt.

Organische Peroxide sind definiert als Verbindungen mit einer bivalenten –O–O- Einheit bzw. Gemische, die ein organisches Peroxid enthalten. Unter die Gefahrenklasse organische Peroxide fallen Stoffe oder Gemische, die

- thermisch instabil sind und
- einer exothermen, selbstbeschleunigenden Zersetzung unterliegen können.

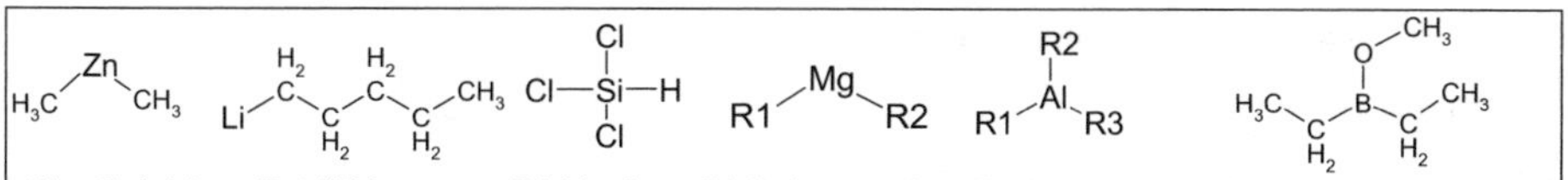

Abb. 2.13 Stoffe eingestuft mit H250

sowie auch

- zur explosiven Zersetzung neigen,
- schnell brennen,
- schlag- oder reibempfindlich sein oder
- mit anderen Stoffen gefährlich reagieren.

Die Kennzeichnungselemente von selbstzersetzlichen Stoffe/Gemische sowie von organischen Peroxiden sind in Tab. 1.11 aufgeführt.

Übersicht

Einstufungskriterien **Kategorie 1:** das Ergebnis der Prüfung mit einer kubischen Probe von 25 mm Kantenlänge ist bei 140 °C positiv

Einstufungskriterien **Kategorie 2:** das Ergebnis der Prüfung mit einer kubischen Probe von 100 mm Kantenlänge ist bei 140 °C positiv

H251	Selbsterhitzungsfähig, kann in Brand geraten
H252	In großen Mengen selbsterhitzungsfähig, kann in Brand geraten

(Siehe Tab. 2.10).

2.2.11 Gefahrenklasse „Stoffe und Gemische die in Berührung mit Wasser entzündbare Gase entwickeln"

In diese Gefahrenklasse fallen Stoffe oder Gemische, die in Kontakt mit Wasser entzündbare Gase freisetzen. In Abhängigkeit der Selbstentzündungsneigung sowie der Menge der freigesetzten entzündbaren Gase erfolgt die Einstufung in Kategorie 1 bis 3. Kategorie 2 und 3 werden mit dem gleichen H-Satz gekennzeichnet, die Unterscheidung kann lediglich über das Signalwort erfolgen, siehe Tab. 1.12.

Tab. 2.10 Kennzeichnung entzündbarer Feststoffe

Einstufung	Kategorie 1	Kategorie 2
Piktogramm		
Signalwort	Gefahr	Achtung
H-Satz	H251	H252
P-Sätze	P280	P280

Empfohlene P-Sätze:
P280: Schutzhandschuhe/Schutzkleidung/Augenschutz/Gesichtsschutz tragen (Abb. 2.14).

Acronym: Self-heat. 1

Tab. 2.11 Kennzeichnung von Stoffen/Gemischen, die in Berührung mit Wasser entzündbare Gase entwickeln

Einstufung	Kategorie 1	Kategorie 2	Kategorie 3
Piktogramm			
Signalwort	Gefahr	Gefahr	Achtung
H-Satz	H260	H261	H261
P-Satz	P223, P370+P378, P402+P404		

Empfohlene P-Sätze:
P223: Keinen Kontakt mit Wasser zulassen
P370+P378: Bei Brand: … zum Löschen … verwenden
P402+P404: In einem geschlossenen Behälter an einem trockenen Ort aufbewahren

Acronym: Water-react. 1, 2 oder 3

Übersicht

Einstufungskriterien **Kategorie 1:** reagiert bei Raumtemperatur **heftig** mit Wasser, das gebildete Gas entzündet sich spontan oder reagiert leicht mit Wasser und die Entwicklungsrate des entzündbares Gases > 10 l/kg pro Minute (V > 10 l/kg/min).

Einstufungskriterien **Kategorie 2:** reagiert bei Raumtemperatur **leicht** mit Wasser, die Entwicklungsrate des entzündbaren Gases > 20 l/kg/Std.

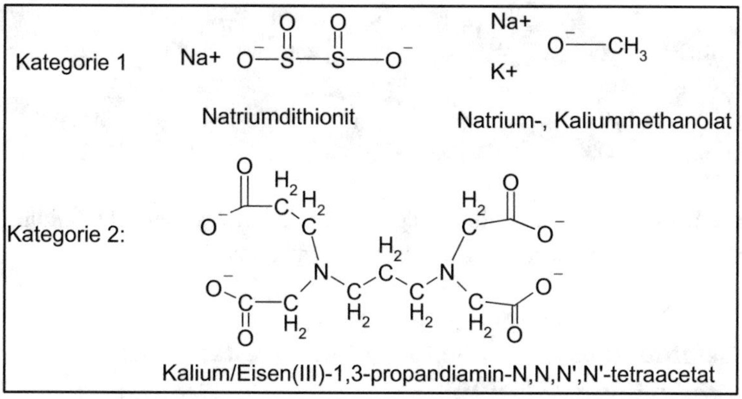

Abb. 2.14   Stoffbeispiele selbsterhitzungsfähiger Stoffe

Tab. 2.12   Kennzeichnung oxidierender Flüssigkeiten und Feststoffe

Einstufung	Kategorie 1	Kategorie 2	Kategorie 3
Piktogramm			
Signalwort	Gefahr	Gefahr	Achtung
H-Satz	H271	H272	H272
P-Satz	P280, P370+P378		

Empfohlene P-Sätze:
P370+P378: Bei Brand: … zum Löschen … verwenden

> Acronym: Ox. Liq. 1, 2 oder 3
> Ox. Sol. 1, 2 oder 3

Einstufungskriterien **Kategorie 3:** reagiert bei Raumtemperatur **langsam** mit Wasser, die Entwicklungsrate des entzündbaren Gases > 1 l/kg/Std.

Liegt die Entwicklungsrate des entzündbaren Gases zwischen 20 l pro kg Stoff/Gemisch pro Stunde und 10 l pro kg pro Minute (0,3 l/kg/min < V < 10 l/kg/min), erfolgt Einstufung in Kategorie 2.

Eine Einstufung in Kategorie 3 ist vorzunehmen, wenn die Entwicklungsrate des entzündbaren Gases von mindestens 1 l pro kg des Stoffes/Gemisches pro Stunde beträgt.

H260	In Berührung mit Wasser entstehen entzündbare Gase, die sich spontan entzünden können
H261	In Berührung mit Wasser entstehen entzündbare Gase

Stoffbeispiele: zahlreiche Metallhydride und Metallalkyle von Aluminium, Lithium, Calcium, sowie Calciumcarbid, Zinkphosphid und Dimethylzink.

2.2.12 Gefahrenklasse „Oxidierende Flüssigkeiten" und „Oxidierende Feststoffe"

Oxidierende Flüssigkeiten müssen selbst nicht notwendigerweise brennbar sein, können jedoch durch Abgabe von Sauerstoff andere Stoffe in Brand setzen oder unterstützen. Die Einstufung in die Kategorien 1 bis 3 erfolgt in Abhängigkeit des Oxidationspotenzials mit Cellulose.

Einstufungskriterien Flüssigkeiten:

Übersicht

Einstufungskriterien **Kategorie 1:** entzündet sich im Gemisch mit Cellulose (1:1) oder Druckanstiegszeit ist kleiner als beim Gemisch 50%ige Perchlorsäure/Cellulose.

Einstufungskriterien **Kategorie 2:** Druckanstiegszeit ist kleiner/gleich als beim Gemisch 40%ige Natriumchlorat/Cellulose (1:1).

Einstufungskriterien **Kategorie 3:** besitzt im Gemisch mit Cellulose (1:1) eine kleinere Druckanstiegszeit als 65% Salpetersäure mit Cellulose.

Einstufungskriterien Feststoffe:

Übersicht

Einstufungskriterien **Kategorie 1:** besitzen geringere Brenndauer im Gemisch 4:1 mit Cellulose als Gemisch 3:2 Kaliumbromat/Cellulose.

Einstufungskriterien **Kategorie 2:** besitzen geringere Brenndauer im Gemisch 4:1 mit Cellulose als Gemisch 2:3 Kaliumbromat/Cellulose.

Einstufungskriterien **Kategorie 3:** besitzen geringere Brenndauer im Gemisch 4:1 mit Cellulose als Gemisch 3:7 Kaliumbromat/Cellulose.

H271	Kann Brand oder Explosion verursachen; starkes Oxidationsmittel

Stoffbeispiele oxidierende **Flüssigkeiten Kategorie 1:** Natriumperoxid, Barium-, Kalium-, Natriumchlorat, Barium-, Kalium-, Ammoniumperchlorat, Chromtrioxid, Chromyldichlorid, Kaliumbromat, 1,3-Dichlor-5-ethyl-5-methylimidazolidine-2,4-dion, Perchlorsäue >50 % und Wasserstoffperoxid >70 %.

Stoffbeispiele oxidierende **Flüssigkeiten Kategorie 2:** Calcium-, Kalium-, Ammonium-, Natriumdichromat, Kaliumpermanganat, Bariumperoxid, 2.Hydroxyethylammoniumperbromid, Dichlorcyanursäure, Natrium-, Kaliumnitrit, Natriumperborate, Natriumperoxometaborate, Calciumhypochlorite, Nickeldinitrate, Silbernitrate, Perchlorsäure < 50 %, Wasserstoffperoxid 50–70 %, Salpetersäure >99 %

Stoffbeispiele oxidierende **Flüssigkeiten Kategorie 3:** Salpetersäure 65–99 %, Wasserstoffperoxid-Lösungen ≥70 %

Stoffbeispiele oxidierende **Feststoffe Kategorie 1:** Natrium-, Kaliumnitrit, Ammonium-, Natrium-, Kaliumpersulfat, Natriumperborat sowie Diammonium-, Dikalium-peroxodisulphate.

Stoffbeispiele oxidierende **Feststoffe Kategorie 2:** Natriumperborat, Calciumhypochlorit, Ammonium-, Kalium-, Natriumdichromat, Kaliumpermanganat, Baiumperoxid

Stoffbeispiele oxidierende **Feststoffe Kategorie 3:** Natriumnitrit, Kaliumnitrit, Diammonium, Dikaliumperoxidisulfat

2.2.13 Gefahrenklasse „Korrosiv gegenüber Metallen"

Die Korrosionsrate von Stoffen oder Gemische auf einer Stahl- als auch Aluminiumoberfläche wird zur Einstufung als metallkorrosiv herangezogen.

> Einstufungskriterien für Kategorie 1: bei einer Prüftemperatur von 55 °C übersteigt die Korrosionsrate 6,25 mm pro Jahr.

Die Kennzeichnungselemente sind in Tab. 1.16 aufgeführt.

Stoffbeispiele: bisher sind in Anhang VI nur Hydroxylamin und Hydroxylammoniumchlorid entsprechend eingestuft, obwohl viele Halogenide eindeutig metallkorrosive Eigenschaften haben, ebenso wie die Mineralsäuren.

> H290   Kann gegenüber Metallen korrosiv wirken

2.2.14 Gefahrenklasse „Desensibilisierte explosive Stoffe/Gemische"

Feste oder flüssige desensibilisierte explosive Stoffe/Gemische werden mit einem Phlegmatisierungsmittel gemischt, um ihre explosiven Eigenschaften so zu unterdrücken,

Tab. 2.13 Kennzeichnung metallkorrosiver Stoffe oder Gemische

Einstufung	Kategorie 1
Piktogramm	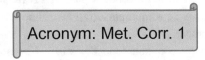
Signalwort	Achtung
H-Satz	H290
P-Satz	P406

Empfohlene P-Sätze:
P406: In korrosionsbeständigem/… Behälter mit korrosionsbeständiger Innenauskleidung aufbewahren

Acronym: Met. Corr. 1

dass es zu keiner Massenexplosion kommt und sie nicht zu schnell abbrennen. Sie erfüllen somit nicht die Kriterien zur Einstufung in die Gefahrenklasse „explosive Stoffe/Gemische und Erzeugnisse mit Explosivstoff". Tab. 1.17 zeigt die zugehörigen Kennzeichnungselemente.

Als Phlegmatisierungsmittel werden meist Wasser oder Alkohole verwendet, die mit dem explosiven Stoff eine homogene Mischung bilden.

Übersicht

Einstufungskriterien:
   Kategorie 1: Abbrandgeschwindigkeit zwischen 300 kg/min und 1200 kg/min
   Kategorie 2: Abbrandgeschwindigkeit zwischen 140 kg/min und 300 kg/min
   Kategorie 3: Abbrandgeschwindigkeit zwischen 60 kg/min und 140 kg/min
   Kategorie 2: Abbrandgeschwindigkeit unter 60 kg/min

H206	Gefahr durch Feuer, Druckstoß oder Sprengstücke; erhöhte Explosionsgefahr, wenn das Desensibilisierungsmittel reduziert wird
H207	Gefahr durch Feuer oder Sprengstücke; erhöhte Explosionsgefahr, wenn das Desensibilisierungsmittel reduziert wird
H208	Gefahr durch Feuer; erhöhte Explosionsgefahr, wenn das Desensibilisierungsmittel reduziert wird

Tab. 2.14 Einstufung und Kennzeichnung desensibilisierter Stoffe/Gemische

Einstufung	Kategorie 1		Kategorie 2	Kategorie 3	Kategorie 4
Piktogramm					
Signalwort	Gefahr		Gefahr	Achtung	Achtung
H-Satz	H206		H207	H207	H208
P-Sätze	P210, P230, P370+P380+P375				P210, P230

Empfohlene P-Sätze:

P210: Von Hitze, heißen Oberflächen, Funken, offenen Flammen sowie anderen Zündquellenarten fernhalten. Nicht rauchen

P230 Feucht halten mit …

P371+P380+P375: Bei Großbrand und großen Mengen: Umgebung räumen. Wegen Explosionsgefahr Brand aus der Entfernung bekämpfen

2.2.15 Ergänzende Gefahrenmerkmale

Nach Anhang II der CLP-Verordnung sind Stoffe und Gemische mit einem der folgenden zusätzlichen H-Sätze einzustufen. Diese H-Sätze wurden nicht im UN-GHS aufgenommen und gelten daher ausschließlich in der EU, zur Unterscheidung von den GHS Gefahrenmerkmalen werden sie als EUH bezeichnet, gefolgt von einer dreistelligen Zahl, die der Nummer des früheren R-Satzes gemäß der EG-Stoffrichtlinie 67/548/EWG entspricht.

Diese ergänzenden Gefahrenmerkmale sind nur anzuwenden, wenn der Stoff/das Gemisch bereits auf einer physikalischen, gesundheitsgefährdenden oder umweltgefährlichen Eigenschaft eingestuft wurde.

Explosive Stoffe oder Gemische, die mit Wasser oder Alkohol angefeuchtet keine oder nur sehr geringe explosive Eigenschaft mehr besitzen und in dieser Form in Verkehr gebracht werden, ist der EUH001 zu verwenden.

EUH001   In trockenem Zustand explosionsgefährlich

Stoffe und Gemische, die heftig mit Wasser regieren, sind zusätzlich mit dem EUH014 zu kennzeichnen.

Stoffbeispiele: Alkalimetalle Lithium Natrium, Kalium, die entsprechenden Methanolate und Ethanolate, Acetylchlorid, Propionylcholrid, Phosphortri-, pentachlorid oder Titantetrachlorid, Trichlosilan, *Bortrihalogenide, Schwefeldichlorid, Sulfurylchlorid, Thionylchlorid.* Hexyllithium, Butyllithium, Magensium- und Aluminiumaklyle, Dimethylzink.

EUH014   In trockenem Zustand explosionsgefährlich

Stoffe und Gemische, die selbst nicht als entzündbar eingestuft sind, die jedoch explosionsfähige/entzündbare Dampf/Luft-Gemische bilden können, sind mit dem EUH018 zu kennzeichnen. In Anhang VI wurden bisher diese Zusatzkennzeichnung noch nicht vergeben.

EUH018   Kann bei Verwendung explosionsfähige/entzündbare Dampf/Luft-Gemische bilden

Stoffe oder Gemische, die bei der Lagerung explosionsfähige Peroxide bilden können, sind mit dem EUH019 zu kennzeichnen.

Stoffbeispiele: Diethyl-, Dipropylether, 1,4-Dioxan., Tetrahydrofuran, 1,2-Dimethoxyethan; Ethylenglykoldimethylether, 1,2-Dimethoxypropane, Furan oder 1,2,3,4-Tetrahydronaphthalin.

EUH019   Kann explosionsfähige Peroxide bilden

Stoffe und Zubereitungen, die nicht als explosionsgefährlich eingestuft sind, in der Praxis aber dennoch explodieren können, wenn sie unter ausreichendem Einschluss erwärmt werden, sind mit dem EUH044 zu kennzeichnen. Beispielsweise zersetzen sich bestimmte Stoffe beim Erhitzen in einer Stahlblechtrommel explosionsartig, nicht jedoch in schwächerer Verpackung.

Stoffbeispiele: 4,6-Dinitro-o-cresol, 6-s-Butyl-2,4-dinitrophenol und tert-Butyl-4,6-dinitrophenol.

EUH044   Explosionsgefahr bei Erhitzen unter Einschluss

2.3   Gefährliche Eigenschaften: Gesundheitsgefahren

▶   Die Kriterien zur Einstufung der Gesundheitsgefahren werden anschaulich beschrieben. Die zur Einstufung herangezogenen H-Sätze werden vollständig aufgeführt, desgleichen die im Anhang VI benutzten Acronyme. Typische Stoffbeispiele veranschaulichen die Gefahrenklassen.

2.3.1   Gefahrenklasse „Akute Toxizität"

Die Einstufung aufgrund der akuten Toxizität erfolgt grundsätzlich auf Basis der mittleren letalen Dosis bzw. der mittleren letalen Konzentration, siehe Kap. 1. Die Einstufungsgrenzen sind in Abhängigkeit der Aufnahmewege festgelegt:

- oral: LD_{50}, Einheit mg/kg Körpergewicht
- dermal:: LD_{50}, Einheit mg/kg Körpergewicht
- inhalativ Aerosol: LC_{50}, Einheit mg/l Atemluft
- inhalativ Dampf: LC_{50}, Einheit mg/l Atemluft
- inhalativ Gas: LC_{50}, Einheit ml/l Atemluft

Die Einstufungskriterien in Abhängigkeit der Kategorien und der Aufnahmewege sind in Tab. 2.15 aufgeführt, in Tab. 2.16 die zugeordneten H-Sätze, P-Sätze und Piktogramme. Im GHS ist noch die Kategorie 5 mit den H-Sätzen H303, H313 und H333 festgelegt, die nicht in die CLP-Verordnung übernommen wurden.

H300	Lebensgefahr bei Verschlucken
H301	Giftig bei Verschlucken
H302	Gesundheitsschädlich bei Verschlucken
H310	Lebensgefahr bei Hautkontakt
H311	Giftig bei Hautkontakt
H312	Gesundheitsschädlich bei Hautkontakt
H330	Lebensgefahr bei Einatmen
H331	Giftig bei Einatmen
H332	Gesundheitsschädlich bei Einatmen

Stoffbeispiele sind in Abb. 2.15 und 2.16 aufgeführt.

Tab. 2.15 Einstufungsgrenzen der akuten Toxizität in Abhängigkeit der mittleren letalen Toxizität

Expositionsweg	Kategorie 1	Kategorie 2	Kategorie 3	Kategorie 4
Oral [1]	ATE ≤ 5	5 < ATE ≤ 50	50 < ATE ≤ 300	300 < ATE ≤ 2000
Dermal [1]	ATE ≤ 50	50 < ATE ≤ 200	200 < ATE ≤ 1000	1000 < ATE ≤ 2000
Inhalativ, Gas [2]	ATE ≤ 100	100 < AT ≤ 500	500 < ATE ≤ 2500	2500 < ATE ≤ 20.000
Inhalativ, Dampf [3]	ATE ≤ 0,5	0,5 < ATE ≤ 2,0	2,0 < ATE ≤ 10	10 < ATE ≤ 20
Inhalativ, Aerosol [4]	ATE ≤ 0,05	0,05 < ATE ≤ 0,5	0,5 < ATE ≤ 1	1 < ATE ≤ 5

1): mg/kg KGW (mg des Stoffes pro kg Körpergewicht des Tieres)
2): ml/l (ml des Stoffes pro l Atemvolumen)
3): mg/l (mg des Stoffes pro l Atemvolumen)
4): mg/l (mg des Stoffes pro l Atemvolumen)

Acronym: Acute Tox. 1, 2, 3 oder 4

Tab. 2.16 Kennzeichnungskriterien akut toxischer Stoffe und Gemische

Einstufung	Kategorie 1	Kategorie 2	Kategorie 3	Kategorie 4
Piktogramm				
Signalwort	Gefahr	Gefahr	Gefahr	Achtung
H-Satz, oral	H300	H300	H301	H302
P-Satz, oral	P270, P301+P310			P301+P312
H-Satz, dermal	H310	H310	H311	H312
P-Satz, dermal	P270, P302+P352			P302+P352
H, Satz, Inhalativ	H330	H330	H331	H332
P-Satz, inhalativ	P260, P304+P340			P304+P340

Empfohlene P-Sätze:

P260: Staub/Rauch/Gas/Nebel/Dampf/Aerosol nicht einatmen

P270: Bei Gebrauch nicht essen, trinken oder rauchen

P304+P340: Bei Einatmen: Die Person an die frische Luft bringen und für ungehinderte Atmung sorgen

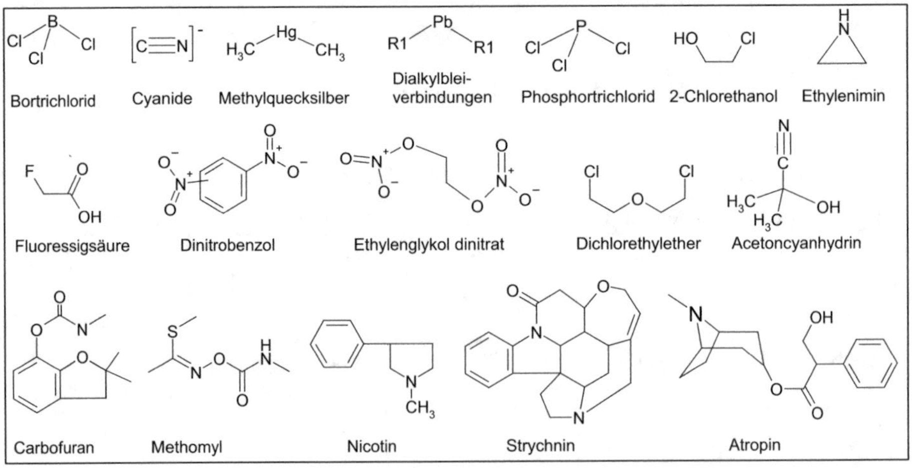

Abb. 2.15 Oral und dermal akut toxische Stoffe der Kategorie 1 und 2

Bekannte Naturgifte mit sehr hoher akuter Giftigkeit sind Botulinustoxin ($LD_{50}=0,000.000.03$), Tetanustoxin ($LD_{50}=0,000.000.1$), Crototoxin ($LD_{50}=0,000.2$), Ricin ($LD_{50}=0,005$) oder Oleandrin ($LD_{50}=0,3$), Angaben jeweils in mg/kg KGW.

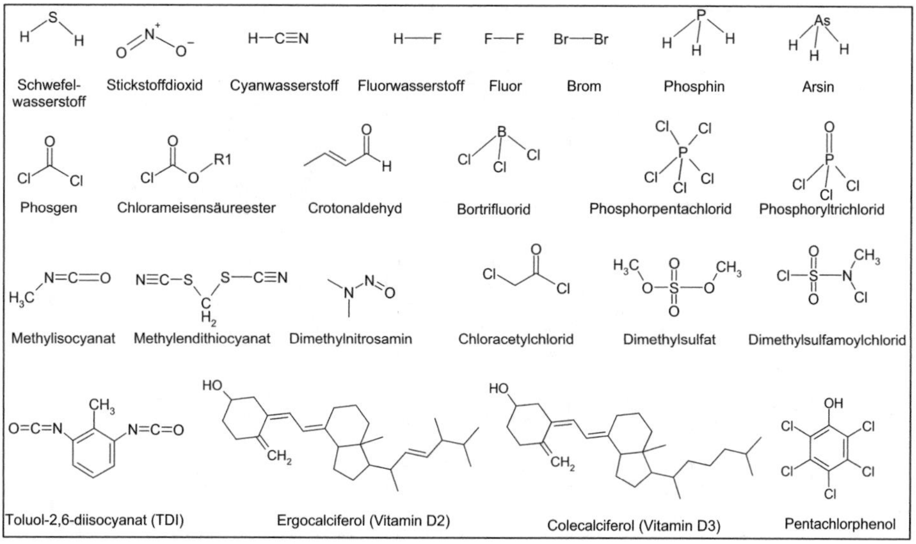

Abb. 2.16   Inhalativ akut toxische Stoffe der Kategorie 1 und 2

Tab. 2.17   Kennzeichnung hautätzender, -reizender Stoffe und Gemische

Einstufung	Kategorie 1 A, 1B, 1 C	Kategorie 2
Piktogramm		
Signalwort	Gefahr	Achtung
H-Satz	H314	H315
P-Sätze	P280, P303 + P361 + P353, P305 + P351 + P338	P280, P302 + P352

Empfohlene P-Sätze:

P280: Schutzhandschuhe/Schutzkleidung/Augenschutz/Gesichtsschutz tragen

P302 + P352 Bei Berührung mit der Haut: Mit viel Wasser/… waschen

P303 + P361 + P353; Bei Berührung mit der Haut [oder dem Haar]: Alle kontaminierten Kleidungsstücke sofort auszuziehen. Haut mit Wasser abwaschen [oder duschen]

P305 + P351 + P338 Bei Kontakt mit den Augen: Einige Minuten lang behutsam mit Wasser spülen. Eventuell vorhandene Kontaktlinsen nach Möglichkeit entfernen. Weiter spülen

> Acronym: Skin Corr. 1A, 1B, 1C
>   Skin Irrit. 2

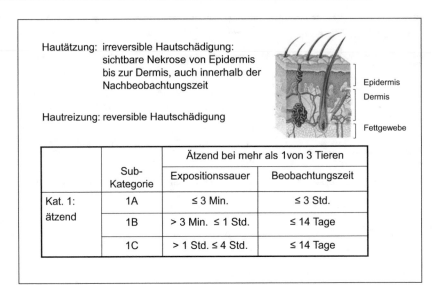

Abb. 2.17   Kriterien zur Einstufung als ätzend oder reizend auf die Haut

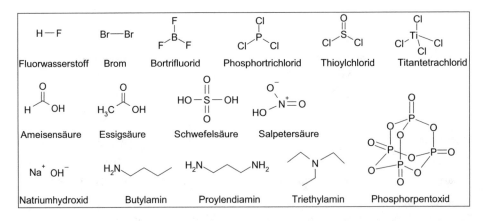

Abb. 2.18   Stoffe Kategorie 1 A hautätzend

2.3.2   Gefahrenklasse „Ätz-, Reizwirkung an der Haut"

In Abhängigkeit der Einwirkungsdauer, die zu einer Zerstörung des Hautgewebes führen, wird die Ätzwirkung in die Unterkategorien 1 A, 1B und 1 C unterteilt. Falls nach 4 h Einwirkdauer keine Ätzwirkung vorliegt, aber eine Hautreizung, erfolgt Einstufung in Kategorie 2. Die Kennzeichnungselemente können Tab. 2.17 entnommen werden.

Findet nach einer 4stündigen Einwirkung keine Gewebezerstörung statt, wird jedoch eine Rötung oder Schorfbildung beobachtet, erfolgt eine Einstufung als reizend. Abb. 2.17 zeigt die Einstufungskriterien im Überblick, in Abb. 2.18 sind Stoffe der Kategorie 1 A und in Abb. 2.19 der Kategorie 1B aufgeführt.

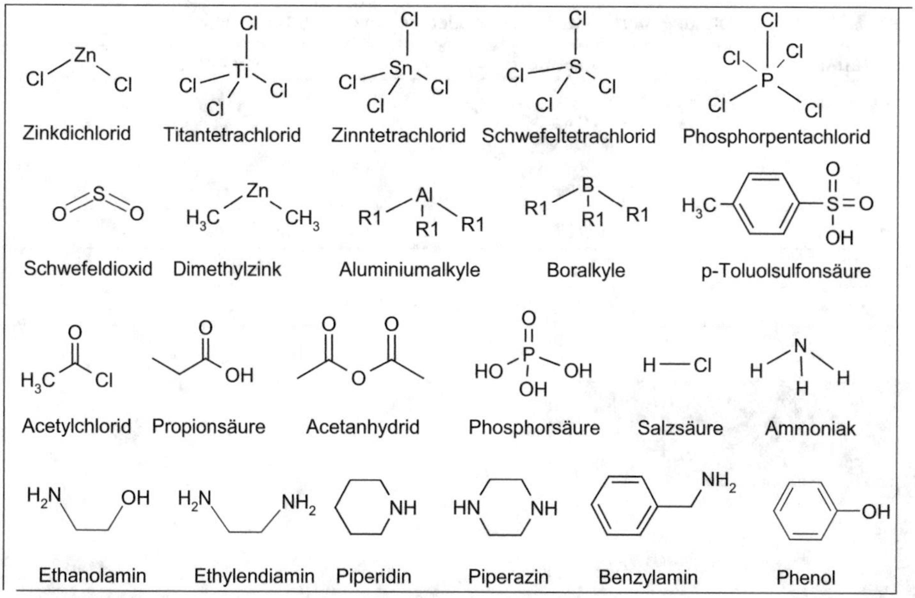

Abb. 2.19 Stoffe Kategorie 1B hautätzend

> **Übersicht**
>
> **Kategorie 1A:** Zerstörung der Haut bei einer Einwirkungszeit bis zu 3 Minuten
>
> **Kategorie 1B**: Zerstörung der Haut bei einer Einwirkungszeit zwischen 3 Minuten und 1 Stunde
>
> **Kategorie 1C:** Zerstörung der Haut bei einer Einwirkungszeit zwischen 1 Stunde und 4 Stunde
>
> **Kategorie 2:** Reizwirkung der Haut bei einer Einwirkungszeit bis zu 4 Stunden

Bekannte Beispiele stark ätzender Stoffe der Kategorie 1 A sind die Alkalihydroxide, viele aliphatische Amine und die starken Mineralsäuren.

| H314 | Verursacht schwere Verätzungen der Haut und schwere Augenschäden |
| H315 | Verursacht Hautreizungen |

2.3.3 Gefahrklasse „Ätz-, Reizwirkung am Auge"

Stoffe oder Gemische, die keine ätzende Wirkung an der Haut besitzen, sind zusätzlich auf augenschädigende Wirkung zu prüfen. In Tab. 2.18 sind die Kennzeichnungselemente aufgeführt.

Tab. 2.18 Kennzeichnung augenschädigender oder -reizender Stoffe und Gemische

Einstufung	Kategorie 1	Kategorie 2
Piktogramm		
Signalwort	Gefahr	Achtung
H-Satz	H318	H319
P-Sätze	P280, P305 + P351 + P338	

Acronym: Eye Dam. 1
Eye Irrit. 2

Übersicht

Kriterien zur Einstufung in Kategorie 1 sind beispielsweise

- Schädigungen an der Horn-, Regenbogen- oder Bindehaut, die sich nicht innerhalb 21 Tagen wieder zurückbilden,
- schwerwiegendere Hornhauttrübungen oder Regenbogenhautentzündungen

H318   Verursacht schwere Augenschäden
H319   Verursacht schwere Augenreizungen

Empfohlene P-Sätze:

P280: Schutzhandschuhe/Schutzkleidung/Augenschutz/Gesichtsschutz tragen

P305 + P351 + P338 Bei Kontakt mit den Augen: Einige Minuten lang behutsam mit Wasser spülen. Eventuell vorhandene Kontaktlinsen nach Möglichkeit entfernen. Weiter spülen In Abb. 2.20 ist eine Auswahl augenätzender Stoffe aufgeführt.

2.3.4 Gefahrenklasse „Sensibilisierende Wirkung"

Die Gefahrenklasse sensibilisierend unterscheidet zwischen Sensibilisierung der Haut und der Atemwege. Da sich die verbalen Beschreibungen der Kriterien für Atem- und Hautallergenen nur unwesentlich unterscheiden, sind sie gemeinsam aufgeführt.

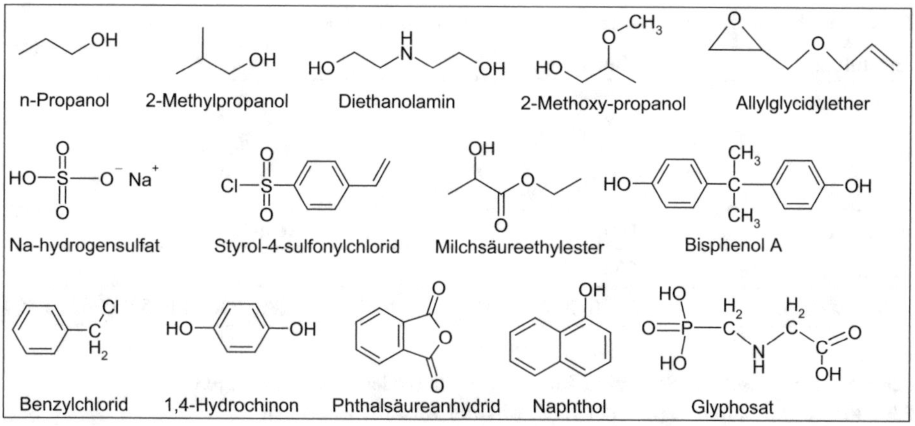

Abb. 2.20 Augenätzende Stoffe, gekennzeichnet mit H318

Übersicht

Einstufungskriterien für Allergene:
   Unterkategorie 1A:

- Führt mit hoher Wahrscheinlichkeit zu allergischen Reaktionen beim Menschen
- löst in Tierversuchen mit hoher Wahrscheinlichkeit Sensibilisierungsraten aus

Unterkategorie 1B:

- führt in niedriger bis moderater Häufigkeit zu allergischen Reaktionen beim Menschen
- löst in Tierversuchen mit niedriger bis moderater Wahrscheinlichkeit Sensibilisierungen aus

Die Gefahrenpiktogramme von Atemwegs- und Hautallergenen unterscheiden sich ebenso wie die H-Sätze, siehe Tab. 2.19.

H334 Kann beim Einatmen Allergie, asthmaartige Symptome oder Atembeschwerden verursachen

H317 Kann allergische Hautreaktionen verursachen

Da die Atemwegsallergie eine deutlich gravierendere Gesundheitsgefahr im Vergleich zur Hautallergie darstellt, wird sie mit dem Signalwort Gefahr und dem Gefahrenpiktogramm GHS08 gekennzeichnet. Abb. 2.21 zeigt Stoffe, die sowohl haut- als auch atemwegssensibilisierend wirken.

Tab. 2.19   Kennzeichnung sensibilisierender Stoffe und Gemische.

Einstufung	Kategorie 1	Kategorie 2
Piktogramm		
Signalwort	Gefahr	Achtung
H-Satz	334	H317
P-Sätze	P280, P342+P311	P280, P302+P352, P362+P364

Empfohlene P-Sätze:

P280: Schutzhandschuhe/Schutzkleidung/Augenschutz/Gesichtsschutz tragen

P302+P352:Bei Berührung mit der Haut: Mit viel Wasser/… waschen

P342+P311: Bei Symptomen der Atemwege: Giftinformationszentrum, Arzt oder … anrufen

P362+P364: Kontaminierte Kleidung ausziehen und vor erneutem Tragen waschen

Acronym: Resp. Sens. 1 oder 1A, 1B
Skin Sens. 1 oder 1A, 1B

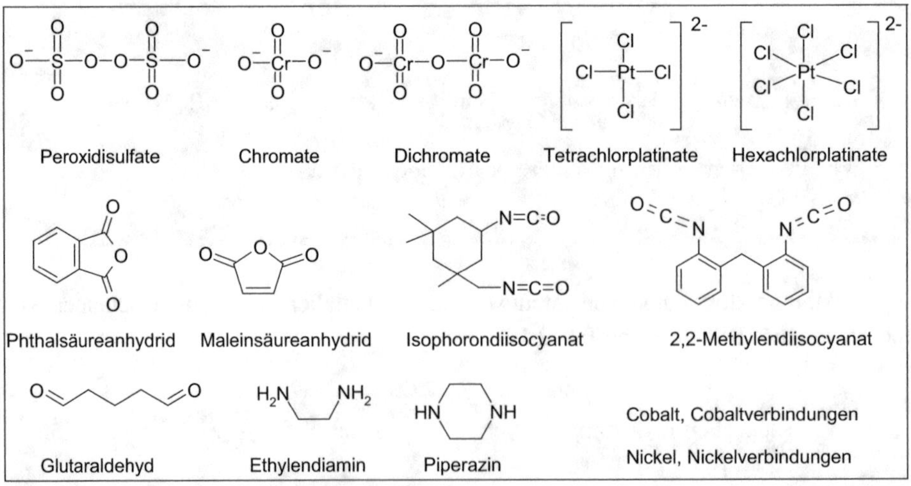

Abb. 2.21   Haut- und atemwegssensibilisierende Stoffe

2.3.5 Gefahrenklasse „Keimzellmutagen"

Eine Einstufung als keimzellmutagen erfolgt auf Basis einer mutagenen oder genotoxischen Wirkung.

Übersicht
Einstufungskriterien:
    Kategorie 1A:

- Löst beim Menschen auf Basis epidemiologischer Studien vererbbare Mutationen in den Keimzellen aus

Kategorie 1B:

- positive Befunden aus in-vivo Prüfungen an Keimzellen von Säugetieren
- positive Befunde aus in-vivo Mutagenitätsprüfungen an Somazellen, die auf Keimzellen übertragen werden können
- positive Befunde aus Mutagenitätstest beim Menschen, ohne Nachweis der Weitergabe an die Nachkommen; dazu gehört beispielsweise eine Zunahme der Aneuploidierate in Spermien exponierter Personen

Kategorie 2:

- positive Befunden bei Versuchen an Säugetieren, entweder aus Somazellen oder in-vivo Genotoxizitätsprüfungen an Somazellen, die durch positive Befunde aus in-vitro Mutagenitäts-Prüfungen gestützt werden.

H340   Kann genetische Defekte verursachen
H341   Kann vermutlich genetische Defekte verursachen

Abb. 2.22 zeigt Stoffe der Kategorie 1B, Stoffe der Kategorie 1A sind bisher nicht bekannt.

2.3.6 Gefahrenklasse „Karzinogen"

Die wissenschaftlichen Grundlagen zur krebserzeugenden (karzinogenen) Wirkung ist in Abschn. 1.1.9 ausführlich beschrieben.

Tab. 2.20 Kennzeichnung keimzellmutagener Stoffe und Gemische

Einstufung	Kategorie 1 A und 1B	Kategorie 2
Piktogramm		
Signalwort	Gefahr	Achtung
H-Satz	340	341
P-Sätze	P280, P308 + P313	

Empfohlen P-Sätze:
P280: Schutzhandschuhe/Schutzkleidung/Augenschutz/Gesichtsschutz tragen
P308 + P313: Bei Exposition oder falls betroffen: Giftinformationszentrum, Arzt oder … anrufen

> Acronym: Muta. 1A, 1B oder 2

Abb. 2.22 keimzellmutagene Stoffe der Kategorie 1B

Übersicht

Einstufungskriterien:

Kategorie 1A:

- Krebserzeugendes Potenzial beim Menschen auf Basis epidemiologischer Studien belegt

Tab. 2.21 Kennzeichnung karzinogener Stoffe und Gemische

Einstufung	Kategorie 1 A, 1B	Kategorie 2
Piktogramm		
Signalwort	Gefahr	Achtung
H-Satz	350, H350i	351
P-Sätze	P280, P308 + P313	

Empfohlen P-Sätze:
P280: Schutzhandschuhe/Schutzkleidung/Augenschutz/Gesichtsschutz tragen
P308 + P313: Bei Exposition oder falls betroffen: Giftinformationszentrum, Arzt oder … anrufen

> Acronym: Carc. 1A, 1B oder 2

Kategorie 1B:

- Krebserzeugendes Potenzial auf Basis tierexperimenteller Studien belegt, die Übertragbarkeit auf den Menschen ist zu unterstellen

Kategorie 2:

- Die vorliegenden tierexperimentellen Studien reichen aufgrund eingeschränkter Aussage zur Einstufung in Kategorie 1 nicht aus

Stäube und Fasern, die ausschließlich beim Einatmen krebserzeugende Wirkung zeigen, werden mit H350i gekennzeichnet (Tab. 2.21).

H350	Kann Krebs verursachen
H350i	Kann beim Einatmen Krebs erzeugen
H351	Kann vermutlich Krebs verursachen

2.3.7 Gefahrenklasse „Reproduktionstoxizität"

In der Gefahrenklasse reproduktionstoxisch sind zwei unterschiedliche Eigenschaften zusammengefasst, eine ausführliche Beschreibung der wissenschaftlichen Grundlagen findet sich in Abschn. 1.1.8.

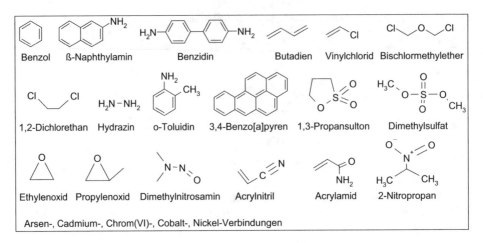

Abb. 2.23 kanzerogene Verbindungen der Kategorie 1A und 1B

- Entwicklungsschädigung,
- Fortpflanzungsschädigung und
- negative Effekte auf die Laktation.

Übersicht

Einstufungskriterien

Kategorie 1A	die entwicklungsschädigende oder fruchtbarkeitsschädigende Wirkung ist beim Menschen belegt.
Kategorie 1B	die entwicklungsschädigende oder fruchtbarkeitsschädigende Wirkung ist in validen Tierversuchen nachgewiesen.
Kategorie 2	die vorliegenden tierexperimentellen Studien reichen aufgrund eingeschränkter Aussage zur Einstufung in Kategorie 1 nicht aus

Stoffe werden u. a. in die Kategorie 1B entwicklungsschädigend eingestuft, wenn im Tierversuch bei einer Dosis kleiner 1000 mg/kg Körpergewicht (Limitdosis) reproduktionstoxische Effekte vorhanden sind. Da bei maternaltoxischen Effekten stets mit Schädigungen von Fötus oder Embryo gerechnet werde muss, wird in der Regel nur bei niedrigeren Dosierungen eingestuft.

Da die H-Sätze nicht zwischen Entwicklungs- und Fortpflanzungsschädigung unterscheiden, können hierfür die Buchstaben D und F angefügt werden:

D: (development) entwicklungsschädigend Kategorie 1 A oder 1B,

F: (fertility) fortpflanzungsschädigend Kategorie 1 A oder 1B bzw.

d: entwicklungsschädigend Kategorie 2

f: fortpflanzungsschädigend Kategorie 2

H360	Kann die Fruchtbarkeit beeinträchtigen oder das Kind im Mutterleib schädigen.
H361	Kann vermutlich die Fruchtbarkeit beeinträchtigen oder das Kind im Mutterleib schädigen.
H360F	Kann die Fruchtbarkeit beeinträchtigen.
H360D	Kann das Kind im Mutterleib schädigen.
H360FD	Kann die Fruchtbarkeit beeinträchtigen. Kann das Kind im Mutterleib schädigen.
H361f	Kann vermutlich die Fruchtbarkeit beeinträchtigen.
H361d	Kann vermutlich das Kind im Mutterleib schädigen.
H361fd	Kann vermutlich die Fruchtbarkeit beeinträchtigen. Kann vermutlich das Kind im Mutterleib schädigen.
H360Fd	Kann die Fruchtbarkeit beeinträchtigen. Kann vermutlich das Kind im Mutterleibschädigen.
H360Df	Kann das Kind im Mutterleib schädigen. Kann vermutlich die Fruchtbarkeit beeinträchtigen.
H362	Kann Säuglinge über die Muttermilch schädigen.

Die Kennzeichnungselemente sind in Tab. 2.22 dargestellt, die unterschiedlichen Kombinationen der zusätzlichen Indices sind ebenfalls aufgelistet.

In Abb. 2.24 sind entwicklungsschädigende Stoffe der Kategorie 1A und 1B abgebildet

Fruchtbarkeitsschädigende Stoffe der Kategorie 1a oder 1B sind die meisten anorganischen Verbindungen von Cobalt, Chrom(VI) und Cadmium, in Abb. 2.25 sind einige organische Verbindungen aufgeführt.

Als laktationsschädlich sind bisher in Anhang VI Blei, Lindan, Hexabromcyclododecan, Chlorierte Alkane (C 14–17) sowie Perfluoroctansäure eingestuft.

2.3.8 Gefahrenklasse „Spezifische Zielorgan-Toxizität bei einmaliger Exposition"

Um eine schwerwiegende, nicht letale Gesundheitsgefährdung bei einmaliger Exposition auszudrücken, wird die sogenannte spezifische Zielorgan-Toxizität, engl. STOT (specific target organ toxicity) benutzt. Zur Unterscheidung von der chronischen Wirkung wird STOT um SE ergänzt: Single Exposure,

Tab. 2.22 Kennzeichnung reproduktionstoxischer Stoffe und Gemische

Einstufung	Kategorie 1 A, 1B	Kategorie 2
Piktogramm		
Signalwort	Gefahr	Achtung
H-Satz	360	361
P-Sätze	P280, P303+P313	

Empfohlen P-Sätze:

P280: Schutzhandschuhe/Schutzkleidung/Augenschutz/Gesichtsschutz tragen

P308+P313: Bei Exposition oder falls betroffen: Giftinformationszentrum, Arzt oder … anrufen

> Acronym: Repr. 1A, 1B oder 2

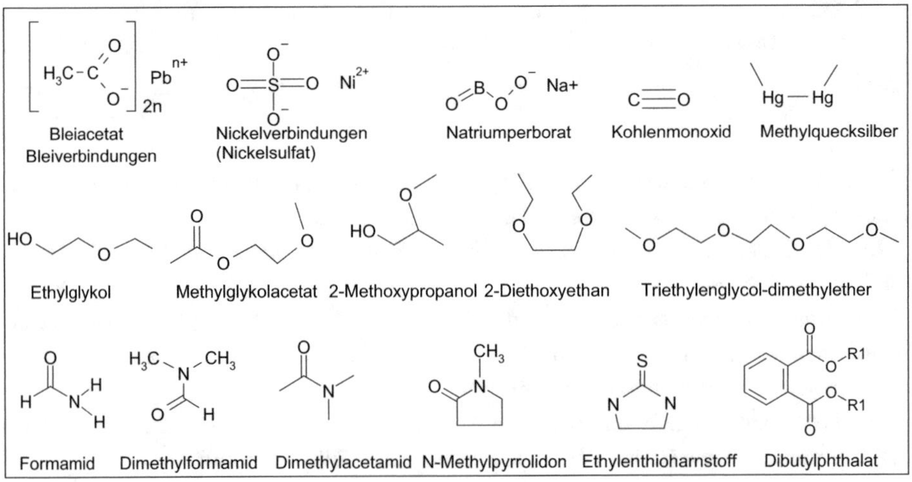

Abb. 2.24 Entwicklungsschädigende Stoffe der Kategorien 1A und 1B

Übersicht

Einstufungskriterien:

Kategorie 1 Fallstudien oder epidemiologische Studien haben eine irreversible toxische Wirkung bei einmaliger Exposition oder in Tierversuchen wurde diese bei Dosen gemäß Tab. 2.23 nachgewiesen.

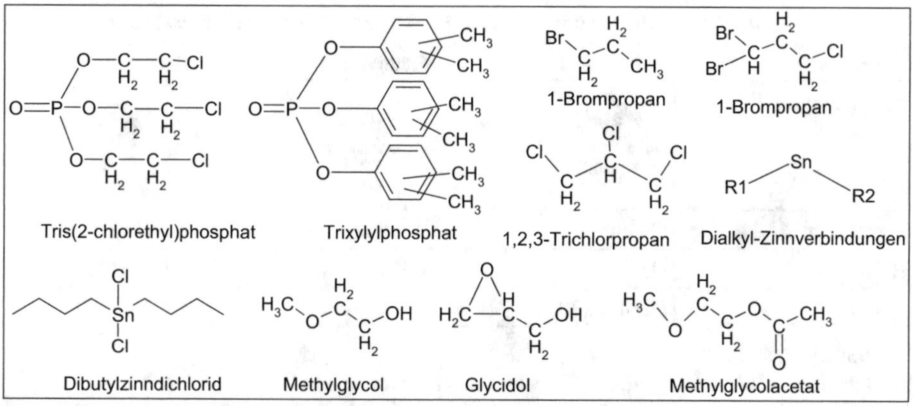

Abb. 2.25 Fruchtbarkeitsschädigende Stoffe der Kategorie 1 A und 1B

Tab. 2.23 Einstufungskriterien für STOT SE, Kategorie 1 und 2

Expositionsweg	Kategorie 1	Kategorie 2
Oral (Ratte)	$C \leq 300$ mg/kg KGW	$300 > C \leq 2000$ mg/kg KGW
Dermal (Ratte, Kaninchen)	$C \leq 1000$ mg/kg KGW	$1000 > C \leq 2000$ mg/kg KGW
Inhalation, Gas (Ratte)	$C \leq 2500$ ppm/4h	$2500 > C \leq 20.000$ ppm/4h
Inhalation, Dampf (Ratte)	$C \leq 10$ mg/l/4h	$10 > C \leq 20$ mg/l/4h
Inhalation, Aerosol (Ratte)	$C \leq 1,0$ mg/l/4h	$1 > C \leq 5$ mg/l/4h

Kategorie 2	bei Dosen gemäß Tab. 2.23 waren in Tierversuchen irreversible Effekte aufgetreten
Kategorie 3	reversible narkotisierende oder atemwegsreizende Effekte

In Kategorie 3 werden entweder reversible Reizwirkung am Atemtrakt oder eine narkotisierende Eigenschaft eingestuft. In Tab. 2.24 sind die Kennzeichnungselemente aufgeführt.

H370	Schädigt die Organe
H371	Kann die Organe schädigen
H335	Kann die Atemwege reizen
H336	Kann Schläfrigkeit und Benommenheit verursachen

Stoffbeispiele Kategorie 3, narkotisierende Eigenschaft: Pentan, Heptan, Octan, Ethylen, Cyclohexan, Toluol, n- Hexan, iso-Pentan, Trichlorethylen, n-Propanol, n-Butanol, Diethylether, iso-Butanol, iso-Propanol, Butanol-2, Aceton, Butanon, Diethylketon, Hexan-2-on.

Tab. 2.24 Kennzeichnung für spezifische Zielorgan-Toxizität bei einmaliger Exposition

Einstufung	Kategorie 1	Kategorie 2	Kategorie 3
Piktogramm			
Signalwort	Gefahr	Achtung	Achtung
H-Satz	H370	H371	H335, H336
P-Sätze	P260, P270		P304+P340

Empfohlene P-Sätze
P260 Staub/Rauch/Gas/Nebel/Dampf/Aerosol nicht einatmen
P304+P340 Bei Einatmen: Die Person an die frische Luft bringen und für ungehinderte Atmung sorgen

> Acronym: STOT SE 1, 2 oder 3

2.3.9 Gefahrenklasse Spezifische Zielorgan-Toxizität bei wiederholter Exposition

Stoffe, die bei längerer Exposition zu einem chronischen, nicht krebserzeugenden Gesundheitsschaden führen, werden in die Gefahrenklassen spezifische Zielorgantoxizität bei wiederholter Toxizität eingestuft. Da krebserzeugende Stoffe häufig, z. B. bei niedrigeren Dosen, zu chronischen Gesundheitsschäden führen, sind viele Kanzerogene zusätzlich dieser Gefahrenklasse zugeordnet. Zur Unterscheidung von STOT SE wird die Abkürzung STOT RE benutzt: Repeated Exposure.

Übersicht
Einstufungskriterien:

Kategorie 1   Fallstudien oder epidemiologische Studien haben eine irreversible toxische Wirkung bei chronischer Exposition oder in Tierversuchen wurde diese bei Dosen gemäß Tab. 2.25 nachgewiesen.

Kategorie 2   bei Dosen gemäß Tab. 2.25 waren in Tierversuchen irreversible Effekte aufgetreten

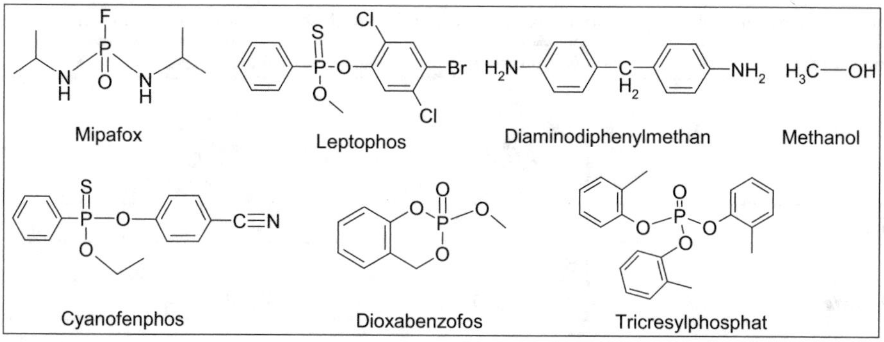

Abb. 2.26 Stoffe eingestuft mit H370

Tab. 2.25 Einstufungsgrenzwerte für chronische Toxizität STOT RE

Expositionsweg	Kategorie 1	Kategorie 2
Oral (Ratte)	$C \leq 10$ mg/kg/d KGW	$10 > C \leq 100$ mg/kg/d KGW
Dermal (Ratte, Kaninchen)	$C \leq 20$ mg/kg/d KGW	$20 > C \leq 200$ mg/kg/d KGW
Inhalation, Gas (Ratte)	$C \leq 50$ ppm/6h/d	$50 > C \leq 250$ ppm/6h/d
Inhalation, Dampf (Ratte)	$C \leq 0,2$ mg/l/6h/d	$0,2 > C \leq 1,0$ mg/l/6h/d
Inhalation, Aerosol (Ratte)	$C \leq 0,02$ mg/l/6h/d	$0,02 > C \leq 0,2$ mg/l/6h/d

H372	Schädigt die Organe <alle betroffenen Organe nennen> bei längerer Exposition <Expositionsweg angeben, wenn schlüssig belegt ist, dass diese Gefahr bei keinem andern Expositionsweg besteht>
H373	Kann die Organe schädigen <alle betroffenen Organe nennen> bei längerer Exposition <Expositionsweg angeben, wenn schlüssig belegt ist, dass diese Ge-fahr bei keinem andern Expositionsweg besteht>

Die Kriterien zur Vergabe von H372 und H373 sind sehr detailliert und schwer verständlich. Abb. 2.27 zeigt Stoffe der Kategorie 1 STOT bei einmaliger Exposition.

2.3.10 Gefahrenklasse Aspirationsgefahr

Flüssigkeiten oder Feststoffe, die über den Mund oder die Nasenhöhle aufgenommen in die Luftröhre oder den unteren Atemtrakt gelangen können und dabei schwerwiegende Gesundheitsgefahren wie Pneumonie, Lungenschäden bis hin zum Tode auslösen können, werden als aspirationstoxisch bezeichnet. Die Aspirationsgefahr ist eine akut toxische Eigenschaft, da bereits bei einem einzigen Atemzug schwerwiegende Gesundheitsrisiken auftreten können.

Tab. 2.26   Kennzeichnung für spezifische Zielorgan-Toxizität bei wiederholter Exposition

Einstufung	Kategorie 1	Kategorie 2
Piktogramm		
Signalwort	Gefahr	Achtung
H-Satz	H372	H373
P-Sätze	P260, P270	P260

Empfohlene P-Stze:
P260: Staub/Rauch/Gas/Nebel/Dampf/Aerosol nicht einatmen
P270: Bei Gebrauch nicht essen, trinken oder rauchen

Acronym: STOT RE 1 oder 2

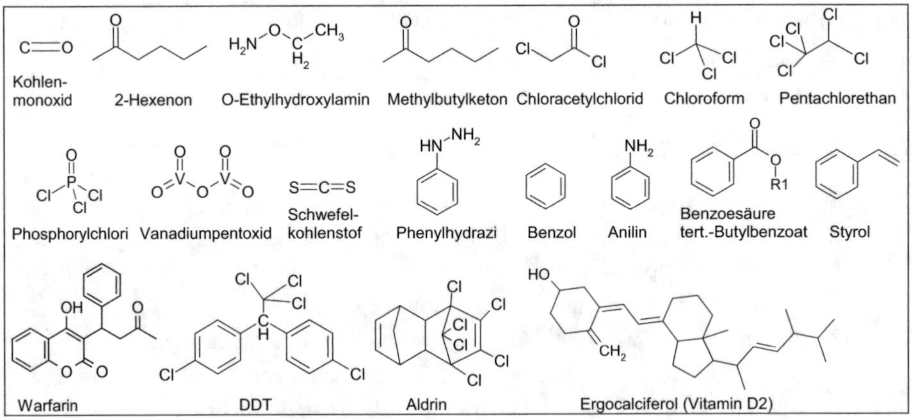

Abb. 2.27   Stoffe, eingestuft in Kategorie 1 STOT RE

Zur Einstufungskriterien wird die kinematische Viskosität benutzt, die durch Division der dynamischen Viskosität durch die Dichte erhalten wird.

Kategorie 1: kinematische Viskosität von Kohlenwasserstoffen bei 40 °C $\leq$ 20,5 mm^2/s
H304   Kann bei Verschlucken und Eindringen in die Atemwege tödlich sein

Stoffbeispiele: fast alle leichtentzündbaren und entzündbaren Kohlenwasserstoffe, Naphtha, Benzin, Ligroin.

Tab. 2.27 Kennzeichnung für Aspirationsgefahr

Einstufung	Kategorie 1
Piktogramm	
Signalwort	Gefahr
H-Satz	304
P-Sätze	P301+P310, P331

Empfohlene P-Sätze:
P331 Kein Erbrechen herbeiführen
P301+P310 Bei Verschlucken: Sofort Giftinformationszentrum, Arzt oder … anrufen

Acronym: Asp. Tox. 1

2.3.11 Ergänzende Gefahrenmerkmale

Analog den physikalischen Eigenschaften, siehe Abschn. 2.2.14, wurden auch einige der früheren R-Sätze nicht in das GHS-System übernommen und werden in der CLP-Verordnung als ergänzende Gefahrenmerkmale weitergeführt.

Stoffe und Gemische, die bei Berührung mit Wasser oder feuchter Luft akut toxische Gase der Kategorie 1, 2 oder 3 in gefährlicher Menge freisetzen können, sind mit dem EUH029 zu kennzeichnen, typische Beispiele sind Aluminium- Kalzium-, Magnesiumphosphid, Chloracetylchlorid, Phosphortrichlorid, Phosphor(V)-sulfid, Schwefeldichlorid, Thionylchlorid oder Trichlorsilan.

EUH029	Entwickelt bei Berührung mit Wasser giftige Gase

Stoffe und Gemische, die mit Säuren unter Bildung akut toxischer Gase der Kategorie 3 in gefährlicher Menge reagieren, sind mit dem EUH031 zu kennzeichnen. Stoffbeispiele: Natrium-, Kalziumhypochlorit, Natriumdithionit, Barium-, Kalzium-, Kalium-, Natriumsulfid sowie die jeweiligen Polysulfide.

EUH031	Entwickelt bei Berührung mit Säure giftige Gase

Für Stoffe und Gemische, die mit Säuren reagieren und als akut toxisch der Kategorien 1 und 2 eingestufte Gase in gefährlicher Menge freisetzen, beispielsweise die Salze der Cyanwasserstoffsäure, Natriumfluorid, Aluminium-, Magnesiumphosphid oder Natriumazid.

Tab. 2.28 Einstufungskriterien für **akut** gewässergefährdend

Studie	Kategorie 1
96 h LC_{50} (Fisch)	$\leq 0,1$ mg/l
48 h EC_{50} (Krebstiere)	$\leq 0,1$ mg/l
72/96 h ErC_{50} (Alge	$\leq 0,1$ mg/l

Tab. 2.29 Einstufungskriterien für **chronisch** gewässergefährdend [mg/l]

Studie	Schnell abbaubar			Nicht schnell abbaubar	
	Kat. 1	Kat. 2	Kat. 3	Kat. 1	Kat. 2
Fisch, $NOEC/EC_x$	$\leq 0,01$	$\leq 0,1$	≤ 1	$\leq 0,1$	≤ 1
Krebstiere, EC_x	$\leq 0,01$	$\leq 0,1$	≤ 1	$\leq 0,1$	≤ 1
Alge, $NOEC/EC_x$	$\leq 0,01$	$\leq 0,1$	≤ 1	$\leq 0,1$	≤ 1

Tab. 2.31 Kennzeichnungselemente gewässergefährdend

Einstufung	Akut Kategorie 1	Chronisch Kategorie 1	Chronisch Kategorie 2	Chronisch Kategorie 3	Chronisch Kategorie 4
Piktogramm				-	-
Signalwort	Achtung	Achtung		-	-
H-Satz	H400	H410	H411	H412	H413
P-Sätze	P273				

Empfohlener P-Satz:
P273: Freisetzung in die Umwelt vermeiden

EUH032   Entwickelt bei Berührung mit Säure sehr giftige Gase

Für Stoffe und Gemische, die bedenklich sind, weil sie die Haut austrocknen und
Schuppenbildung oder Hautrisse fördern, die jedoch den Kriterien für Hautreizung in
Anhang I Abschn. 3.2 nicht entsprechen, auf der Grundlage entweder praktischer Be-
obachtungen oder einschlägiger Belege für ihre vermutete Wirkung auf die Haut. Bei-
spiele sind Pentane, 1,1,2-Trichlorethan, 2-Brompropan, Diethylether, Dioxan, Aceton,
Butanon, Diethylketon, und zahlreiche Alkylacetate.

EUH036   Wiederholter Kontakt kann zu spröder oder rissiger Haut führen

Tab. 2.30 Einstufungskriterien für **chronisch** gewässergefährdend in mg/l, bei vorliegenden akuten Toxizitätsdaten und BCF $\geq$ 500 oder der log $K_{OW} \geq$ 4

Studie	Kategorie 1	Kategorie 2	Kategorie 3
96 h LC_{50} (Fisch)	$\leq$ 1 mg/l	1 > bis $\leq$ 10	10 > bis $\leq$ 100
48 h EC_{50} (Krebstiere)	$\leq$ 1 mg/l	1 > bis $\leq$ 10	10 > bis $\leq$ 100
72/96 h ErC_{50} (Alge	$\leq$ 1 mg/l	1 > bis $\leq$ 10	10 > bis $\leq$ 100

> Acronym: Aquatic Acute 1
>   Aquatic Chronic 1, 2, 3 oder 4

Für Stoffe oder Gemische, bei denen eine Prüfung auf Augenreizung offenkundige Anzeichen für systemische Toxizität oder Mortalität bei den Versuchstieren ergeben hat, was wahrscheinlich auf die Absorption des Stoffes oder Gemisches über die Augenschleimhaut zurückzuführen ist. Der Hinweis erfolgt auch, wenn es beim Menschen Belege für eine systemische Toxizität bei Berührung mit den Augen gibt. Entsprechend eingestuft sind nach Anhang VI CLP-Verordnung 2-Nitro-2-phenyl-1,3-propanediol, (R)-5-Brom-3-(1-methyl-2-pyrrolidinyl methyl)-1 H-indol und (RS)-S – sec-Butyl-O-ethyl-2.oxo-1,3-thiazolidin-3-ylphosphonothioat (Fosthiazat, ISO).

EUH070	Giftig bei Berührung mit den Augen

Inhalationstoxisch eingestufte Stoffe und Gemische, bei denen der Toxizitätsmechanismus aus einer Ätzwirkung besteht, sind zusätzlich mit dem EUH071 zu kennzeichnen. Gemäß Anhang VI CLP-Verordnung sind u. a. Salpetersäure, 2-Chlorethylphosphonsäure, Dimethylzinndichlorid, Acrolein, Glutaraldehyd, Dodemorph entsprechend zu kennzeichnen.

EUH071	Wirkt ätzend auf die Atemwege

2.4   Gefährliche Eigenschaften: Umweltgefahren

▶   Lernen Sie die Gefahrenklassen Gewässergefährdung und Ozonschädigend kurz kennen.

2.4.1   Gefahrenklassen „Gewässergefährdend"

Die Einstufung als gewässergefährdend ist unterteilt in akute und chronische Eigenschaften. Die Einstufung als akut gewässergefährdend Kategorie 1 erfolgt auf Basis vorliegender akuter Toxizitätsdaten an Fisch, Krustentier oder Alge.

Die Einstufungskriterien für chronisch gewässergefährdend werden unterteilt in schnell und nicht schnell abbaubare Stoffe.

Übersicht

Kriterien für **schnelle Abbaubarkeit** organischer Verbindungen:

in 28-Tage-Abbaubarkeitsstudien werden nach 10 Tagen erreicht:

- gelöster organischer Kohlenstoff: mindestens 70 %
- Sauerstoffverbrauch oder Kohlendioxidbildung: mindestens 60 %

oder

- Verhältnis $BSB_5/CSB \geq 0{,}5$.

Eine Einstufung in chronisch gewässergefährdend kann auch bei fehlenden Langzeitstudien auf Basis der akuten Daten erfolgen, wenn der Biokonzentrationsfaktor BCF oder der log K_{OW} bekannt sind.

schlecht abbaubar: BCF ≥ 500 oder der log $K_{OW} \geq 4$

H400	Sehr giftig für Wasserorganismen
H410	Sehr giftig für Wasserorganismen, Langzeitwirkung
H412	Schädlich für Wasserorganismen, Langzeitwirkung
H413	Kann für Wasserorganismen schädlich sein; Langzeitwirkung

---

Neben den in Abb. 2.32 aufgeführten Stoffe sind sehr viele Pflanzenschutzmittel, anorganische Metallverbindungen von Blei, Cobalt, Nickel, Quecksilber, Zink oder Zinn, polykondensierte aromatische und aliphatische Kohlenwasserstoffe, aliphatische Alkane oder Phosphide,, Hypochlorite in Kategorie 1 akut und chronisch eingestuft.

2.4.2   Gefahrenklasse „Ozonschädigend"

Stoffe werden aufgrund ihres Ozonabbaupotenzials in die Gefahrenklasse „Ozonschädigend" eingestuft.

Das Ozonabbaupotenzial (ozone depleting potential – ODP) wird für halogenierten Kohlenwasserstoff in Relation zum Ozonabbaupotenzial der gleichen Menge von FCKW-11 bestimmt.

H420	Kann die öffentliche Gesundheit durch Abbau der Ozonschicht schädigen

Tab. 2.32 Kennzeichnung für ozonschädigende Stoffe

Einstufung	Kategorie 1
Piktogramm	
Signalwort	Achtung
H-Satz	420
P-Satz	P502

Acronym: Ozone 1

P502: Informationen zur Wiederverwendung oder Wiederverwertung bei Hersteller oder Lieferant erfragen.

Stoffbeispiele: Brommethan, Tetrachlormethan, 1,1,1-Trichlorethan, 1,1-Dichlor-1-fluorethan entsprechend eingestuft. Tab. 2.32 zeigt die Kennzeichnungselemente.

2.5 Neue Gefahrenklassen mit delegierter Verordnung 2023/707

▶ Die neuen Gefahrenklassen, bislang nur in der EU gültig, werden mit ihren Einstufungskriterien und Kennzeichnungselementen, kurz beschrieben.

Mit Verordnung 2023/707 wurden am 31.03.2023 mit Wirkung zum 20.04.2023 vier neue Gefahrenklassen eingeführt:

- Endokrine Disruption mit Wirkung auf die menschliche Gesundheit
- Endokrine Disruption mit Wirkung auf die Umwelt
- Persistente, bioakkumulierbare und toxische Eigenschaften oder sehr persistente und sehr bioakkumulierbare Eigenschaften (PBT, vPvB)
- Persistente, mobile und toxische Eigenschaften oder sehr persistente, sehr mobile Eigenschaften (PMT, vPvM)

Die neuen Gefahrenklassen wurden nicht in Übereinstimmung mit dem UN-GHS festgesetzt und gelten daher bis auf weiteres ausschließlich in der Europäischen Union. Es ist nicht ausgeschlossen, dass UN-GHS nicht alle neue Gefahrenklassen übernimmt und sich die Einstufungskriterien auf UN-GHS-Ebene unterscheiden werden.

Die Anwendung der neuen Gefahrenklassen ist verbindlich für

Stoffe,

- die ab dem 1.5.2025 neu eingestuft werden,
- die vor dem 1.5.2025 bereits in Verkehr gebracht wurden, ab dem 1.11.2026,

und für **Gemische,**

- die ab dem 1.5.2026 neu eingestuft werden,
- die vor dem 1.5.2026 bereits in Verkehr gebracht wurden, ab dem 1.05.2028

▶ **Beispiel** Allen Gefahrenklassen ist gemeinsam, dass sie mit keinem Gefahrenpiktogramm und nur mit EUH-Sätzen gekennzeichnet werden.

2.5.1 Gefahrenklassen Endokrin

Mit der delegierten Verordnung wurden Schädigungen auf das Hormonsystem neu aufgenommen. Die Verständlichkeit der gewählten Anglizismen sind weder allgemein ak-
zeptiert noch einfach nachvollziehbar; die Definitionen der Verordnung werden daher
vorangestellt.

▶ **Lernziele**
Endokriner Disruptor: Stoff/Gemisch, der eine oder mehrere Funktion(en) des
Hormonsystems verändert und folglich in einem intakten Organismus, seiner
Nachkommenschaft, Populationen oder Teilpopulationen schädliche Wirkungen
auslöst.
    Schädliche Wirkung: Veränderung der Morphologie, der Physiologie, des
Wachstums, der Entwicklung, der Fortpflanzung oder der Lebensdauer eines
Organismus, eines Systems, einer Population oder einer Teilpopulation, die
Funktionseinschränkungen, eine Einschränkung der Fähigkeit zur Bewältigung er-
höhten Stresses oder eine erhöhte Anfälligkeit für andere Einflüsse zur Folge.

2.5.1.1 Endokrine Disruption mit Wirkung auf die menschliche Gesundheit

Eine Einstufung aufgrund hormoneller Störungen erfolgt auf Grundlage vorliegender
Nachweise beim Menschen oder in Tierversuchen. Alternativ können auch Ergebnisse
herangezogen werden, die nicht am Tier ermittelt wurden, aber eine endokrin schädi-
gende Wirkung als gesichert ansehen lassen.

Abb. 2.28 gewässergefährdende Stoffe Kategorie 1 mit M-Faktor

Gemische werden in Kategorie 1 eingestuft, wenn sie einen Inhaltsstoff der Kategorie 1 größer/gleich 0,1 %; in Kategorie 2 wenn ein Inhaltsstoff der Kategorie 2 größer/gleich 1 % enthalten ist.

Sowohl für die Einstufung in Kategorie 1 als auch Kategorien 2 fehlen noch die konkreten Einstufungsleitlinien, die derzeit erst erarbeitet werden. Tab. 2.33 listet die zugeordneten Signalwörter, EUH-Sätze und P-Sätze auf.

Tab. 2.33 Kennzeichnungselemente endokrine Disruption Gesundheit

Kategorie	Kategorie 1	Kategorie 2
Signalwort	Gefahr	Achtung
EUH-Satz	EUH380	EUH381
P-Sätze	P201, P202, P263, P280, P308+P313 P405 P501	P201, P202, P263, P280, P308+P313 P405 P501

> EUH380   Kann beim Menschen endokrine Störungen verursachen

2.5.1.2 Endokrine Disruption mit Wirkung auf Umwelt

Die Kriterien zur Einstufung aufgrund hormoneller Störungen auf die Umwelt unterscheiden sich nicht grundsätzlich von den Aussagen für die menschliche Gesundheit, konkrete Kriterien sind noch nicht festgelegt, eine Einstufung kann erst nach deren Festlegung erfolgen. Tab. 2.34 können die EUH-Sätze, die P-sätze und die Signalwörter entnommen werden. Analoge Einstufungskonzentrationen wie für die endokrine Wirkung auf die Gesundheit gelten auch für die Umwelt.

> EUH430   Kann beim Menschen endokrine Störungen verursachen

2.5.2 Persistente Gefahrenklassen

▶ **Lernziele**

Stoffe gelten als **persistent (P),** wenn die Abbau-Halbwertzeit

- in Meerwasser > 60 Tage ist;
- in Süßwasser oder Flussmündungswasser > 40 Tage ist;

Tab. 2.34 Kennzeichnungselemente endokrine Disruption Umwelt

Kategorie	Kategorie 1	Kategorie 2
Signalwort	Gefahr	Achtung
EUH-Satz	EUH430	EUH431
P-Sätze	P201, P202, P273 P391 P405 P501	P201, P202, P273 P391 P405 P501

- in Meeressediment > 180 Tage ist;
- in Süßwassersediment oder Flussmündungssediment > 120 Tage ist;
- im Boden mehr als 120 Tage beträgt.

Stoffe gelten als **sehr persistent (vP),** wenn die Abbau-Halbwertzeit

- in Meeres- oder Süßwasser oder Flussmündungswasser > 60 Tage ist;
- in Meeres- oder Süßwasser oder Flussmündungssediment > 180 Tage ist;
- im Boden > 180 Tage ist.

Soff gelten als **bioakkumulierbar (B),** wenn

- der Biokonzentrationsfaktor (BCF) in Wasserlebewesen > 2000 ist.

Soff sind **sehr bioakkumulierbar (vB),** wenn

- der Biokonzentrationsfaktor (BCF) in Wasserlebewesen > 5000 ist.

Soff gelten als **mobil (M),** wenn

- bei nicht ionisierenden Verbindungen log K_{OC} < 3 ist;
- bei ionisierenden Verbindungen bei einem pH-Wert zwischen 4 und 9 der niedrigste log K_{OC} < 3 ist.

Soff gelten als **sehr mobil (vM),** wenn

- bei nicht ionisierenden Verbindungen log K_{OC} < 2 ist;
- bei ionisierenden Verbindungen bei einem pH-Wert zwischen 4 und 9 der niedrigste log K_{OC} < 2 ist.

Stoffe gelten als **toxisch (T),** wenn

- der NOEC oder ECx (z. B. EC10) für Meeres- oder Süßwasserlebewesen < 0,01 mg/l ist;
- sie eingestuft sind als karzinogen Kategorie 1 A oder 1B, keimzellen-mutagen Kategorie 1 A oder 1B oder reproduktionstoxisch Kategorie 1 A, 1B oder 2;
- sie eingestuft sind als STOT RE Kategorie 1 oder 2;
- sie eingestuft sind als endokriner Disruptor Kategorie 1, Gesundheit oder Umwelt.

Gemische werden entsprechend eingestuft, wenn die Konzentration eines Inhaltsstoffes größer/gleich 0,1 % beträgt.

In Tab. 2.35 sind die Kennzeichnungselemente aufgeführt.

EUH440	Anreicherung in der Umwelt und in lebenden Organismen einschließlich Menschen
EUH441	Starke Anreicherung in der Umwelt und in lebenden Organismen einschließlich Menschen
EUH451	Kann sehr lang anhaltende und diffuse Verschmutzungen von Wasserressourcen verursachen

2.6　Einstufung von Stoffen

▶ Nachdem die Kriterien aller Gefahrenklassen in den zuvor beschriebenen Kapiteln erläutert wurden, werden die Methoden zur Einstufung von Stoffen beschrieben. Hierbei muss zwischen der harmonisierten Einstufung nach Anhang VI der CLP-Verordnung und dem Definitionsprinzip unterschieden werden.

2.6.1　Allgemeine Grundsätze

▶ **Cave** Grundsätzlich gelten die Vorschriften zur Einstufung und Kennzeichnung nur für Stoffe und Gemische, die in Verkehr gebracht werden. Die innerbetrieblichen Regelungen sind der Gefahrstoffverordnung zu entnehmen.
　　Erzeugnisse unterliegen grundsätzlich nicht den Vorschriften zur Einstufung und Kennzeichnung.

Die Einstufung von Stoffen kann grundsätzlich nach drei unterschiedlichen Verfahren erfolgen:

Tab. 2.35 Kennzeichnungselemente für die persistenten Gefahrenklassen

Gefahrenklasse	PMT	vPvB	PMT	vPvM
Signalwort	Gefahr	Gefahr	Gefahr	Gefahr
EUH-Satz	EUH440	EUH441	EUH450	EUH451
P-Sätze	P201, P202, P273 P391 P501			

a) Einstufung nach dem Listenprinzip in Anwendung von Anhang VI Teil 3 der CLP-Verordnung,

b) Einstufung aufgrund der ermittelten Stoffeigenschaften nach den Kriterien von Anhang I, beschrieben in Abschn. 2.2. bis 2.4.

c) Einstufung unter Benutzung des Einstufungs- und Kennzeichnungsverzeichnisses nach Art. 42 der CLP-Verordnung.

Da der Inverkehrbringer bzw. Importeur für die korrekte Einstufung und Kennzeichnung verantwortlich ist, kann er grundsätzlich zwischen den unterschiedlichen Verfahren entscheiden. Ausnahme hierzu gelten beim Vorliegen einer harmonisierten Einstufung, insbesondere aufgrund der.

Stoffe, die in Anhang VI Teil 3 aufgeführt sind aufgrund der Einstufung als

- kanzerogen
- keimzellmutagen,
- reproduktionstoxisch oder
- sensibilisierend

sind diese harmonisierte Einstufungen verbindlich.

Für die in Anhang VI auf Basis anderer Eigenschaften aufgeführten Stoffe ist die Anwendung der harmonisierten Einstufung dringend empfohlen. Liegen neuere Erkenntnisse für abweichende Einstufungen vor, sind diese der Kommission mitzuteilen.

Gemäß Artikel 1 der CLP-Verordnung existieren für bestimmte Stoffe und Gemische Ausnahmen für die Einstufung und Kennzeichnung beim Inverkehrbringen. Diese sind in § 1 des Chemikaliengesetzes zusätzlich aufgeführt und können Abschn. 3.2.1 entnommen werden.

2.6.2 Harmonisierte Einstufung nach Anhang VI CLP-Verordnung

In Anhang VI Teil 3 der CLP-Verordnung sind die von der EU nach dem Verfahren der harmonisierten Einstufungen, abgekürzt CLH (classification labelling harmonized, aufgeführt. Gemäß Artikel 36 sind Abweichungen bzgl. der Einstufung als kanzerogen, keimzellmutagen, reproduktionstoxisch und sensibilisierend nicht zulässig. Daher wird Anhang VI häufig auch als Legaleinstufung bezeichnet. Zur Zeit gilt Anhang VI in der Fassung der 20. ATP (Verordnung (EU) 2023).

Durch die Änderung der Einstufungskriterien insbesondere bei der akuten Toxizität sowie der Entzündbarkeit von der früheren Stoffrichtlinie 67/548/EWG in das GHS-System, wurde bei der harmonisierten Einstufung gemäß dem „minimal classification approach" vorgenommen. Hersteller/Importeure, die über eigene tierexperimentelle Daten verfügen, die zu einer schärferen Einstufung führt, müssen den eigenen Daten schärfer einstufen.

Diese Stoffeinträge sind mit einem bis zu vier * mit folgenden Bedeutungen markiert, siehe Abb. 2.29.

* Mindesteinstufung für akut toxische Einstufung

** ein Ausschluss von Expositionswegen wurde nicht vorgenommen

*** Einstufung als Reproduktionstoxizität erfolgte nur auf Basis der bisherigen R-Sätze

**** korrekte Einstufung der physikalischen Eigenschaften war wegen fehlender Daten nicht möglich

Tab. 3 Anhang VI sind neben der Einstufung und Kennzeichnung der Stoffe auch die stoffspezifischen, korrekter müsste es eigenschaftsspezifischen, Einstufungsgrenzwerte für Gemische aufgeführt. Da nur die von allgemeinen Einstufungsgrenzwerten abweichenden Grenzwerte aufgeführt sind, müssen die nicht aufgeführten Grenzwerte selbst ermittelt werden. Desgleichen sind die sogenannten M-Faktoren von gewässergefährdenden Stoffen der Kategorie 1 aufgeführt, siehe Nr. 2.6.

Nicht mit aufgeführt sind die P-Sätze, eine harmonisierte Kennzeichnung ist daher in diesem Kennzeichnungselement nicht vorhanden. Abb. 2.29 zeigt einen Ausschnitt aus Anhang VI.

2.6.3   Einstufung nach dem Einstufungs- und Kennzeichnungsverzeichnis

Gemäß Artikel 40 der CLP-Verordnung müssen Hersteller/Importeur beim Inverkehrbringen von gefährlichen Stoffen, unabhängig von Menge oder Verwendungszweck, einschließlich Labor- und Forschungschemikalien, der ECHA mit folgenden Angaben mitteilen:

- Angaben zur meldenden Firma,
- Stoffbeschreibung,
- Einstufung des Stoffes, mit Angabe vorhandener Datenlücken,
- gegebenenfalls spezifische Konzentrationsgrenzwerte, einschließlich M-Faktoren sowie
- die Kennzeichnungselemente.

Ausnahme: nach EU-Verordnung 1907/2006 (REACH) registrierte Stoffe.

Die Angaben zur Einstufung und Kennzeichnung werden von ECHA gemäß Artikel 42 in das öffentlich zugängliche Einstufungs- und Kennzeichnungsverzeichnis eingetragen.

Link: https://echa.europa.eu/de/information-on-chemicals/cl-inventory-database?p_p_id=dissclinventory_WAR_dissclinventoryportlet&p_p_lifecycle=0&p_p_state=normal&p_p_mode=view&p_p_col_id=column-1&p_p_col_pos=1&p_p_col_count=2

▶   Für zahlreiche Stoffe unterscheiden sich die Einträge zum Teil sehr erheblich, die nach Artikel 41 geforderte einvernehmliche Einträge konnte bisher nur unvollkommen umgesetzt werden.

02008R1272 — EN — 01.10.2021 — 020.002 — 503

Index No	▶M18 Chemical name ▼	EC No	CAS No	Classification		Labelling			▶M18 Specific Conc. Limits, M-factors and ATEs (*) ▼	Notes
				Hazard Class and Category Code(s)	Hazard statement Code(s)	Pictogram, Signal Word Code(s)	Hazard statement Code(s)	Suppl. Hazard statement Code(s)		
005-020-00-3	disodium octaborate anhydrous; [1] disodium octaborate tetrahydrate [2]	234-541-0 [1] 234-541-0 [2]	12008-41-2 [1] 12280-03-4 [2]	Repr. 1B	H360FD	GHS08 Dgr	H360FD			
006-001-00-2	carbon monoxide	211-128-3	630-08-0	Flam. Gas 1 Press. Gas Repr. 1A Acute Tox. 3 * STOT RE 1	H220 H360D *** H331 H372 **	GHS02 GHS04 GHS06 GHS08 Dgr	H220 H360D *** H331 H372 **			U
006-002-00-8	phosgene; carbonyl chloride	200-870-3	75-44-5	Press. Gas Acute Tox. 2 * Skin Corr. 1B	H330 H314	GHS04 GHS06 GHS05 Dgr	H330 H314			U
006-003-00-3	carbon disulphide	200-843-6	75-15-0	Flam. Liq. 2 Repr. 2 STOT RE 1 Eye Irrit. 2 Skin Irrit. 2	H225 H361fd H372 ** H319 H315	GHS02 GHS08 GHS07 Dgr	H225 H361fd H372 ** H319 H315		Repr. 2; H361fd: C ≥ 1 % STOT RE 1; H372: C ≥ 1 % STOT RE 2; H373: 0,2 % ≤ C < 1 %	
006-004-00-9	calcium carbide	200-848-3	75-20-7	Water-react. 1	H260	GHS02 Dgr	H260			T
006-005-00-4	thiram (ISO); tetramethylthiuram disulphide	205-286-2	137-26-8	Acute Tox. 4 * Acute Tox. 4 * STOT RE 2 * Eye Irrit. 2 Skin Irrit. 2 Skin Sens. 1 Aquatic Acute 1 Aquatic Chronic 1	H332 H302 H373 ** H319 H315 H317 H400 H410	GHS08 GHS07 GHS09 Wng	H332 H302 H373 ** H319 H315 H317 H410		M = 10	

Abb. 2.29 Auszug aus Tabelle 3 Anhang der CLP-Verordnung

▶   Übernahme der von „joint submission" des „lead registrant".

2.6.4 Einstufung nach dem Definitionsprinzip

Alle Stoffe, die nicht in Abhang VI der CLP-Verordnung aufgeführt sind, muss der Hersteller oder Einführer eigenverantwortlich auf Basis der verfügbaren Stoffdaten einstufen. Hierbei sind alle verfügbaren Informationen zu berücksichtigen, z. B.

- Informationen aufgrund praktischer Erfahrungen,
- Ergebnisse von eigenen Prüfungen oder von Dritten,
- gesicherte wissenschaftliche Erkenntnisse, z. B. Informationen aus Altstoffprogrammen,
- sonstige Veröffentlichungen, z. B. die in einem Zulassungsverfahren gewonnenen Erkenntnisse, z. B. nach Pflanzenschutzgesetz.

Die Einstufung nach TRGS 905 als krebserzeugend, erbgutverändernd oder fortpflanzungsgefährdend sind bei Stoffen zu berücksichtigen, falls für diese keine Legaleinstufung (siehe 2.5.2) vorliegt.

2.7   Einstufung von Gemischen

▶   Die grundlegenden Einstufungsregeln von Gemischen werden kurz vorgestellt, die Unterschiede zu den Einstufungsvorschriften von Stoffen herausgearbeitet.

2.7.1 Allgemeine Einstufungsregeln

Die Einstufung von Gemischen kann grundsätzlich entweder

- auf Basis der experimentell ermittelten Prüfdaten gemäß dem Einstufungsleitfaden,
- der Konzentration der Inhaltsstoffen oder
- nach den Übertragungsgrundsätzen

gemäß Anhang I der CLP-VO erfolgen. Experimentell ermittelte Prüfdaten haben grundsätzlich Vorrang vor den Übertragungsgrundsätzen.

Grundsätzlich dürfen die gefährlichen Eigenschaften von Gemischen wie Stoffe geprüft werden. Nicht zulässig ist die experimentelle Prüfung zur Ermittlung der

- karzinogenen,
- keimzell-mutagenen oder
- reproduktionstoxischen

Eigenschaften. Diese müssen nach den Übertragungsgrundsätzen, d. h. nach der Konzentration der jeweiligen Komponente im Gemisch, eingestuft werden.

Im Gegensatz hierzu müssen die physikalisch-chemischen Eigenschaften grundsätzlich geprüft werden, die Einstufung auf Basis der Konzentration der Inhaltsstoffe ist von wenigen Ausnahmen abgesehen nicht möglich.

Erfolgt die Einstufung mittels der Übertragungsgrundsätze, ist zwischen additiven und nicht-additiven Eigenschaften zu unterscheiden.

Zu den additiven Eigenschaften zählen die

- akute Toxizität,
- Ätz-, Reizwirkung auf Haut oder Auge,
- Reizwirkung am Atemtrakt (STOT akut, Kat. 3),
- Aspirationsgefahr und
- gewässergefährdend.

Zu den nicht-additive Eigenschaften zählen

- Sensibilisierung,
- karzinogen,
- keimzell-mutagen,
- reproduktionstoxisch und
- spezifische Zielorgantoxizität, akut und wiederholt.

Bei Tätigkeiten mit krebserzeugenden, keimzell-mutagenen oder reproduktionstoxischen Stoffen ist in Deutschland zusätzlich innerbetrieblich die TRGS 905 und die TRGS 906 zu beachten, siehe Abschn.1.3.8.

Zur Bestimmung der Einstufung von Gemischen, die nicht experimentell geprüft wurden, sind in Anhang I der CLP-VO die Übertragungsgrundsätze festgelegt. Dieses als „**Bridging**" bezeichnete Konzept umfasst die Elemente

- Verdünnung,
- Chargenanalogie,
- Konzentrierung hochgefährlicher Gemische,
- Interpolation innerhalb einer Toxizitätskategorie und
- im Wesentlichen ähnliche Gemische.

Verdünnung: anzuwenden, wenn ein Verdünnungsmittel zugesetzt wird, das eine vergleichbare oder niedrigere Einstufung als die am wenigsten gefährliche Komponente des Gemischs besitzt. Das Gemisch kann als Ergebnis entweder

- gleich wie das Ausgangsgemisch oder,
- gemäß den Vorschriften für Gemische nach der Additvitätsformel
- eingestuft werden.

Chargenanalogie: innerhalb einer Charge mit identischen Rezepturen bestehen keine Einstufungsunterschiede.

Konzentrierung hochgefährlicher Gemische: keine Änderung der Einstufung bei bereits in die höchste Gefahrenkategorie eingestuften Gemischen, wenn die Konzentration der einstufungsrelevanten Inhaltsstoffen erhöht wird.

Interpolation innerhalb einer Toxizitätskategorie: besitzen drei Gemische identische gefährliche Bestandteile und sind Gemisch A und B in dieselbe Gefahrenkategorie eingestuft, dann ist Gemisch C gleich einzustufen, wenn die Konzentrationen seiner gefährlichen Bestandteile zwischen Gemisch A und B liegen.

Im Wesentlichen ähnliche Gemische: zwei Gemische besitzen den gleichen Inhaltsstoff Y in ähnlicher Konzentration. Inhaltsstoff X in Gemisch A hat die gleiche Einstufung wie Inhaltsstoff Z in Gemisch B und liegt in ähnlicher Konzentration vor. Die Einstufung von Gemisch A darf auf Gemisch B übertragen werden (Abb. 2.30).

2.7.2   Einstufung nicht-additiver Eigenschaften

Bei nicht-additiven Eigenschaften wird das Gemisch bzw. der Stoff gemäß dem gefährlichen Inhaltsstoffs eingestuft, wenn die Konzentration eines Inhaltstoffes die in Tab. 2.33 aufgeführten Konzentration erreicht bzw. übersteigt. Eine Addition der Konzentration mehrerer Inhaltstoffe mit der gleichen Einstufung erfolgt nicht.

Falls in Anhang VI für spezielle Stoffe spezifische Konzentrationsgrenzwerte festgelegt sind, gelten diese abweichend von den generischen Grenzwerten von Tab. 2.36.

2.7.3   Einstufung additiver Eigenschaften

Inhaltsstoffe müssen bei der Berechnung der Einstufung nur berücksichtigt werden, wenn ihre Konzentration die in Tab. 2.37 aufgeführten Konzentrationen überschreiten.

2.7.3.1 Einstufung aufgrund akut-toxischer Eigenschafte

Bei den akut-toxischen Eigenschaften ist gemäß dem Additivitätsverfahren die Berechnung getrennt für jeden Aufnahmepfad durchzuführen. Liegen bei Gemischen experimentelle Daten für unterschiedliche Aufnahmepfade vor, darf zwischen oral, dermal

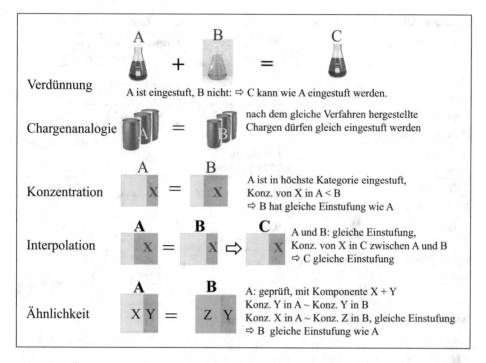

Abb. 2.30 Übersicht über Übertragungsgrundsätze (Bridging)

und inhalativ extrapoliert werden, falls keine pharmakodynamische oder pharmakokinetische Erkenntnisse dagegensprechen.

Zur Berechnung der Einstufung wird der sogenannte „Schätzwert der akuten Toxizität", abgekürzt ATE (Acute Toxicity Estimate), verwendet. Dieser entspricht bei vorliegenden experimentellen Daten den akuten Toxizität LD_{50} bzw. LC_{50}. Ist für ein Gemisch nur die Einstufung bekannt und keine experimentellen Toxizitätsdaten, ist der Schätzwert nach Tab. 2.38 ersatzweise hierfür zu verwenden.

Enthält ein Gemisch weniger als 10 % Inhaltsstoffe mit unbekannter akuter Toxizität, ist die Formel nach Abb. 2.31, bei mehr als 10 % die Formel von 2.32 zur Berechnung der Gemischeinstufung zu benutzen.

Ci: Konzentration von Bestandteil i in %
ATEi: akuter Toxizitätsschätzwert der Komponente i
ATEmix: akuter Toxizitätsschätzwert des Gemischs

2.7.3.2 Einstufung aufgrund ätzender/reizender Eigenschaften

Zur Bestimmung der Einstufung von ätzenden bzw. reizenden Eigenschaften sind die Konzentrationen der Inhaltsstoffe, die über der Berücksichtigungsgrenze von Tab. 2.34 liegen, aufzuaddieren. Liegt die Summenkonzentration der hautätzenden, -reizenden

Tab. 2.36 Allgemeine Konzentrationsgrenzwerte für nicht-additive Eigenschaften

Eigenschaft	Kategorie	Einstufungs-konzentration	Kategorie	Einstufungs-konzentration
Karzinogen	1 A, 1B	$\geq 0,1\,\%$	2	$\geq 1\,\%$
Keimzell-mutagen	1 A, 1B	$\geq 0,1\,\%$	2	$\geq 1\,\%$
Reproduktionstoxisch	1 A, 1B	$0,3\,\%$	2	$3\,\%$
Hautsensibilisierend	1	$\geq 1\,\%$		
Atemwegs-sensibilisierend	1	$\geq 1\,\%$ fest, flüssig $\geq 0,2\,\%$ gasförmig		
STOT, akut Kat. 1	1	$\geq 10\,\%$	2	$1 \geq -1 < 0\,\%$
STOT, akut Kat. 2			2	$\geq 10\,\%$
STOT, chronisch Kat. 1	1	$\geq 10\,\%$	2	$1 \geq -1 < 0\,\%$
STOT, chronisch Kat. 2			2	$\geq 10\,\%$

Tab. 2.37 Allgemeine Berücksichtigungsgrenzwerte nach Anhang I CLP-VO

Gefahrenklasse	Allgemeine Berücksichtigungsgrenzwerte
Akute Toxizität, Kategorie 1 bis 3	$0,1\,\%$
Akute Toxizität, Kategorie 4	$1\,\%$
Ätzwirkung auf die Haut, Kat. 1 A, 1B, 1 C (H314)	$1\,\%$
Reizwirkung auf die Haut, Kat. 2 (H315)	$1\,\%$
Ätzwirkung am Auge (H318)	$1\,\%$
Reizwirkung am Auge (H319)	$1\,\%$
Akut wassergefährdend Kategorie 1	$0,1\,\%$
Chronisch wassergefährdend Kategorie 1	$0,1\,\%$
Chronisch wassergefährdend Kategorie 2 bis 4	$1\,\%$

Stoffe über den in Tab. 2.39 aufgeführten Einstufungsgrenzen, ist entsprechend einzu-stufen. Für augenätzende, -reizende Stoffe gilt entsprechend Tab. 2.40.

▶　Für Gemische, die keinen sogenannten extremen pH-Wert besitzen,

- $1,5 \leq pH \geq 12$

sind die Konzentrationsgrenzwerte von Tab. 2.41 bzw. 2.42 anzuwenden.

$$ATE_{mix} = \frac{100}{\displaystyle\sum_{i=1}^{n} \frac{C_i}{ATE_i}}$$

Abb. 2.31 Gleichung zur Berechnung des akuten Toxizität-Schätzwertes von Gemischen, wenn weniger als 10 % unbekannte Inhaltsstoffe vorhanden sind

$$ATE_{mix} = \frac{100 - \Sigma\ C_{unbekannt}}{\displaystyle\sum_{i=1}^{n} \frac{C_i}{ATE_i}}$$

Abb. 2.32 Gleichung zur Berechnung des akuten Toxizität-Schätzwertes von Gemischen, wenn mehr als 10 % unbekannte Inhaltsstoffe vorhanden sind

2.7.3.3 Einstufung aufgrund gewässergefährdender Eigenschaften

Zur Festlegung der Einstufung von Gemischen aufgrund ihrer gewässergefährdenden Eigenschaft kann bei bekannten Ökotoxdaten von $L(E)C_{50}$ ein analoges Berechnungsverfahren wie bei der akuten Toxizität, siehe 2.6.3.1, angewendet werden. Aufgrund der Komplexität wird in der Praxis häufig das Additivitätsverfahren angewendet. Bei der Berechnung der Einstufung müssen bei sehr giftigen gewässergefährdenden Inhaltsstoffen die M-Faktoren nach Tab. 2.43 berücksichtigt werden.

Ein Gemisch wird in Kategorie 1 eingestuft, wenn die Summe der Konzentrationen der Inhaltsstoffen, multipliziert mit dem M-Faktor, größer 25 ist.

Zur Einstufung der chronischen Wirkung in die Kategorie 1 bis 3 ist Tab. 2.42 anzuwenden.

2.8   Kennzeichnung gefährlicher Stoffe und Gemische

▶   Die wesentlichen Elemente der Kennzeichnung sowie die Regeln zur Auswahl werden beschrieben. Weitere Kennzeichnungsvorschriften beispielsweise aus Anhang XVII der REACH-Verordnung sind mit aufgeführt.

2.8.1   Allgemeine Kennzeichnungsvorschriften

Die Kennzeichnung gefährlicher Stoffe/Gemische sollen die elementaren Informationen über die gefährlichen Eigenschaften und den notwendigen grundlegenden Schutzmaßnahmen enthalten.

Tab. 2.38 Umrechnungswerte der akuten Toxizität gemäß Tab. 3.1.2 Anhang I CLP-VO

Expositionsweg	Einstufungskategorie oder im Versuch ermittelter Bereich der ATE	Umrechnungswert der akuten Toxizität
Oral (mg/kg Körpergewicht)	$0 < \text{Kategorie } 1 \leq 5$	0,5
	$5 < \text{Kategorie } 2 \leq 50$	5
	$50 < \text{Kategorie } 3 \leq 300$	100
	$300 < \text{Kategorie } 4 \leq 2.000$	500
Dermal (mg/kg Körpergewicht)	$0 < \text{Kategorie } 1 \leq 50$	5
	$50 < \text{Kategorie } 2 \leq 200$	50
	$200 < \text{Kategorie } 3 \leq 1000$	300
	$1.000 < \text{Kategorie } 4 \leq 2000$	1.100
Dämpfe (mg/l)	$0 < \text{Kategorie } 1 \leq 0,5$	0,05
	$0,5 < \text{Kategorie } 2 \leq 2,0$	0,5
	$2,0 < \text{Kategorie } 3 \leq 10,0$	3
	$10,0 < \text{Kategorie } 4 \leq 20,0$	11
Stäube/Nebel (mg/l)	$0 < \text{Kategorie } 1 \leq 0,05$	0,005
	$0,05 < \text{Kategorie } 2 \leq 0,5$	0,05
	$0,5 < \text{Kategorie } 3 \leq 1,0$	0,5
	$1,0 < \text{Kategorie } 4 \leq 5,0$	1,5
Gase $(\text{ppmV} = \text{ml/m}^3)$	$0 < \text{Kategorie } 1 \leq 100$	10
	$100 < \text{Kategorie } 2 \leq 500$	100
	$500 < \text{Kategorie } 3 \leq 2500$	700
	$2.500 < \text{Kategorie } 4 \leq 20.000$	4.500

Tab. 2.39 Allgemeine Konzentrationsgrenzwerte für hautätzende/reizende Eigenschaften

Summe der Bestandteile, die eingestuft sind als	Hautätzend, H314	Hautreizend, H315
Hautätzend H314 (kat. 1 A, 1B, 1 C)	$\geq 5\,\%$	$\geq 1{-}5\,\%$
hautreizend H315 (Kat. 2)		$\geq 10\,\%$
10xH314 + H318		$\geq 10\,\%$

Gemäß Artikel 17 CLP-Verordnung muss die Kennzeichnung von gefährlichen Stoffen oder Gemischen folgende Angaben besitzen:

- Name, Anschrift und Telefonnummer des Herstellers, Importeurs oder Lieferanten,
- Produktidentifikator
- Gefahrenpiktogramme,

Tab. 2.40 Allgemeine Konzentrationsgrenzwerte für Gemische mit augenschädigenden Inhalts-stoffen

Summe der Bestandteile, die eingestuft sind als	H318	H319
Hautätzend H314 (kat. 1 A, 1B, 1 C)	$\geq 3\,\%$	$\geq 1\,\% - 3\,\%$
Augenreizend (H319)		$\geq 10\,\%$
10xH318+H319		$\geq 10\,\%$
Hautätzend H314+augenätzend H318	$\geq 3\,\%$	$\geq 1\,\% - 3\,\%$
10x(H314+H318)+H319		$\geq 10\,\%$

Tab. 2.41 Einstufung von Gemischen aufgrund hautschädigender Wirkung mit extremem pH-Wert

Bestandteil	Konzentration	Einstufung Gemisch
$pH \leq 1,5$	$\geq 1\,\%$	Kat. 1 hautätzend
$pH \geq 12$	$\geq 1\,\%$	Kat. 1 hautätzend
Andere Kat. 1-Stoffe	$\geq 1\,\%$	Kat. 1 hautätzend
Andere Kat. 2-Stoffe	$\geq 3\,\%$	Kat. 2 hautreizend

Tab. 2.42 Einstufung von Gemischen aufgrund augenschädigender Wirkung mit extremem pH-Wert.

Bestandteil	Konzentration	Einstufung Gemisch
$pH \leq 1,5$	$\geq 1\,\%$	Kat. 1 irreversible Augenschäden (H318)
$pH \geq 12$	$\geq 1\,\%$	Kat. 1 irreversible Augenschäden (H318)
Andere ätzende Bestandteile	$\geq 1\,\%$	Kat. 1 irreversible Augenschäden (H318)
Andere ätzende Bestandteile	$\geq 3\,\%$	Kat. 2. reversible Augenschäden (H319)

Tab. 2.43 M-Faktoren in Abhängigkeit der LC_{50}- bzw. EC_{50}-Werte

LC_{50}-, EC_{50}-Wert	M-Faktor
$0,1 < L(E)C_{50} \leq 1$	1
$0,01 < L(E)C_{50} \leq 0,1$	10
$0,001 < L(E)C_{50} \leq 0,01$	100
$0,0001 < L(E)C_{50} \leq 0,001$	1000
$0,00001 < L(E)C_{50} \leq 0,0001$	10.000

- Signalwort (Gefahr oder Achtung),
- Gefahrenhinweise (H-Sätze), einschließlich der EUH-Sätze und
- Sicherheitshinweise (P-Sätze)).

Der **Produktidentifikator** besteht aus

- Stoff-, Gemischname: bei Listenstoffen nach Anhang VI der dort aufgeführte Name, ansonsten der CAS- oder IUPAC-Name. Bei Gemischen zusätzlich zum Handelsnamen: Namen der kennzeichnungsrelevanten Inhaltsstoffe aufgrund einer Gesundheitsgefahr; mehr als vier Inhaltsstoffe müssen üblicherweise nicht aufgeführt werden.
- Identifikationsnummer: Index-Nr oder EG-Nr. nach Anhang VI CLP-Verordnung oder nach Einstufungs- und Kennzeichnungsverzeichnis, ansonsten CAS – Nummer
- REACH-Registriernummer: falls vorhanden

Sind gefährliche Stoffe oder Gemische für die breite Öffentlichkeit bestimmt, sind zusätzlich anzugeben:

- Nennmenge des Stoffes oder Gemisches in der Verpackung sowie
- ein Sicherheitshinweis zur Entsorgung des Stoffes/Gemisches oder der Verpackung, falls der P501 der Eigenschaft eines Inhaltsstoffes in Anhang I zugeordnet wurde.

▶   Die zutreffenden **Gefahrenpiktogramme** müssen, von wenigen Ausnahmen abgesehen, alle aufgeführt werden:

   bei GHS01 (explosiv) kann GHS02 und GHS03 entfallen,
   bei GHS06 (Totenkopf) kann GHS07 (Ausrufezeichen) entfallen,
   bei GHS05 (ätzend) kann GHS07 für Haut- oder Augenreizung entfallen,
   bei GHS08 (Gesundheitsgefahren) mit H334 (atemwegsallergen) kann GHS07
   für Hautsensibilisierung entfallen.

Es müssen alle **Gefahrenhinweise** (H-Sätze) aufgeführt werden, die gemäß den Einstufungskriterien zugeordnet sind.

Es müssen nicht mehr als sechs **Sicherheitshinweise** (P-Sätze) aufgeführt werden. Die Auswahl der P-Sätzen, die den Stoffeigenschaften in Anhang VI zugeordnet sind, obliegt dem Inverkehrbringer eigenverantwortlich. Abb. 2.33 fasst die wesentlichen Kennzeichnungsinhalte zusammen.

Die **Größe der Kennzeichnung** ist in Abhängigkeit des Fassungsvermögens der Verpackung festgelegt:

- bis 3 L mindestens 52×74 mm
- von 3 bis 50 L mindestens 74×105 mm
- von 50 –bis 500 L mindestens 105×148 mm
- über 500 L mindestens 148×210 mm.

Ausnahmen von den Kennzeichnungsvorschriften gelten nach Artikel 23 gemäß Anhang I Nr. 1.3 für

Produktidentifikator	Stoffname und Identifikationsnummer (Index-Nr. nach Anhang VI oder CAS-Nr.)
Gefahrenpiktogramm keine Rangfolge, lediglich GHS07 kann bei GHS06 entfallen!	 GHS01 GHS02 GHS03 GHS04 GHS05 GHS06 GHS07 GHS08 GHS09
Signalwort	Gefahr oder Achtung
H– Sätze (= Gefahrenhinweise)	gefährliche Eigenschaften ⇒ Einstufung der Stoffe
P – Sätze (= Sicherheitshinweise)	empfohlene Schutzmaßnahmen und Verhaltensregeln
Nennmenge	bei Verpackungen für die breite Öffentlichkeit

Abb. 2.33   Kennzeichnungselemente von gefährlichen Soffen/Gemischen

a) ortsbewegliche Gasflaschen: Angaben nach ISO 7225 sind ausreichend,

b) Gasbehälter für Propan, Butan oder Flüssiggas: für Verwendung als Brenngase müssen nur Angaben zur Entzündbarkeit angebracht werden

c) Aerosolpackungen und Behälter mit einer versiegelten Sprühvorrichtung, die Stoffe oder Gemische enthalten, welche als aspirationsgefährlich eingestuft wurden: für diese Eigenschaft ist keine Kennzeichnung notwendig

d) Metalle in kompakter Form, Legierungen, polymer- oder elastomerhaltige Gemische: keine Kennzeichnung notwendig, wenn keine Gefahr für die menschliche Gesundheit bei Einatmen, Verschlucken oder Hautkontakt und keine Gewässergefährdung besteht,

e) explosive Stoffe/Gemische und Erzeugnisse mit Explosivstoff als pyrotechnische Produkte: die Kennzeichnung muss nur die explosiven Eigenschaften berücksichtigen.

Sonderregelung für Verpackungen bis 125 ml: keine H- und P-Sätze müssen auf dem Kennzeichnungsschild angebracht zu werden bei

- oxidierenden Gasen, Kategorie 1
- Gasen unter Druck
- entzündbaren Flüssigkeiten, Kategorie 2 oder 3
- entzündbaren Feststoffe, Kategorie 1 oder 2

Tab. 2.44 Gemischeinstufung aufgrund akut gewässergefährdender Eigenschaft

Summe der Bestandteile, die eingestuft sind als	Gemischeinstufung
Akut 1 × M (a) ≥ 25 %	Akut 1

Tab. 2.45 Gemischeinstufung aufgrund chronisch gewässergefährdender Eigenschaft

Summe der Bestandteile, die eingestuft sind als:	Einstufung
Chronisch 1 × M ≥ 25 %	Chronisch 1
(M × 10 x Chronisch 1)+Chronisch 2 ≥ 25 %	Chronisch 2
(M × 100 x Chronisch 1)+(10 × Chronisch 2)+Chronisch 3 ≥ 25 %	Chronisch 3
Chronisch 1+Chronisch 2+Chronisch 3+Chronisch 4 ≥ 25 %	Chronisch 4

- selbstzersetzlichen Stoffe oder Gemische, Typen C bis F
- selbsterhitzungsfähigen Stoffe oder Gemische, Kategorie 2
- Stoffen oder Gemischen, die in Berührung mit Wasser entzündbare Gase der Kategorie 1, 2 oder 3 entwickeln
- oxidierenden Feststoffe und Flüssigkeiten, Kategorien 2 oder 3
- organischen Peroxide, Typen C bis F
- akute Toxizität Kategorie 4, falls keine Abgabe an breite Öffentlichkeit erfolgt
- haut- oder augenreizend, Kategorie 2
- spezifische Zielorgantoxizität, einmalige Exposition, Kategorie 2 und 3, falls keine Abgabe an breite Öffentlichkeit erfolgt
- spezifische Zielorgantoxizität, wiederholte Exposition, Kategorie 2 und 3, falls keine Abgabe an breite Öffentlichkeit erfolgt
- gewässergefährdend, akut, Kategorie 1
- gewässergefährdend, chronisch, Kategorie 1 oder 2

Weitere Ausnahmen sind in Anhang I Nr. 1.5 der CLP-VO aufgeführt.

2.8.2   Spezielle Kennzeichnungsvorschriften

Für spezielle Stoffe, Gemische und Erzeugnisse sind in Anhang XVII der REACH-Verordnung spezielle Kennzeichnungsvorschriften in Abhängigkeit der zugeordneten H-Sätze zu beachten.

- Flüssige Stoffe/Gemische, die mit H304 gekennzeichnet sind, gemäß Nr. 3:

Bereits ein kleiner Schluck Lampenöl – oder auch nur das Saugen an einem Lampendocht, kann zu einer lebensbedrohlichen Schädigung der Lunge führen.

- Mit Arsenverbindungen behandeltes Holz, gemäß Nr. 19,4c:

Verwendung nur in Industrieanlagen und zu gewerblichen Zwecken, enthält Arsen

In Pakete in Verkehr gebrachtes Holz zusätzlich:

Bei der Handhabung des Holzes Handschuhe tragen. Wird dieses Holz geschnitten oder anderweitig bearbeitet, Staubmaske und Augenschutz tragen. Abfälle dieses Holzes sind von zugelassenen Unternehmen als gefährliche Abfälle zu behandeln.

- Cadmiumhaltige PVC-Abfälle (Recycling-PVC) muss gekennzeichnet werden nach Nr. 23 mit:

Enthält Recycling PVC.

- Stoffe, die als krebserzeugend Kategorie, keimzell-mutagen oder reproduktions-toxisch, jeweils Kategorie 1 A oder 1B, eingestuft sind und in den Anlagen 1 bis 6 von Anhang XVII aufgeführt sind, sowie in Gemischen, muss die Verpackung gekennzeichnet sein:

Nur für gewerbliche Anwender.

- Teeröle (Kreosot, Kreosotöl, Destillate), Naphthalinöl, Anthracenöl, Teersäuren, Niedrigtemperatur-Kohleteeralkalin müssen gemäß Nr. 31 gekennzeichnet werden mit:

Verwendung nur in Industrieanlagen und zu gewerblichen Zwecken.

- Chloroform, Tetrachlormethan, Trichlorethan, Tetrachlorethan, Pentachlorethan, Dichlorethen, sowie Gemische, dies diese in einer Konzentration $\geq 0,1$ % enthlaten, müssen nach Nr. 31–38 zusätzlich gekennzeichnet werden mit:

Nur zur Verwendung in Industrieanlagen.

- Aerosolpackungen, die entzündbare Gase der Kategorie 1 oder 2, entzündbare Flüssigkeiten und Feststoffe der Kategorie 1–3, Stoffe die mit Wasserentzündbare Gase entwickeln, selbstentzündliche Flüssigkeiten und Feststoffe der Kategorie 1 enthalten, müssen, müssen gekennzeichnet werden nach Nr. 40 mit:

Nur für gewerbliche Anwender.

- 2-(2-Butoxyethoxy)ethanol (DEGBE)-haltige Farben für den privaten Endverbraucher müssen mit folgender Aufschrift versehen werden:

Darf nicht in Farbspritzausrüstung verwendet werden.

- MDI-haltige Gemische für die breite Öffentlichkeit, müssen mit folgender Zusatzkennzeichnung versehen sein:

Bei Personen, die bereits für Diisocyanate sensibilisiert sind, kann der Umgang mit diesem Produkt allergische Reaktionen auslösen.

Bei Asthma, ekzematösen Hauterkrankungen oder Hautproblemen Kontakt, einschließlich Hautkontakt, mit dem Produkt vermeiden.

Das Produkt nicht bei ungenügender Lüftung verwenden oder Schutzmaske mit entsprechendem Gasfilter (Typ A1 nach EN 14387) tragen.

- Kontaktklebestoffe auf Neoprenbasis für den privaten Endverbraucher mit einer Konzentration Cyclohexan $\geq 0,1$ % und weniger als 350 g enthalten, müssen gekennzeichnet sein mit:

Dieses Produkt darf nicht bei ungenügender Lüftung verarbeitet werden.

Farbabbeizer, die Dichlormethan in einer Konzentration $\geq 0,1\ \%$ enthalten, müssen folgende Aufschrift haben:

Nur für die industrielle Verwendung und für gewerbliche Verwender, die über eine Zulassung in bestimmten EU-Mitgliedstaaten verfügen. Überprüfen Sie, in welchem Mitgliedstaat die Verwendung genehmigt ist.

2.9 Ausnahmen von Einstufungs- und Kennzeichnungsvorschriften

Die Vorschriften zur Einstufung und Kennzeichnung gemäß der CLP-Verordnung gelten gemäß Artikel 1 (2) nicht für:

- Radioaktive Stoffe
- Stoffe und Gemische im zollamtlichen Transitverkehr
- nichtisolierte Zwischenprodukte
- nicht in Verkehr gebrachte Stoffe und Gemische für wissenschaftliche Forschung und Entwicklung, sofern sie unter kontrollierten Bedingungen verwendet werden,
- Abfälle, die unter EG-Abfall-Rahmenrichtlinie fallen.

Folgende Endverbraucherprodukte in Form der Fertigerzeugnisse fallen ebenfalls nicht unter die Vorschriften der CLP-Verordnung:

- Arzneimittel,
- Tierarzneimittel,
- kosmetische Mittel,
- Medizinprodukte und medizinische Geräte,
- Lebensmittel oder Futtermittel, einschließlich Lebensmittelzusatzstoffen, Aromastoffen sowie Zusatzstoffe für die Tierernährung.

2.10   Fragen

2.1 Welche Aussagen treffen auf die CLP-Verordnung zu?

□ a	die gefährlichen Eigenschaften werden in Ge- fahrenklassen und Kategorien unterteilt	
□ b	die Verordnung kann in den Mitgliedsstaaten der EU den nationalen Bedürfnissen angepasst werden	
□c	zur Differenzierung der Kategorien werden Signal- wörter benutzt	
□d	die Sicherheitshinweise werden durch die P-Sätze ausgedrückt	

2.2 Wo wird die Liste der harmonisiert eingestuften Stoffe veröffentlicht?

□a	Anhang VI Tabelle 3 der EG-Verordnung 1272/2008/EG (CLP-VO)	
□b	Gemeinsamen Ministerialblatt	
□c	TRGS 900	
□d	Europäischen Amtsblatt	
□e	Anhang I der Gefahrstoffverordnung	

2.3 Welche Eigenschaften werden mit diesem Gefahrenpiktogramm gekennzeichnet?

□a	akut toxisch Kategorie 1	
□b	karzinogen, Kategorie 1A	
□c	Keimzellmutagen, Kategorie 1B	
□d	akut toxisch Kategorie 2	
□ e	spezifische Zielorgantoxizität, akut, Kategorie 1	
□ f	akut toxisch Kategorie 3	
□ g	akut toxisch Kategorie 4	

2.4 Auf welche Eigenschaft weist „STOT akut" hin?

□a	Stoff, der bei einmaliger Exposition einen nicht letalen, aber schwerwiegenden Gesundheitsschaden auslöst	
□b	auf eine mögliche krebserzeugende Wirkung	
□c	auf die Gefahr, besonders schwerwiegender, schlecht heilbarer Verletzungen	
□d	auf eine mögliche Sprachbeeinträchtigung bei inha- lativer Exposition	

2.5 Welche Eigenschaften von Gemischen müssen nach CLP geprüft werden?

◻a	karzinogen	
◻b	explosiv	
◻c	oxidierend	
◻d	entzündbare Flüssigkeit	
◻e	pyrophore Flüssigkeit	

2.6 Welche Angaben muss die Kennzeichnung gefährlicher Stoffe nach CLP enthalten?

◻a	Produktindentifikator	
◻b	H- und P-Sätze	
◻c	Gefahrenpiktogramme	
◻d	Signalwort	
◻e	Name, Anschrift, Telefonnummer des Inverkehr-bringers	
◻f	Nennmenge des Stoffes, auch bei Abgabe an industrielle Verwender	

2.7 Was sind Gefahrenklassen im Sinne der CLP-Verordnung?

◻a	leichtflüchtig	
◻b	leichtentzündbar	
◻c	radioaktiv	
◻d	umweltgefährlich	
◻e	akut Toxizität (oral, dermal, inhalativ)	
◻f	gesundheitsschädlich	
◻g	entzündbar	
◻h	reproduktionstoxisch	
◻i	brennbar	
◻j	gewässergefährdend	
◻l	mindergiftig	

2.8 Welche Eigenschaften werden mit diesem Gefahrenpiktogramm gekennzeichnet?

◻a	sehr giftig	
◻b	karzinogen, Kategorie 1A	
◻c	Keimzell-mutagen, Kategorie 1B	
◻d	atemwegssensibilisierend	
◻e	Aspirationsgefahr	
◻f	STOT, wiederholt, Kategorie 1	
◻g	hautsensibilisierend	

2.9 Welche Gefahrenbezeichnungen passt zu dem abgebildeten Gefahrensymbol

□a	hochentzündlich	
□b	oxidierend	
□c	explosiv	
□d	leichtentzündbar	
□e	krebserzeugend	
□f	entzündbar	

2.10 Wie ist ein Stoff mit einem LD50-Wert, oral, Ratte von 40 mg/kg/KGW einzustufen?

□a	spezifische Zielorgan Toxizität, wiederholte Exposition, Kategorie 1	
□b	akut toxisch Kategorie 1 nach CLP-VO	
□c	akut toxisch Kategorie 2 nach CLP-VO	
□d	akut toxisch Kategorie 3 nach CLP-VO	

2.11 Wie werden Stoffe eingestuft, die beim Menschen eindeutig Tumore auslösen können?

□a	karzinogen Kategorie 1A nach CLP-VO	
□b	karzinogen Kategorie 1B nach CLP-VO	
□c	karzinogen Kategorie 2 nach CLP-VO	
□d	Keimzell-mutagen Kategorie 1A nach CLP-V	

2.12 Wie ist eine Flüssigkeit mit einem von Flammpunkt −5°C und Siedepunkt 55°C einzustufen?

□a	hochentzündbar	
□b	leichtentzündbar	
□c	entzündbar	
□d	selbstentzündbar	

2.13 Was ist ein EUH-Satz?

□a	ergänzendes Gefahrenmerkmal	
□b	frühere R-Sätze	
□c	H-Sätze in EU-Amtssprachen	
□d	ergänzende Sicherheitshinweise	

2.14 Wie werden Stoffe eingestuft, die im Tierversuche Entwicklungsschädigungen auslösen?

□a	repro cat. 1A	
□b	repro.cat. 1B	
□c	mut.cat. 2	
□d	keine der genannten Kategorien	

Literatur

1. Verordnung (EU) 1272/2008 vom 16.12.2008 Abl. L 353 S. 1
2. Verordnung (EU) 2023/1435 20. ATP vom 11.07.2023, Abl. L 176/6 vom 2.05.2023.

Nationale Gefahrstoffvorschriften

3

Inhaltsverzeichnis

▶   **Lernziele**
In der Gefahrstoffverordnung und der Chemikalien-Verbotsverordnung sind die wesentlichen nationalen Vorschriften unter dem Chemikaliengesetzt zur Herstellung, Verwendung und Inverkehrbringen von Gefahrstoffen geregelt, die kurz vorgestellt werden.

3.1   Rechtliche Grundlagen

Das nationale Stoffrecht basiert auf den folgenden 3 Säulen:

- Verordnungen und Richtlinien der Europäischen Union
- Gesetze und Verordnungen vom deutschen Gesetzgeber

- Verordnungen und Vorschriften der Berufsgenossenschaften

Mit Ausnahme der Richtlinien der EU, die die Mitgliedsstaaten in nationale Vorschriften umsetzen müssen, bilden die vorgenannten Regelungen das gesetzliche Regelwerk, von dem grundsätzlich nicht abgewichen werden darf. Verordnungen der Europäischen Kommission sind unmittelbares Recht und gelten in allen Mitgliedsstaaten einheitlich.

Grundlagen der berufsgenossenschaftlichen Regelungen ist das **Sozialgesetzbuch VII** [1] (SGB), das den Berufsgenossenschaften zur Verhütung von Arbeitsunfällen und Berufskrankheiten ein eigenständiges Regelwerk zubilligt. Die Vorschriften der „Deutschen Gesetzlichen Unfallversicherung" abgekürzt **DGUV**, haben daher die gleiche rechtliche Verbindlichkeit wie die staatlichen Verordnungen.

Gemäß dem Sozialgesetzbuch besteht für alle Unternehmen eine Versicherungspflicht bei der zuständigen Berufsgenossenschaft. Wichtige DGUV-Vorschriften, besser bekannt als Unfallverhütungsvorschriften sind:

DGUV Vorschrift 2:   Betriebsärzte und Fachkräfte für Arbeitssicherheit
DGUV Vorschrift 3 + 4:   Elektrische Anlagen und Betriebsmittel
DGUV Vorschrift 6 + 7:   Arbeitsmedizinische Vorsorge

Das gesetzliche Regelwerk wird durch das umfangreiche untergesetzliche Regelwerk konkretisiert und interpretiert. Hierzu zählen mit Vermutungswirkung die

- technischen Regeln für Gefahrstoffe (TRGS),
- technischen Regeln biologischer Arbeitsstoffe (TRBA) und die
- die technischen Regeln für Betriebssicherheit (TRBS).

▶   **Lernziele**
Vermutungswirkung: bei Einhaltung der Regelungen darf davon ausgegangen werde, dass die gesetzlichen Vorschriften eingehalten und korrekt umgesetzt sind.
⇨ vom Gesetzgeber mitgelieferte Gefährdungsbeurteilung.
Abweichungen sind nur zulässig, wenn eine mindestens vergleichbare Sicherheit gewährleistet wird, muss in der Dokumentation der Gefährdungsbeurteilung begründet werden.

Die berufsgenossenschaftlichen Regeln (BGR), Informationen (BGI) oder die zahlreichen Normen oder Empfehlungen von Fachkommissionen, wie DIN-, EU-Normen oder VDI-Richtlinien, besitzen keine Vermutungswirkung, sie zählen jedoch zum Stand von Wissenschaft und Technik.

Analog dem nationalen Rechtssystem werden die Vorschriften der EU ebenfalls mit nicht bindenden Regelungen, den sogenannten Leitlinien oder Guidance Documents, ergänzt.

Die Beziehungen zwischen dem gesetzlichen und dem untergesetzlichen Regelwerk, dem EG-Recht und den Vorschriften der Berufsgenossenschaften sind in Abb. 3.1 dargestellt.

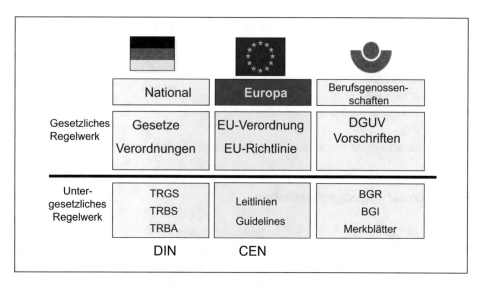

Abb. 3.1 Das gesetzliche und untergesetzliche Regelwerk

3.2 Das Chemikaliengesetz

▶ **Lernziele**

Das Chemikaliengesetz ist die Ermächtigungsgrundlage für gefahrstoffrechtlichen Verordnungen, konkrete Regelungen für die Praxis sind nicht enthalten.

3.2.1 Aufbau und Anwendungsbereich

Die wichtigsten Gliederungspunkte des Chemikaliengesetzes [2] sind:

Erster Abschnitt (§§ 1-3a):	Zweck, Anwendungsbereich und Begriffsbestimmung
Zweiter Abschnitt (§§ 4-10):	Durchführung der Verordnung (EG) Nr. 1907/2006 und der Verordnung (EG) Nr. 1272
Abschnitt IIa (§§12a-12h):	Durchführung der Verordnung (EU) Nr. 528/2012
Abschnitt IIb (§§12i-12k):	Durchführung der Verordnung (EU) Nr. 517/2014
Dritter Abschnitt (§§13-14):	Einstufung, Kennzeichnung und Verpackung
Vierter Abschnitt (§§16f-16f):	Mitteilungspflichte
Fünfter Abschnitt (§§17-19):	Ermächtigung zu Verboten und Beschränkungen sowie zu Maßnahmen zum Schutz von Beschäftigten
Anhang 1:	Grundsätze der Guten Laborpraxis (GLP)
Anhang 2:	GLP-Bescheinigung

Die Vorschriften des 3. Abschnitts zur Einstufung und Kennzeichnung gelten **nicht** für

- Lebensmittel
- Einzelfuttermittel
- Mischfuttermittel
- Futtermittelzusatzstoffe

Wichtige grundlegende Begriffsbestimmungen von § 3 sind in Kap. 1 beschrieben.

3.2.2 Ermächtigungsgrundlagen

Gemäß § 14 Chemikaliengesetz ist die Bundesregierung ermächtigt, die Einstufung und Kennzeichnung von gefährlichen Stoffen oder Gemischen zu regeln – umgesetzt in der Gefahrstoffverordnung, Vorschriften für die Verpackung gefährlicher Stoffe oder Gemische sowie von Erzeugnissen, die diese freisetzen können, zu erlassen – ebenso umgesetzt in der Gefahrstoffverordnung, sowie die Herstellung und Verwendung bestimmter Stoffe und Gemische zu beschränken oder zu verbieten – umgesetzt in der Chemikalien-Verbotsverordnung.

3.2.3 Verordnungen des Chemikaliengesetzes

Auf der Ermächtigungsgrundlage das Chemikaliengesetz wurde eine Vielzahl von Verordnungen erlassen, in Abb. 3.2 sind die wesentlichen aufgeführt.

In der **Lösemittelhaltige Farben- und Lack-Verordnung** (ChemVOCFarbV) [3] werden die Emissionen flüchtiger organischer Verbindungen (VOC: volatile organic compounds) durch Beschränkungen beim Inverkehrbringen und bei der Verwendung begrenzt. Sie gilt für Farben und Lacke zur Beschichtung von Gebäuden, ihren Bauteilen und dekorativen Bauelementen sowie für Produkte für die Fahrzeugreparaturlackierung.

Die im Anhang I aufgeführten Produkte müssen zusätzlich gekennzeichnet werden mit

a) der Produktkategorie des gebrauchsfertigen Produktes einschließlich der Grenzwerte für die flüchtigen organische Verbindungen in g/l gemäß Anhang II und
b) der maximale Gehalt an flüchtigen organischen Verbindungen des gebrauchsfertigen Produktes in g/l.

Gemäß der **Verordnung über Stoffe, die die Ozonschicht schädigen** (Chemikalien-Ozonschichtverordnung – ChemOzonSchichtV) [4] ist in Umsetzung der EG-VO 1005/2009 die Verwendung, Lagerung, Inverkehrbringen, Installieren in Einrichtungen, das Einstellen der Verwendung von in Anhang I der EG-VO aufgeführten Halonen, der Behörde schriftlich anzuzeigen. Die Halone müssen nach Verwendung zurückgewonnen

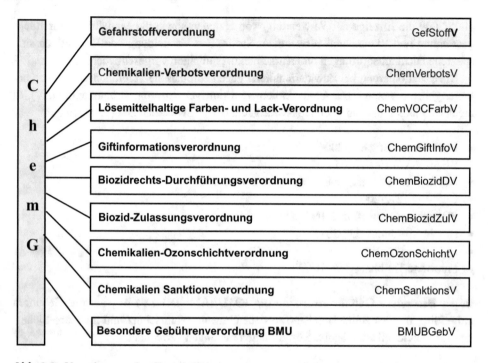

Abb. 3.2 Verordnungen des Chemikaliengesetzes

werden, eine Freisetzung in die Atmosphäre ist nicht zulässig. Die Rückgewinnung darf nur von sachkundigen Personen mit der erforderlichen Zuverlässigkeit erfolgen, die über dazu notwendigen Einrichtungen verfügen.

Die **Chemikalien-Klimaschutzverordnung** (ChemKlimaSchutzV) [5] verpflichtet die Betreiber ortsfester Anwendungen von Kälte- und Klimaanlagen oder Wärmepumpen, einschließlich deren Kreisläufe sowie Brandschutzsysteme, die fluorierte Treibhausgase, die in Anhang I der EG-VO 842/2006 aufgeführt sind sicherzustellen, dass der spezifische Kältemittelverlust im Normalbetrieb die in § 3 Abs. 1 genannten Prozentsätze (in Abhängigkeit der Füllmenge und des Errichtungsdatums zwischen 2 und 8 %) nicht übersteigen. Die fluorierten Treibhausgase müssen unter Beachtung analoger Vorschriften wie bei der ChemOzonSchichtV zurückgewonnen werden.

Die Verordnung über die Mitteilungspflichten nach § 16e des Chemikaliengesetzes zur Vorbeugung und Information bei Vergiftungen (**Giftinformationsverordnung**, ChemGiftInfoV) [6] regelt die Mitteilungspflichten für die Informations- und Behandlungszentren für Vergiftungen. Die an das Bundesinstitut für Risikobewertung (BfR) zu übermittelnden Daten werden ebenso geregelt wie die Mitteilungspflichten behandelnder Ärzte beim Vorliegen von durch Chemikalien ausgelösten Vergiftungssymptomen.

Die Verordnung über Stoffe, die die Ozonschicht schädigen, **Chemikalien-Ozonschichtverordnung** (ChemOzonSchichtV) [7] regelt in Ergänzung zur EU-Verordnung

1005/2009 die Anzeige der Verwendung von Halonen sowie die Modalitäten zur Rückgewinnung und Rücknahme verwendeter Stoffe. Zur Vermeidung von Emissionen sind
spezielle Dichtheitsprüfungen und Aufzeichnungspflichten vorgeschrieben.

Die Sanktionierung bei Zuwiderhandlung gegen europäische Verordnungen müssen national geregelt werden. Die **Chemikalien-Sanktionsverordnung** (ChemSanktionsV),[8]
regelt Straftatbestände und Ordnungswidrigkeiten bei Zuwiderhandlungen gegen die

- POP-Verordnung 850/2004
- REACH-VO 1907/2006
- Ausfuhrverbot metallisches Quecksilber 1102/2008
- CLP-VO 1272/2008
- POP-Verordnung 1005/2009
- Biozidverordnung 528/2012
- PIC-VO 649/2012
- Fluorierte Treibhausgase 517/2014

In der **Besondere Gebührenverordnung BMU** (BMUBGebV) [9] sind die Gebühren
aufgeführt, die des Bundesministeriums für Umwelt, Naturschutz und nukleare Sicherheit für individuell zurechenbare öffentliche Leistungen verrechnet.

3.3   Die Gefahrstoffverordnung

▶   **Lernziele**
Die Gefahrstoffverordnung setzt die europäische Agenzienrichtlinie in nationales
Recht um und beinhaltet die Vorschriften bei der Herstellung und Verwendung von
Gefahrstoffen. Die konkreten Regelungen der Verordnung, einschließlich wichtiger
Technischer Regeln für Gefahrstoffe (TRGS) zur
- Gefährdungsbeurteilung
- Betriebsanweisung und Unterweisung
- Verwendung von Bioziden
- Explosionsschutz
- Lagerung von Gefahrstoffen

werden ausführlich beschrieben.

Die **„Verordnung zum Schutz vor gefährlichen Stoffen"**, allgemein als Gefahrstoffverordnung (abgekürzt „GefStoffV") Gefahrstoffverordnung [10] bezeichnet, regelt die
Arbeitsschutzvorschriften bei Tätigkeiten mit Gefahrstoffen. Sie setzt die EG-Agenzien-
richtlinie 98/24/EG [11] sowie die EG-Krebsrichtlinie 2004/37/EG [12] in nationales
Recht um.

Die Verordnung gliedert sich in sieben Abschnitte sowie drei Anhänge.

Abschn. 2:   § 3 – 5 Gefahrstoffinformation.

Abschn. 4:   § 8 – 15 Schutzmaßnahmen

Abschnitt 4a: §15a – 15h Anforderungen an die Verwendung von Biozid-Produkten einschließlich der Begasungen sowie an Begasungen mit Pflanzenschutzmitteln

Abschn. 6:   § 18 – 20 Vollzugsregelungen und Ausschuss für Gefahrstoffe

Abschn. 7:   § 21 – 25 Ordnungswidrigkeiten, Straftaten und Übergangsvorschriften

Anhang I: Besondere Vorschriften für bestimmte Gefahrstoffe und Tätigkeiten

Anhang II: Besondere Herstellungs- und Verwendungsbeschränkungen für bestimmte Stoffe, Gemische und Erzeugnisse

Anhang III: Spezielle Anforderungen an Tätigkeiten mit organischen Peroxiden

3.3.1   Anwendungsbereich und Begriffsbestimmungen

Ziel der Gefahrstoffverordnung ist gemäß § 1 Abs. 1 den Menschen und die Umwelt vor stoffbedingten Schädigungen zu schützen durch

1. Regelungen zur Einstufung, Kennzeichnung und Verpackung gefährlicher Stoffe und Gemische,
2. Maßnahmen zum Schutz der Beschäftigten und anderer Personen bei Tätigkeiten mit Gefahrstoffen und
3. Beschränkungen für das Herstellen und Verwenden bestimmter gefährlicher Stoffe, Gemische und Erzeugnisse.

Die Regelungen der §§ 3 und 4 (Abschn. 2) ergänzen die Vorschriften der EU zum Inverkehrbringen von gefährlichen Stoffen und Gemischen und beinhalten zusätzlich Regelungen von nicht eingestuften Biozid-Produkten sowie von Biozid-Wirkstoffen, die als biologische Arbeitsstoffe verwendet werden.

Die Vorschriften des dritten bis sechsten Abschnitts regeln den Arbeitsschutz und gelten grundsätzlich bei allen Tätigkeiten mit Gefahrstoffen.

Die Begriffsbestimmung des im Rahmen der Gefahrstoffverordnung wichtigen Begriffs **Gefahrstoff** wurde bereits in Abschn. 1.1. ausgeführt. Gemäß dieser Begriffsbestimmung sind auch Edelgase, Stickstoff, Trockeneis, verflüssigte Gase oder nicht eingestufte schwerlösliche Stäube Gefahrstoffe. Als krebserzeugend, keimzellmutagen und reproduktionstoxisch gelten im Anwendungsbereich der Gefahrstoffverordnung zusätzlich zu den Kriterien der CLP-Verordnung auch die nach TRGS 905 entsprechend eingestuften Stoffe bzw. die in TRGS 906 beschriebenen Tätigkeiten.

Die Arbeitsschutzvorschriften der Abschnitte drei bis sechs gelten bei **Tätigkeit** mit Gefahrstoffen. Als **Tätigkeit** gilt jede Arbeit mit Stoffen, Gemischen oder Erzeugnissen, einschließlich Herstellung, Mischung, Ge- und Verbrauchen, Lagerung und Aufbewahrung, Be- und Verarbeitung, Ab- und Umfüllung, Entfernung, Entsorgung, Vernichtung, innerbetriebliche Beförderung sowie Bedien- und Überwachungsarbeiten.

Die **Fachkunde** kann im Rahmen einer Berufsausbildung, Berufserfahrung oder durch Teilnahme an geeigneten Fortbildungsmaßnahmen über die notwendigen Kenntnisse zur sicheren Verwendung erworben werden. **Sachkunde** muss in einem behördlich anerkannten Sachkundelehrgang oder einer aufgeführten Berufsausbildung erworben werden, alternativ kann eine gleichwertige Qualifikation oder Berufsausbildung von der Behörde anerkannt werden.

3.3.2 Vorschriften beim Inverkehrbringen

Die Einstufung, Kennzeichnung und Verpackung von Stoffen und Gemischen beim Inverkehrbringen erfolgt nach den Vorschriften der CLP-Verordnung. Gemäß § 4 Absatz 2 sind bei Einstufung und Kennzeichnung die technischen Regeln für Gefahrstoffe zu beachten. Bei Stoffen mit harmonisierter Einstufung nach Anhang VI CLP-Verordnung ist diese Einstufung und Kennzeichnung grundsätzlich zu übernehmen.

Stoffe, die nicht in Anhang VI der CLP-Verordnung aufgeführt sind, ist die Einstufung von TRGS 905 aufgrund der krebserzeugenden, keimzellmutagenen oder reproduktionstoxischen Eigenschaft zu berücksichtigen.

Biozid-Wirkstoffe, die auch biologische Arbeitsstoffe gemäß Biostoffverordnung sind, müssen zusätzlich mit den Angaben von § 4 Abs. 6 gekennzeichnet werden.

3.3.3 Gefährdungsbeurteilung

Nach § 5 Arbeitsschutzgesetz [13] ist vom Arbeitgeber zur Ermittlung der Risiken am Arbeitsplatz eine Gefährdungsbeurteilung durchzuführen. In Abb. 3.4 sind die Elemente der Gefährdungsbeurteilung aufgeführt.

Die Gefährdungsbeurteilung muss nach § 6 Abs. 11 von fachkundigen Personen durchgeführt werden. Als fachkundig gelten insbesondere die Fachkraft für Arbeitssicherheit, für spezielle Fragestellungen zusätzlich der Betriebsarzt/ -ärztin. Die Durchführung der Gefährdungsbeurteilung ist eine Arbeitgeberpflicht ist, die Fachkraft für Arbeitssicherheit bzw. Betriebsarzt unterstützen den Arbeitgeber, ohne hierbei dessen Verantwortung zu übernehmen. Eine ausführliche Beschreibung der Vorgehensweise findet sich in TRGS 400.

Die Dokumentation der Gefährdungsbeurteilung muss nach § 6 (8) mindestens enthalten:

1. die Gefährdungen bei Tätigkeiten mit Gefahrstoffen,
2. das Ergebnis der Prüfung auf Möglichkeiten einer Substitution,
3. eine Begründung für einen Verzicht auf eine technisch mögliche Substitution, sofern zusätzliche Schutzmaßnahmen notwendig sind,
4. die festgelegten Schutzmaßnahmen einschließlich derer,
   a) die wegen Überschreitung eines Arbeitsplatzgrenzwerts zusätzlich ergriffen wurden sowie der geplanten Schutzmaßnahmen, die zukünftig ergriffen werden sollen, um den Arbeitsplatzgrenzwert einzuhalten, oder
   b) die unter Berücksichtigung eines Beurteilungsmaßstabs für krebserzeugende Gefahrstoffe nach TRGS 910 zur Umsetzung des Maßnahmenplans notwendig sind,
5. eine Begründung, wenn von den technischen Regeln abgewichen wird, und
6. die Expositionsbeurteilung bei Stoffen mit Arbeitsplatzgrenzwert bzw. die ergriffenen technischen Schutzmaßnahmen bei Stoffen ohne Arbeitsplatzgrenzwert.

Die Elemente und Vorgehensweise der Gefährdungsbeurteilung ist in Abb. 3.3 dargestellt, Abb. 3.4 zeigt beispielhaft ein Gefahrstoffverzeichnis.

3.3.3.1 Informationsbeschaffung
Im Rahmen der Informationsbeschaffung sind

- die physikalisch-chemischen, toxikologischen und umweltgefährdenden Eigenschaften der Stoffe,

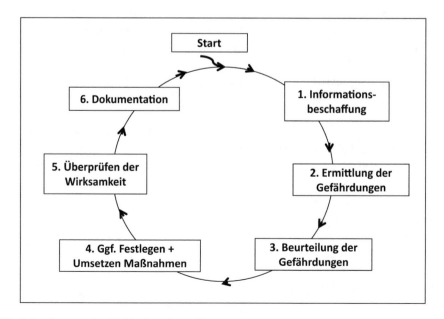

Abb. 3.3 Elemente der Gefährdungsbeurteilung

Name	CAS-Nr.	H-Sätze	Piktogram GHS	Menge	Flp.	Dampf-druck	GW	REACH
Formaldehyd, 37 %	50-00-0	H301+311+331,H335, H314, 317, H341, 350, H370,	05, 06, 08	10 t	85	2 hPa	0,3 ppm (AGW)	> 1.000
Ethanol	64-17-5	H225, H319	02, 07	100 t	12	58 hPa	200 ppm (AGW)	>1.000
Pentaerythrittetrakis(3-mercaptopropionat)	7575-23-7	H302, H317, H410	07, 09	0,1 t	?	< 0,1 Pa	0,01 ppm DNEL	10-100

Abb. 3.4   Beispiel eines Gefahrstoffverzeichnisses

- die Möglichkeit einer Substitution,
- die Höhe und Dauer der Exposition, getrennt nach dermal und inhalativ,
- die zu beachtenden regulatorischen Vorschriften, einschließlich der geltenden Grenzwerte, die Verwendungsbeschränkungen oder Verbote,
- die Arbeitsbedingungen, die Tätigkeiten und die Verfahren mit Gefahrstoffen und
- vorliegende Erkenntnisse aus arbeitsmedizinischen Vorsorgeuntersuchungen

zu ermitteln und zu bewerten.

Im Rahmen der Informationsbeschaffung ist auch bei nicht gekennzeichneten Stoffen und Gemischen sowie Erzeugnissen zu prüfen, ob bei den Tätigkeiten und den Verwendungsbedingungen gefährliche Stoffe freigesetzt werden können, ob sie somit als Gefahrstoffe zu betrachten sind.

Bei gekennzeichneten Stoffen und Gemischen stellt das Sicherheitsdatenblatt die wichtigste Datenquelle dar. Die Angaben müssen einer Plausibilitätsprüfung unterzogen werden, Unstimmigkeiten sind entweder mit dem Ersteller oder über die einschlägige Fachliteratur abzuklären. Bei selbst hergestellten Stoffen sind die verfügbaren Daten sowie die Fachliteratur zur Bewertung heranzuziehen.

Bei nicht gekennzeichneten Produkten, die mit dem EUH210

„Sicherheitsdatenblatt auf Anfrage erhältlich"

gekennzeichnet sind, muss der Lieferant nach Artikel 31 Nr. 3 der REACH-Verordnung auf Anfrage ein Sicherheitsdatenblatt übermitteln.

Die Dokumentation der Gefährdungsbeurteilung muss ein Gefahrstoffverzeichnis, siehe Abb. 3.4, mit folgenden Mindestangaben enthalten:

- Bezeichnung des Gefahrstoffs
- die Einstufung oder Angaben zu den gefährlichen Eigenschaften, bevorzugt durch Angabe der H-Sätze und Gefahrenpiktogramme,
- der Mengenbereich und
- der Arbeitsbereich/Betriebsteil.

▶ **Beispiel** In der betrieblichen Praxis haben sich die Aufnahme weiterer stoff-spezifischer Angaben, wie z. B. die Wassergefährdungsklasse, Lagerklasse, Arbeitsplatzgrenzwert oder Flammpunkt bewährt.

Stoffe, die in haushaltsüblichen Mengen und Häufigkeit auch von Privatpersonen verwendet werden, müssen nicht aufgeführt werden, da sie unter „geringe Gefährdung" fallen. Abb. 3.4 zeigt ein Beispiel eines Gefahrstoffverzeichnisses.

Gemäß EU- Agenzienrichtlinie müssen die Sicherheitsdatenblätter für die Beschäftigten zugänglich sein. Der Zugriff auf ein internes Datenbanksystem ist ausreichend, sie müssen nicht im Betrieb vor Ort verfügbar.

Als Informationsquellen, die mit zumutbarem Aufwand zur Bewertung heranzuziehen sind, zählen u. a.:

- einschlägige EU-Verordnungen: Anhang VI CLP-VO, Anhang XIV und Anhang XVII REACH-VO
- Verordnungen der Berufsgenossenschaften (VBG)
- Informationen und Regeln der Berufsgenossenschaften (BGI und BGR)
- Merkblätter der Berufsgenossenschaften (M-Merkblätter)
- Hommel, Handbuch der gefährlichen Güter [14]
- Datenbank GisChem [15] der BG-RCI und GESTIS [16] der DGUV.

Sind bei nicht registrierten Stoffen die grundlegenden toxikologischen Eigenschaften nicht bekannt, müssen nach § 6 Abs. 14 die Schutzmaßnahmen gemäß folgender Eigenschaften ergriffen werden:

- akute Toxizität: Kategorie 3 auf allen Applikationswegen (giftig; inhalativ, dermal, oral)
- Ätz-, Reizwirkung: Kategorie 2 (reizend auf der Haut oder am Auge), hier empfiehlt abweichend der Arbeitsschützer jedoch Kategorie 1 (ätzend)
- Sensibilisierung: Kategorie 1 dermal
- Keimzellmutagenität: Kategorie 2
- Spezifische Zielorgantoxizität: Kategorie 2 wiederholte Exposition

3.3.3.2 Substitutionsprüfung

In der Gefährdungsbeurteilung (§ 6 Abs. 1 Nr. 4) ist zu prüfen, ob weniger gefährliche Stoffe oder Gemische für den vorgesehenen Verwendungszweck verwendet werden können. Dabei sind neben den stoffintrinsischen toxikologischen, physikalisch-chemischen und umweltgefährlichen Eigenschaften auch die Expositionsmöglichkeiten unter den Verwendungsbedingungen zu berücksichtigen. Die Höhe und Art (dermal und/oder inhalativ) der Exposition muss unter den tatsächlichen Verwendungsbedingungen

bewertet werden. Insbesondere bei technischen Produkten sind die geforderten Qualitätsanforderungen unter Anwendungsbedingungen meist sehr entscheidend.

Die Ersatzstoffsuche fordert mehrere unabhängige Schritte:

1. Suche, ob alternative Gefahrstoffe verfügbar sind
2. Ermittlung ihrer Stoffeigenschaften
3. Vergleichende Bewertung der gefährlichen Eigenschaften
4. Ermittlung und Bewertung von Höhe, Dauer und Häufigkeit der Exposition unter Verwendungsbedingungen
5. Bewertung der technischen Eignung
6. Gesamtbewertung

Grundsätzlich müssen Stoff und Ersatzstoff über eine vergleichbare Datenbasis verfügen, nicht untersuchte Stoffeigenschaften sind grundsätzlich zu unterstellen, falls keine
wissenschaftliche Begründung diese ausschließen kann.

Das Freisetzungspotenzial wird bei Flüssigkeiten primär durch den Dampfdruck
unter Verarbeitungsbedingungen bestimmt, bei Stäuben wird das Verstaubungsverhalten
herangezogen. Je feinteiliger ein Feststoff, desto größer ist sein Freisetzungspotential; je
grobkörniger oder bei einer pastösen Applikationsform, je niedriger ist das Freisetzungspotential.

Kann eine Exposition aufgrund der Verfahrensbedingungen, beispielsweise bei ge-
kammerten Anlagen, ausgeschlossen werden, muss von keiner Gefährdung ausgegangen
werden.

Für eine vergleichende Bewertung sind für Einsatz- und Ersatzstoff die jeweiligen Risiken zu ermitteln und vergleichend zu bewerten. Abb. 3.5 zeigt Beispiele der zu berück-
sichtigenden Parameter.

▶   **Beispiel** Risiko = Funktion (toxikologische + physikalisch-chemische +
    umweltgefährliche Eigenschaften + Freisetzungspotenzial + Verfahrenspara-
    meter)

Das **Spaltenmodell** [17] der DGUV ist ein qualitatives Bewertungsverfahren, das
sich in der Praxis im Gegensatz zu mehr quantitativen Modellen bewährt hat, siehe
Abb. 3.6. Die Gewichtung der einzelnen Parameter zur Gesamtbewertung liegt in der
Verantwortung und Bewertung des Anwenders. Abb. 3.7 fasst die einzelnen Schritte der
Substitutionsprüfung zusammen.

3.3.3.3 Ermittlung und Bewertung der Gefährdung

Zur Ermittlung der inhalativen Exposition stehen quantitative und halbquantitative Methoden zur Verfügung. Die Expositionsermittlung darf nur von fachkundigen Personen
durchgeführt werden, die Qualitätsanforderungen sind in TRGS 402 beschrieben, die Beurteilungsmaßstäbe in Kap. 5.

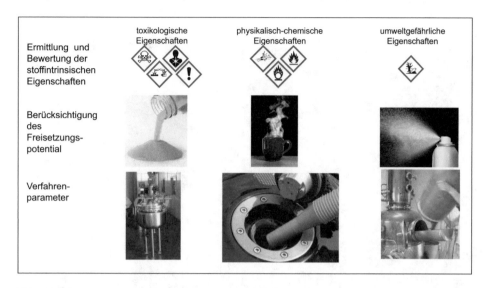

Abb. 3.5   Parameter bei der Ersatzstoffbewertung

Neben eigener Expositionsermittlung können auch, sofern vorhanden, die verfügbaren Ermittlungen und Bewertung der Berufsgenossenschaften oder der staatlichen Gremien benutz werden, wie beispielsweise die

- verfahrens- und stoffspezifische Kriterien (VSK) nach TRGS 420,
- stoffspezifische technische Regeln, z. B. Blei, Nitrosamine,
- BG/BGIA-Empfehlungen oder die
- Branchenleitfäden.

Sind die vorgenannten Ermittlungs- und Bewertungsmethoden nicht verfügbar, kann die inhalative Exposition durch

- Messung der Konzentration in der Luft am Arbeitsplatz,
- Vergleich mit bekannten Expositionen ähnlicher Arbeitsplätze,
- durch Berechnung oder
- Expert Judgement

ermittelt werden.

Die **messtechnische Ermittlung** ist bei unbekannten oder komplexen Expositions-situationen die wichtigste Methode zur Gefährdungsermittlung. Die Messstrategie be-einflusst entscheidend die Qualität und Aussagefähigkeit der ermittelten Messergebnisse. Die hierfür notwendige Fachkunde ist in der TRGS 402 beschrieben.

1 Gefahr	2a Akute Gesundheitsgefahren (einmalige Einwirkung)	2b Chronische Gesundheitsgefahren (wiederholte Einwirkung)	3 Umweltgefahren [1]	4 Physikalisch-chemische Gefahren (Brand, Explosion, Korrosion u.a.) [2] Blau dargestellte H-Sätze kommen mehrfach vor.	5 Freisetzungsverhalten	6 Verfahren
Sehr hoch	• Akut toxische Stoffe/Gemische, Kategorien 1 und 2 (H300, H310, H330, Stoffe/Gemische, die bei Berührung mit Säure sehr giftige Gase bilden können (EUH032)	• Karzinogene Stoffe/Gemische, Kategorien 1A oder 1B (AGS: K1; K2, H350, H350i) • Krebserzeugende Tätigkeiten oder Verfahren nach TRGS 906 • Keimzellmutagene Stoffe/Gemische, Kategorien 1A oder 1B (AGS: M1, M2, H340)	• Akut gewässergefährdende Stoffe/Gemische, Kategorie 1 (H400) • Stoffe/Gemische der Wassergefährdungsklasse WGK 3	• Instabile explosive Stoffe/Gemische (H200) • Explosive Stoffe/Gemische/Erzeugnisse, Unterklassen 1.1 (H201), 1.2 (H202), 1.3 (H203), 1.4 (H204), 1.5 (H205) und 1.6 (ohne H-Satz) • Entzündbare Gase, Kategorie 1 (H220) und Kategorie 2 (H221) • Entzündbare Flüssigkeiten, Kategorie 1 (H224) • Selbstzersetzliche Stoffe/Gemische, Typen A (H240) und B (H241) • Organische Peroxide, Typen A (H240) und B (H241) • Pyrophore Flüssigkeiten oder Feststoffe, Kategorie 1 (H250) • Stoffe/Gemische, die mit Wasser entzündbare Gase entwickeln, Kategorie 1 (H260) • Oxidierende Flüssigkeiten oder Feststoffe, Kategorie 1 (H271)	• Gase • Flüssigkeiten mit einem Dampfdruck > 250 hPa (mbar) (z. B. Dichlormethan) • Staubende Feststoffe • Aerosole	• Offene Verarbeitung • Möglichkeit des direkten Hautkontaktes • Großflächige Anwendung • Verfahrensindex 4 nach TRGS 500 (offene Bauart bzw. teilweise offene Bauart, mit natürlicher Lüftung)
Hoch	• Akut toxische Stoffe/Gemische, Kategorie 3 (H301, H311, H331) • Stoffe/Gemische, die bei Kontakt mit den Augen giftig sind (EUH070) • Stoffe/Gemische, die bei Berührung mit Wasser oder Säure giftige Gase bilden können (EUH029, EUH031) • Stoffe/Gemische mit spezifischer Zielorgan-Toxizität bei einmaliger Exposition, Kategorie 1: Organschädigung (H370) • Hautsensibilisierende Stoffe/Gemische (H317, Sh) • Atemwegssensibilisierende Stoffe/Gemische (H334, Sa) • Augenschädigende Stoffe/Gemische (H318)	• Reproduktionstoxische Stoffe/Gemische, Kategorien 1A oder 1B (AGS: R, R, 1, R, 2, R, 2, H360, H360F, H360D, H360FD, H360Df, H360Fd, H360F) • Karzinogene Stoffe/Gemische, Kategorie 2 (AGS: K3, H351) • Keimzellmutagene Stoffe/Gemische, Kategorie 2 (AGS: M3, H341) • Stoffe/Gemische mit spezifischer Zielorgan-Toxizität bei wiederholter Exposition, Kategorie 1: Organschädigung (H372)	• Chronisch gewässergefährdende Stoffe/Gemische, Kategorie 1 (H410) • Chronisch gewässergefährdende Stoffe/Gemische, Kategorie 2 (H411) • Stoffe, die die Ozonschicht schädigen (H420)	• Entzündbare Aerosole, Kategorie 1 (H222) • Entzündbare Flüssigkeiten, Kategorie 2 (H225) • Entzündbare Feststoffe, Kategorie 1 (H228) • Selbstzersetzliche Stoffe/Gemische, Typen C und D (H242) • Organische Peroxide Typen C und D (H242) • Selbstentzündliche Stoffe/Gemische Kategorie 1 (H251) • Stoffe/Gemische, die mit Wasser entzündbare Gase entwickeln, Kategorie 2 (H261) • Oxidierende Gase, Kategorie 1 (H270) • Oxidierende Flüssigkeiten oder Feststoffe, Kategorie 2 (H272) • Stoffe/Gemische mit bestimmten Eigenschaften (EUH001, EUH006, EUH014, EUH018, EUH019, EUH044)	• Flüssigkeiten mit einem Dampfdruck 50 ... 250 hPa (mbar) (z. B. Methanol)	• Verfahrensindex 2 nach TRGS 500 (teilweise offene Bauart, bestimmungsgemäßes Öffnen mit einfacher Absaugung, offen mit einfacher Absaugung)
Mittel	• Akut toxische Stoffe/Gemische, Kategorie 4 (H302, H312, H332) • Stoffe/Gemische mit spezifischer Zielorgan-Toxizität bei einmaliger Exposition, Kategorie 2: Mögliche Organschädigung (H371) • Hautätzende Stoffe/Gemische (H314, H312, pH ≤ 2) • Stoffe/Gemische, die ätzend auf die Atemwege wirken (EUH071) • Nichttoxische Gase, die durch Luftverdrängung zu Erstickung führen können (z. B. Stickstoff)	• Reproduktionstoxische Stoffe/Gemische, Kategorie 2 (AGS: R, 3, R, 3, H361, H361f, H361d, H361fd) • Stoffe/Gemische mit spezifischer Zielorgan-Toxizität bei wiederholter Exposition, Kategorie 2: Mögliche Organschädigung (H373) • Stoffe/Gemische, die die Säuglinge über die Muttermilch schädigen können (H362)	• Chronisch gewässergefährdende Stoffe/Gemische, Kategorie 3 (H412) • Stoffe/Gemische der Wassergefährdungsklasse WGK 2	• Entzündbare Aerosole, Kategorie 2 (H223) • Entzündbare Flüssigkeiten, Kategorie 3 (H226) • Entzündbare Feststoffe, Kategorie 2 (H228) • Selbstzersetzliche Stoffe/Gemische, Typen E und F (H242) • Organische Peroxide, Typen E und F (H242) • Selbstentzündliche Stoffe/Gemische, Kategorie 2 (H252) • Stoffe/Gemische, die mit Wasser entzündbare Gase entwickeln, Kategorie 3 (H261) • Gase unter Druck (H280, H281) • Oxidierende Flüssigkeiten oder Feststoffe, Kategorie 3 (H272) • Stoffe/Gemische, die gegenüber Metallen korrosiv sind (H290)	• Flüssigkeiten mit einem Dampfdruck 10 ... 50 hPa (mbar), mit Ausnahme von Wasser (z. B. Toluol)	• Geschlossene Verarbeitung mit Expositionsmöglichkeiten z. B. beim Abfüllen, bei der Probenahme oder bei der Reinigung • Verfahrensindex 1 nach TRGS 500 (geschlossene Bauart, Dichtheit nicht gewährleistet, teilweise offene Bauart mit wirksamer Absaugung)
Gering	• Hautreizende Stoffe/Gemische (H315) • Augenreizende Stoffe/Gemische (H319) • Hautschädigung bei Feuchtarbeit • Stoffe/Gemische mit Aspirationsgefahr (H304) • Hautschädigende Stoffe/Gemische (EUH066) • Stoffe/Gemische mit spezifischer Zielorgan-Toxizität bei einmaliger Exposition, Kategorie 3: Atemwegsreizung (H335) • Stoffe/Gemische mit spezifischer Zielorgan-Toxizität bei einmaliger Exposition, Kategorie 3: Schläfrigkeit, Benommenheit (H336)	• Auf sonstige Weise chronisch schädigende Stoffe (kein H-Satz, aber trotzdem Gefahrstoff)	• Chronisch gewässergefährdende Stoffe/Gemische, Kategorie 4 (H413) • Stoffe/Gemische der Wassergefährdungsklasse WGK 1	• Schwer entzündbare Stoffe/Gemische (Flammpunkt > 60 ... 100 °C, kein H-Satz) • Selbstzersetzliche Stoffe/Gemische, Typ G (kein H-Satz) • Organische Peroxide, Typ G (kein H-Satz)	• Flüssigkeiten mit einem Dampfdruck 2 ... 10 hPa (mbar) (z. B. Xylol)	• Verfahrensindex 0,5 nach TRGS 500 (geschlossene Bauart, Dichtheit gewährleistet, teilweise geschlossene Bauart mit integrierter Absaugung, teilweise offene Bauart mit hochwirksamer Absaugung)
Vernachlässigbar	• Erfahrungsgemäß unbedenkliche Stoffe (z. B. Wasser, Zucker, Paraffin u.Ä.)		• Nicht wassergefährdende Stoffe/Gemische (NWG, früher WGK 0)	• Unbrennbare oder nur sehr schwer entzündliche Stoffe/Gemische (bei Flüssigkeiten Flammpunkt > 100 °C, kein H-Satz)	• Flüssigkeiten mit Dampfdruck < 2 hPa (mbar) (z. B. Glykol) • Nichtstaubende Feststoffe	• Verfahrensindex 0,25 nach TRGS 500

1) Die Wassergefährdungsklasse wird nur bei den Stoffen/Gemischen als Bewertungskriterium herangezogen, die (noch) nicht bezüglich der umweltgefährdenden Eigenschaften eingestuft sind.

2) Explosionsfähige Stäube sind aufgrund ihrer spezifischen Problematik im Einzelfall fachkundig zu prüfen und daher keiner u. a. Gefährdungsstufe zugeordnet.

Abb. 3.6 Spaltenmodell < sollte ganzseitig quer dargestellt werden>

1): Sind Ersatzstoffe vorhanden?

2): Sind diese weniger gefährlich? **Ergebnis komplexer Betrachtungen:**

- ⇨ toxikologische Eigenschaften (schwierige Abwägung!)
- ⇨ physikalisch-chemische Eigenschaften (z. B. Ex-Gefahr)
- ⇨ Freisetzungspotential (Dampfdruck, Verstaubungsverhalten)
- ⇨ Beurteilungsmaßstäbe
- ⇨ eingesetzte Verfahrenstechnik

3): Ersatzstoff technisch einsetzbar?

Bei Einsatzstoffen:	⇒ verfahrenstechnische Forschung
Bei technischen Produkten:	⇒ anwendungstechnische Prüfungen, Kundentests
Bei endverbrauchernahen Produkten:	⇒ Substitution gewinnt deutlich an Bedeutung!

4) Technisch einsetzbarer Stoff zumutbar?

Zumutbarkeit: wirtschaftliche Betrachtungsweise

- ⇨ Ressourcenverbrauch
- ⇨ Abfallproblematik
- ⇨ patentrechtliche Fragestellungen

Abb. 3.7 Schritte der Ersatzstoffsuche

Expositionsberechnung sind in der Praxis nur begrenzt einsetzbar. Bei bekannter Stoffmenge und Freisetzungsrate kann die Luftkonzentration im Gleichgewichtszustand berechnet werden, die tatsächliche Stoffkonzentration in der Nähe der Emissionsquelle ist jedoch signifikant höher.

Direktanzeigenden Probenahmeröhrchen, in der Praxis oft als „Drägerröhrchen" bezeichnet, stehen für eine größere Anzahl von Stoffen zur Verfügung. Bei Stoffgemischen müssen bestehende Querempfindlichkeiten berücksichtigt werden.

Elektrochemische Messverfahren sind weniger spezifisch und eignen sich insbesondere als personengetragene Messgeräte zur Konzentrationsüberwachung gegen akut sehr toxische Stoffe oder zur Überwachung der Sauerstoffkonzentration.

Photoionisationsdetektoren (PID) sind unspezifische Messgeräte, bei nur wenigen expositionsrelevanten Stoffen sind sie jedoch bestens geeignet. Durch die momentane Konzentrationsanzeige können sie auch sehr gut zur Lecksuche verwendet werden.

Mit den indirekten **Personal Air Sampling Methoden**) könne eine Vielzahl von Stoffen detektiert und bestimmt werden. Zur Bestimmung der Konzentration wird die Luft am Arbeitsplatz mit einer Pumpe über ein Adsorbens gesaugt und in einem Labor analytisch bestimmt.

Unabhängig zur inhalativen ist die **dermale Exposition** zu ermitteln und zu beurteilen. Die grundsätzliche Vorgehensweise zur Ermittlung der dermalen Gefährdung wird in der TRGS 401 „Gefährdung durch Hautkontakt – Ermittlung – Beurteilung – Maßnahmen" beschrieben. Üblicherweise werden nach Schichtende der Urin, selten

Blut, der Mitarbeiter gesammelt und in speziellen Analysenlabore die zu untersuchenden Stoffe oder deren Metaboliten ́meist chromatographisch bestimmt.

Ergänzend zu den inhalativen und dermalen Gefährdungen ist die Brand- oder Explosionsgefahr zu ermitteln und zu bewerten und die Arbeitsbereiche in Abhängigkeit der Wahrscheinlichkeit des Auftretens einer explosionsgefährlichen Atmosphäre in Zonen einzuteilen.

▶   **Beispiel** Wird in der Gefährdungsbeurteilung eine **geringe Gefährdung** festgestellt, müssen keine weiteren Schutzmaßnahmen ergriffen werden. Die ist beispielsweise der Fall, wenn haushaltsübliche Gefahrstoffe in haushaltsüblichen Mengen verwendet werden.

3.3.3.4 Festlegung und Überprüfung der Schutzmaßnahmen

In Abhängigkeit der ermittelten Expositionen sowie der Möglichkeit einer gefährlichen explosionsgefährlichen Atmosphäre müssen die Schutzmaßnahmen festgelegt werden. Die Schutzmaßnahmen sind ausreichend, wenn keine Gefährdung der Beschäftigten, dritter Personen sowie der Umwelt, besteht.

Eine Gefährdung gilt als ausgeschlossen, wenn alle

- Arbeitsplatzgrenzwerte, einschließlich des Kurzzeitwertkriteriums,
- bei Stoffen ohne Arbeitsplatzgrenzwert valide alternativer Grenzwerte eingehalten sind, siehe hierzu Kap. 5,
- keine dermale Exposition bei hautresorptiven oder lokal wirkenden Stoffen vorhanden ist und
- keine gefährliche explosionsgefährliche Atmosphäre auftreten kann.

Werden die Grenzwerte überschritten, sind zusätzliche Schutzmaßnahmen zu ergreifen, um die Einhaltung wieder herzustellen. Hierbei ist die klassische Rangfolge gemäß dem STOP-Prinzip einzuhalten:

- Substitution
- Technische Maßnahmen
- Organisatorische Maßnahmen
- Persönliche Schutzausrüstung

Bei den technischen Maßnahmen steigt die Stofffreisetzung in folgender Reihenfolge:

- Geschlossene Systeme
- Lokale Absaugung
- Raumlufttechnische Maßnahme

Die Wirksamkeit der Schutzmaßnahmen ist in regelmäßigen Abständen zu überprüfen, gemäß § 7 Abs. 7 zumindest alle 3 Jahre. Hierzu eignen sich die bereits in Abschn. 3.3.3.3

beschriebenen Methoden. Art und Häufigkeit der Überprüfungen ist eigenverantwortlich festzulegen, als Orientierungshilfe kann der Überprüfungszeitraum in Abhängigkeit zum Abstand zum Grenzwert festgelegt werden:

je dichter am Grenzwert, desto häufiger sind Überprüfungen durchzuführen,
je weiter vom Grenzwert, desto länger können die Überprüfungszeiträume festgelegt werden.

In Abb. 3.8 ist ein einfaches Schema zur Überprüfung der Expositionen aufgezeigt. Da in der betrieblichen Praxis die Emissionen in die Umwelt eine große Rolle spielen, wurden sie in diesem vereinfachten Schema mit aufgeführt.

3.3.3.5 Dokumentation der Gefährdungsbeurteilung

Die Gefährdungsbeurteilung muss dokumentiert werden, auch um beispielsweise den Tatbestand der geringen Gefährdung zu begründen. Mindestangaben sind

- Art der Gefährdungen am Arbeitsplatz,
- Ergebnis der Substitutionsprüfung,
- Begründung für den Verzicht auf technisch mögliche Substitution, sofern zusätzliche Schutzmaßnahmen notwendig sind,
- die Schutzmaßnahmen,
- Begründung, falls von Technischen Regeln abgewichen wird,
- die ermittelten Expositionswerte.

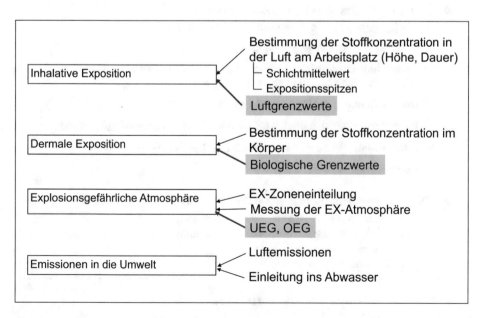

Abb. 3.8 Expositionsermittlung im Rahmen der Gefährdungsbeurteilung

Gemäß TRGS 400 wird zusätzlich empfohlen:

1. Datum und verantwortliche Personen,
2. Beschreibung der Arbeitsbereiche mit Tätigkeiten mit Gefahrstoffen,
3. die inhalativen, dermalen oder physikalisch-chemischen Gefährdungen,
4. Häufigkeit der Tätigkeiten, Dauer der Exposition sowie zusätzliche Belastungs-
   faktoren für die Stoffaufnahme,
5. die technischen, organisatorischen und personenbezogenen Maßnahmen,
6. die Wirksamkeitsprüfung der technischen Maßnahmen.

Wesentliche Elemente der Dokumentation sind u. a. die schriftlichen Betriebsanweisungen nach § 14 Gefahrstoffverordnung. Auf eine detaillierte Dokumentation
kann verzichtet werden, wenn standardisierter Arbeitsverfahren verwendet werden.

Abb. 3.9 fasst die wesentlichen Inhalte der Dokumentation der Gefährdungsbeurteilung
zusammen.

3.3.4   Schutzmaßnahmen

Tätigkeiten mit Gefahrstoffen dürfen erst durchgeführt werden, wenn die möglichen Gefährdungen ermittelt, bewertet und die notwendigen Schutzmaßnahmen festgesetzt sind.

➜ **Gemäß § 6 Abs. 8 ist zu dokumentieren:**

⇨ Die Gefährdungen bei Tätigkeiten mit Gefahrstoffen

⇨ Ergebnis der Substitutionsprüfung

⇨ Begründung des Verzichts auf technisch mögliche Substitution, wenn
  zusätzliche Schutzmaßnahmen notwendig sind

⇨ die Beschreibung der Schutzmaßnahmen

⇨ bei krebserzeugenden Stoffen mit ERB Maßnahmen gemäß Maßnahmenplan

⇨ Begründung, falls abweichende Maßnahmen als in TRGS beschrieben

⇨ Explosionsschutzdokument (§ 6 (9))

➜   Die Angaben müssen nicht in einem Dokument zusammengefasst sein!

⇒ Betriebsanweisungen (PSA, Schutzmaßnahmen)
⇒ Arbeitsanweisung, Verfahrensvorschrift (Technik)
⇒ Expositionsdatenbank
⇒ Gefahrstoffverzeichnis

Abb. 3.9 Inhalte der Dokumentation der Gefährdungsbeurteilung

Bei allen Tätigkeiten mit Gefahrstoffen müssen, einschließlich geringer Gefährdung, die allgemeinen Schutzmaßnahmen ergriffen werden:

- Vermeidung von Expositionen bzw. Gefährdungen durch Gestaltung der Arbeitsplätze der Arbeitsorganisation und der Arbeitsmethoden
- Bereitstellung geeigneter Arbeitsmittel
- Verbot der Exposition von Personen, die nicht mit den Arbeiten beauftragt sind
- Begrenzung von Dauer und Höhe der Exposition auf das unvermeidliche Maß
- Umsetzung angemessener Hygienemaßnahmen, einschließlich regelmäßiger Reinigung der Arbeitsplätze
- Begrenzung der Menge von Gefahrstoffe auf den Tagesbedarf

Grundsätzlich müssen alle verwendeten Stoffe/Gemische identifizierbar sein, gefährliche Stoffe oder Gemische müssen eine **innerbetriebliche Kennzeichnung** besitzen, der die Einstufung, die Gefahren und die zu ergreifenden Sicherheitsmaßnahmen entnommen werden können. Eine Kennzeichnung nach CLP-Verordnung ist bevorzugt, aber nicht zwingend. Da die Betriebsanweisung wesentliche Informationen enthält, kann eine innerbetriebliche Kennzeichnung nach TRGS 201 mit folgenden Mindestangaben benutzt werden:

- Stoffname (Produktidentifikator) und
- Piktogramme der wesentlichen Hauptgefahren nach Rangfolge von Abb. 3.10.

In Tab. 3.1 ist eine Gegenüberstellung der Kennzeichnung nach TRGS 201 und CLP-VO aufgeführt.

In Abhängigkeit der Ergebnisse der Gefährdungsbeurteilung dürfen Beschäftigte in Arbeitsbereichen keine Nahrungs- oder Genussmittel zu sich nehmen, wenn eine dermale oder inhalative Aufnahme der Stoffe nicht ausgeschlossen werden kann. Hierfür sind geeignete Bereiche zur Verfügung zu stellen.

Gefahrstoffe müssen so aufbewahrt oder gelagert werden, dass sie weder die Gesundheit noch die Umwelt gefährden. Gefahrstoffe müssen übersichtlich geordnet und dürfen nicht in unmittelbarer Nähe von Arznei-, Lebens- oder Futtermitteln gelagert werden. Ferner sind Vorkehrungen zu treffen, um Missbrauch oder Fehlgebrauch zu verhindern.

Gefahrstoffe, die eingestuft sind als

- akut toxisch Kategorie 1 bis 3,
- krebserzeugend Kategorie 1 A oder 1B oder
- keimzellmutagen Kategorie 1 A oder 1B

müssen entweder unter Verschluss oder so aufbewahrt, gelagert werden, dass nur fachkundige und zuverlässige Personen Zugang haben und dürfen, ebenso wie sensibilisierende Gefahrstoffe, nur von fachkundigen und besonders unterwiesenen Personen verwendet werden.

Abb. 3.10 Rangfolge der Piktogramme

Tab. 3.1 Kennzeichnungselemente innerbetrieblich und beim Inverkehrbringen nach TRGS 201

Kennzeichnungselemente nach CLP-VO	Beim Inver-kehrbringen	Bei Tätigkeiten Vollständig	vereinfacht
Name, Anschrift und Telefonnummer des Herstellers, Importeurs oder Lieferanten	Ja	Nein	Nein
Nennmenge des Stoffes/Gemisches	Ja 1)	Nein	Nein
Produktidentifikator bei Stoffen			
– Stoffname	Ja	Ja 2)	Ja 2)
– Identifikationsnummer	Ja	Nein	Nein
bei Gemischen			
–Handelsname oder _bezeichnung	Ja	Ja 2)	Ja 2)
– Identität bestimmter Inhaltsstoffe	Ja	Empfohlen	Empfohlen
Gefahrenpiktogramm(e) 3)	Ja	Ja	Ja 4)
Signalwort	Ja	Ja	Nein
Gefahrenhinweise	Ja	Ja	Nein 5)
Sicherheitshinweise	Ja	Ja	Nein
Ergänzende Informationen, z. B Zusätzliche Hinweise wie EUH-Sätze	Ja	Ja	Nein

Zusätzliche Schutzmaßnahmen nach § 8 sind notwendig, wenn

- ein Arbeitsplatzgrenzwert oder biologischer Grenzwert überschritten wird, bei hautre-sorptiven, haut- oder augenschädigenden Gefahrstoffen eine Gefährdung durch Haut- oder Augenkontakt besteht oder bei Gefahrstoffen ohne Grenzwert eine Gefährdung aufgrund der gefährlichen Eigenschaften eine Gefährdung nicht ausgeschlossen werden kann.

Die Herstellung oder Verwendung von Gefahrstoffen in geschlossenen Systemen istnach § 9 Abs. 2 vorgeschrieben, wenn weniger gefährliche Stoffe oder Gemische aus technischen Gründen nicht möglich sind und eine erhöhte inhalative Gefährdung besteht.

▶ **Beispiel Geschlossenes System** ist in der TRGS 500 in Anhang 2 näher erläutert. Eine detaillierte Auflistung beschreibt Bedingungen, wann eine Anlage als geschlossen gelten kann.

Falls geschlossene Systeme aus technischen Gründen nicht eingesetzt werden können, muss die Exposition nach dem Stand der Technik so weit wie möglich minimiert werden:
Definition **Stand der Technik:** Entwicklungsstand fortschrittlicher Verfahren, Einrichtungen oder Betriebsweisen, der die praktische Eignung einer Maßnahme zum Schutz der Gesundheit und zur Sicherheit der Beschäftigten gesichert erscheinen lässt. Bei der Bestimmung des Stands der Technik sind insbesondere vergleichbare Verfahren, Einrichtungen oder Betriebsweisen heranzuziehen, die mit Erfolg in der Praxis erprobt worden sind. Gleiches gilt für die Anforderungen an die Arbeitsmedizin und die Arbeitsplatzhygiene.
Die Privatkleidung muss von der Arbeits- oder Schutzkleidung getrennt aufbewahrt werden, wenn eine Kontamination der Privatkleidung über die verschmutzte Arbeitskleidung, beispielsweise bei staubintensiven Arbeiten oder Tätigkeiten mit Flüssigaerosolen, möglich ist.

3.3.5 Besondere Schutzmaßnahmen bei Tätigkeiten mit cmr-Gefahrstoffen

Krebserzeugende, keimzellmutagene und reproduktionstoxischen (cmr) Gefahrstoffen der Kategorie 1 A oder 1B, nicht die Verdachtskategorie 2, dürfen nach § 10 nur in geschlossenen Systemen hergestellt oder verwendet werden, wenn eine Substitution technisch nicht möglich ist.
Die Schutzmaßnahmen müssen so festgelegt werden, dass für Stoffe mit Arbeitsplatzgrenzwert nach TRGS 900 diese eingehalten werden. Für Stoffe mit risikobezogenem Grenzwert nach TRGS 910 soll die Akzeptanzkonzentration eingehalten werden, obwohl in allen bisherigen Beratungen die Einhaltung der Toleranzkonzentration gefordert wurde.

Bei Überschreitung der Arbeitsplatzgrenzwerte oder der bindenden Grenzwerte der EU, siehe Abschn. 5.1.4.2, ist die Expositionsdauer so weit wie möglich zu reduzieren und geeigneter Atemschutz zur Verfügung zu stellen.

Bei Überschreitung des Arbeitsplatzgrenzwert sowie der Akzeptanzkonzentration nach TRGS 910 ist im zu erstellenden Maßnahmenplan festzuhalten, mit welchen zusätzlichen Maßnahmen die Grenzwerte wieder eingehalten werden können. Die Zahl und die Expositionsdauer der exponierten Beschäftigten sind zu minimieren und Atemschutz zur Verfügung zu stellen.

Gefahrenbereiche mit erhöhter Exposition sind räumlich abzugrenzen und mit den Verbotszeichen von Abb. 3.11 kennzeichnen.

Abgesaugte Luft darf nur dann in den Arbeitsbereich zurückgeführt werden, wenn sie mit behördlich oder berufsgenossenschaftlich anerkannten Verfahren oder Geräten ausreichend gereinigt wurde, typischerweise muss die Konzentration der zurückgeführten Luft mindestens 10 % der Grenzwerte unterschreiten.

▶ **Beispiel** In TRGS 900 sind krebserzeugende und keimzellmutagene Stoffe mit Arbeitsplatzgrenzwert in der Spalte „Bemerkungen" mit dem Buchstaben X markiert, siehe Tab. 3.2.

3.3.6   Expositionsverzeichnis bei cmr-Gefahrstoffen

Kann in der Gefährdungsbeurteilung eine Gefährdung gegenüber

- krebserzeugenden,
- keimzellmutagenen,
- reproduktionstoxischen Gefahrstoffen der Kategorie 1 A oder 1B, sowie
- Stoffen gemäß TRGS905, eingestuft als K1, K2, oder M1 oder M2 sowie bei
- Tätigkeiten nach TRGS 906

nicht ausgeschlossen werden, müssen die betroffenen Mitarbeiter gemäß § 10a in das Expositionsverzeichnis eingetragen werden.

Abb. 3.11 Verbotszeichen zur Kennzeichnung von Gefahrenbereichen

Tab. 3.2 Krebserzeugende Stoffe der Kategorie 1 A oder 1B mit Arbeitsplatzgrenzwert nach TRGS 900

Stoff	Vol-Konz	Gew-Konz	ÜF	Bemerkungen
Acetaldehyd	50 ppm	91 mg/m^3	$1, = 2 = (I)$	AGS, DFG, Y, X
Berrylium		0,000.06 mg/m^3 (A) 0,000.14 mg/m^3 (E)	1(I)	AGS, X,10
Cadmium + anorgan. Verb		0,002 mg/m^3	8 (II)	AGS, X, 10, 39
4-Chloranilin	0,06 ppm	0,3 mg/m^3	2 (II)	AGS, Sh, H, X
Chlroethylen (Vinylchlorid)	1 ppm	2,6 mg/ m^3	8 (II)	AGS, EU, X
1-Dibromethan (Vinyl-chlorid)	0,1 ppm	0,6 mg/m^3	8 (II)	EU, H, X
Dieselmotoremissionen (EC)		0,05 mg/m^3 (A)		AGS, X
1,2-Epoxybutan (1,2-Butylenoxid)	1 ppm	3 mg/m^3	2(I)	AGS, Y, H, X
Formaldehyd	0,3 ppm	0,37 mg/m^3	2(I)	AGS, Sh, Y, X
Furan	0,02 ppm	0,056 mg/m^3	2(I)	DFG, H, X
Indiumphosphid		0,000.1 mg/m^3(A)	8(II)	AGS, X
Isopren (2-Methylbutadien)	3 ppm	8,4 mg/m^3	8(II)	AGS, X
Propylenoxid	2 ppm	4,8 mg//m^3	4(I)	AGS, Sh, Y, X
O-Toluidin	0,1 ppm	0,5 mg//m^3		EU, H, X
Trichlormethan (Chloroform)	0,5 ppm	2,5 mg//m^3	2(II)	DFG, EU, Y, X

Werden Tätigkeiten mit diesen Gefahrstoffen durchgeführt und Beschäftigte werden nicht in das Expositionsverzeichnis aufgenommen, ist dies nach § 6 Abs. 8 schriftlich zu begründen.

Von einer Gefährdung ist nach TRGS 410 auszugehen, wenn

- bei Stoffen mit Arbeitsplatzgrenzwert dieser überschritten wird,
- bei krebserzeugenden oder keimzellmutagenen Stoffen mach TRGS 910 die Akzeptanzkonzentration überschritten wird,
- bei Stoffen ohne inhalativen Beurteilungsmaßstab eine Exposition nicht aus-geschlossen werden kann,
- bei hautresorptiven Stoffen eine dermale Aufnahme besteht oder
- arbeitsmedizinische Erkenntnisse eine Gefährdung nahelegen, sowie bei
- Reparaturarbeiten (mit Exposition),
- Wartungsarbeiten,
- Reinigungsarbeiten,
- Probenahme bei nicht geschlossenen Systemen,

- Benutzung von (expositionsmindernder) PSA,
- Abrissarbeiten,
- unfallartigen Ereignissen mit erhöhter Exposition,

sofern in der Gefährdungsbeurteilung eine Gefährdung nicht ausgeschlossen werden kann. Im Expositionsverzeichnis sind

- die Tätigkeiten,
- Höhe und
- Dauer der Exposition

aufzuführen und einschließlich aller Aktualisierungen bei

- krebserzeugenden und keimzellmutagenen Stoffen mindestens 40 Jahren und
- reproduktionstoxischen Stoffen mindestens 5 Jahren

nach Ausscheiden der Mitarbeiter aufzubewahren.

Zur Umsetzung dieser Betreiberpflicht stehen mehrere alternative Vorgehensweisen zur Verfügung, in Abb. 3.12 sind die beiden wesentlichen Alternativen aufgeführt. Die „Datenbank zur zentralen Erfassung gegenüber krebserzeugenden Stoffen exponierter Beschäftigter", abgekürzt ZED, [18] eingerichtet von der BG RCI und verwaltet bei der DGUV, ist zur Anwendung ausdrücklich empfohlen. Abb. 3.12 zeigt die Anforderungen nach § 14 Abs. 3 sowie die möglichen Umsetzungsvarianten, Abb. 3.13 die festgelegten Kriterien bei vorhandener oder nicht vorhandener Gefährdung.

▶ **Achtung** Falls bei Tätigkeiten mit krebserzeugenden oder keimzell-mutagenen Gefahrstoffe der Kategorie 1 A oder 1B Beschäftigte nicht in das Expositionsverzeichnis aufgenommen werden, ist dies nach § 6 Abs. 8 Nr. 4 in der Dokumentation der Gefährdungsbeurteilung schriftlich zu begründen.

Konkretisierungen und wesentliche Festlegungen zum Expositionsverzeichnis sind in TRGS 410 ausgeführt.

Grundsätzlich ist eine Aufnahme in das Expositionsverzeichnis notwendig, wenn zum Schutz vor einer Stoffexposition persönliche Schutzausrüstung getragen werden muss. Eine Ausnahme hiervon gilt nur, wenn diese nur zum Ausschluss eines seltenen, unfallartigen Ereignisses getragen wird, beispielsweise beim Anschluss von Kupplungen oder aus Produktschutz in Laboratorien.

Von **keiner** Gefährdung ist nach TRGS 410 auszugehen, wenn

- die in TRGS 900 festgesetzten Arbeitsplatzgrenzwerte eingehalten werden,
- die in TRGS 910 festgesetzten Akzeptanzkonzentrationen unterschritten werden,

Gemäß **§10a GefStoffV** müssen Beschäftigte in das Expositionsverzeichnis aufgenommen werden, bei Tätigkeiten mit

⇨   krebserzeugenden (c),

⇨   keimzellmutagenen (m),

⇨   reproduktionstoxischen (r) Stoffen der Kategorie 1A oder 1B

➜   bei vorliegender Gefährdung.

Das Verzeichnis ist mindestens
⇨   bei c- und m- Stoffen 40 Jahren,
⇨   bei r-Stoffen 5 Jahren
⇨   nach Ausscheiden der Mitarbeitern aufzubewahren,
⇨   Und ihnen auszuhändigen oder
➜   der „ZED" zu übertragen.

Möglichkeiten der Umsetzung

⇨   Führen Inhouse-Verzeichnis

⇨   Archivierung 40 Jahre nach
     Ausscheiden des Mitarbeiters

⇨   Aushändigung des Verzeichnisses
     an MA beim Ausscheiden

⇨   Nutzung der ZED

⇨   Archivierung übernimmt ZED

⇨   Keine Aushändigung des Verzeich-
     nisses an MA beim Ausscheiden,
     Archivierung übernimmt ZED

Abb. 3.12   Anforderungen und Umsetzungsalternativen nach § 10a

Tätigkeiten

mit zu unterstellender Gefährdung

⇨   Überschreitung AGW, Akzeptanzkonzentration
⇨   Reparaturarbeiten (mit Exposition)
⇨   Wartungsarbeiten
⇨   Reinigungsarbeiten
⇨   Probenahme bei nicht geschlossenen Systemen
⇨   Benutzung von (expositionsmindernder) PSA
⇨   Abrissarbeiten
⇨   unfallartigen Ereignissen mit erhöhter Exposition

ohne anzunehmende Gefährdung

⇨   Unterschreitung AGW, Akzeptanzkonzentration
⇨   Arbeiten nach VSK
⇨   Tätigkeiten in geschlossenen, technisch dichten
     Anlagen
⇨   Labortypische Tätigkeiten

Abb. 3.13   Tätigkeiten mit und ohne anzunehmende Gefährdung

- Arbeiten nach den verfahrens- und stoffspezifischen Kriterien (VSK) nach Anlage von TRGS 420 durchgeführt werden
- Tätigkeiten in geschlossenen, technisch dichten Anlagen erfolgen oder
- Arbeiten in Laboratorien unter Einhaltung der Vorgaben der Laborrichtlinie (BGI 850) durchgeführt werden.

Abb. 3.13 stellt die Möglichkeiten der unterschiedlichen Tätigkeiten mit und ohne anzunehmender Gefährdung gegenüber.

▶   Auch bei einem Eintrag im Expositionsverzeichnis muss bei angezeigtem Verdacht auf eine Berufskrankheit eine gründliche Ursachenprüfung erfolgen. Das Expositionsverzeichnis ersetzt nicht die Einzelfallbetrachtung, erleichtert sie jedoch ganz erheblich.

3.3.7   Besondere Schutzmaßnahmen gegen physikalisch-chemische Einwirkungen

Im Rahmen der Gefährdungsbeurteilung ist zu prüfen, ob Flüssigkeiten mit einem Flammpunkt unter der Umgebungstemperatur eine explosionsgefährliche Atmosphäre bilden können. Gleiches gilt für Flüssigkeiten, die mit Wasser entzündbare Gase freisetzen können sowie für entzündbare Feststoffe und bei entzündbaren Aerosolen und Gasen. In Tab. 3.3 sind die für den Explosionsschutz relevante H-Sätze aufgeführt, in Tab. 3.4 die Stoffeigenschaften, bei denen die Schutzmaßnahmen von § 11 ebenfalls beachtet werden müssen.

Nach § 11 Abs. 2 sind zur Vermeidung von Brand- und Explosionsgefahren

1. geringe Mengen oder Konzentrationen der Gefahrstoffe zu verwenden,
2. wirksame Zündquellen zu vermeiden oder
3. schädliche Auswirkungen so weit wie möglich zu verringern, beispielsweise durch Verwendung von druckfesten oder druckstoßfesten Apparaten und Behältern.

Die grundlegende Vorgehensweise zum Brand- und Explosionsschutz ist in Abb. 3.14 wiedergegeben, für eine ausführlichere Beschreibung siehe Abschn. 3.3.13.1.

Bei Tätigkeiten mit organischen Peroxiden müssen die Schutzmaßnahmen gemäß der Gefahrengruppe OP I bis OP IV umgesetzt werden. Die Einstufung in die Gefahrengruppe sollte bevorzugt durch die Bundesanstalt für Materialforschung (BAM) erfolgen.

Organische Peroxide der Gefahrengruppe I besitzen gefährliche explosive Eigenschaften und fallen weitgehend unter den Anwendungsbereich des Sprengstoffgesetzes. Im Gegensatz hierzu sind die Peroxide der Gefahrengruppe IV nur schwer entzündbar und brennen so langsam ab, dass praktisch keine erhöhte Gefährdung zu befürchten ist.

Tab. 3.3   H-Sätze für Maßnahmen zum Explosionsschutz

H220	Extrem entzündbares Gas
H221	Entzündbares Gas
H222	Extrem entzündbares Aerosol
H223	Entzündbares Aerosol
H224	Flüssigkeit und Dampf extrem entzündbar
H225	Flüssigkeit und Dampf leicht entzündbar
H226	Flüssigkeit und Dampf entzündbar
H228	Entzündbarer Feststoff
H250	Entzündet sich in Berührung mit Luft von selbst
H251	Selbsterhitzungsfähig: kann in Brand geraten
H252	In großen Mengen selbsterhitzungsfähig: kann in Brand geraten
H260	In Berührung mit Wasser entstehen selbstentzündbare Gase, die sich spontan entzünden können
H261	In Berührung mit Wasser entstehen entzündbare Gase

Tab. 3.4   H-Sätze mit Maßnahmen aufgrund der physikalischen/chemischen Eigenschaften

H240	Erwärmung kann Explosion verursachen
H241	Erwärmung kann Brand oder Explosion verursachen
H242	Erwärmung kann Brand verursachen
H270	Kann Brand verursachen oder verstärken; Oxidationsmittel
H271	Kann Brand oder Explosion verursachen; starkes Oxidationsmittel
H272	Kann Brand verstärken; Oxidationsmittel
H200	Instabil, explosiv
H201	Explosiv, Gefahr der Massenexplosion
H202	Explosiv; große Gefahr durch Splitter, Spreng- und Wurfstücke
H203	Explosiv; Gefahr durch Feuer, Luftdruck oder Splitter, Spreng und Wurfstücke
H204	Gefahr durch Feuer oder Splitter, Spreng- und Wurfstücke
H205	Gefahr der Massenexplosion bei Feuer

▶   **Beispiel** Detaillierten Schutzmaßnahmen bei Herstellung, Verwendung, Transport und Lagerung finden sich in der DGUV Vorschrift 13 und im Merkblatt M001 der BG RCI.

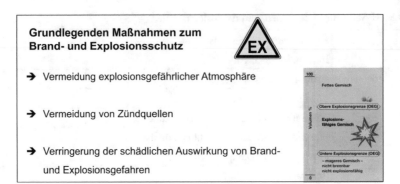

Abb. 3.14   Maßnahmen zum Explosionsschutz

3.3.8   Betriebsstörungen, Unfälle oder Notfälle

Für den Fall von Betriebsstörungen, Un- oder Notfällen müssen um eine möglichst ge-
fahrlose und schnelle Störungsbeseitigung zu gewährleisten die notwendigen Maßnahmen
festgelegt, geplant und geübt werden. Hierfür ist die Bereitstellung angemessener Erste-
Hilfe-Einrichtungen und regelmäßige Sicherheitsübungen notwendig.

Treten einer der vorgenannten Notfallsituationen ein, müssen

- die betroffenen Beschäftigten mittels vorhandener Informationssysteme sofort informiert werden, beispielsweise durch Lautsprecher, Sirenen, Hupen oder auch Telefon-
  anlagen,
- geeignete Maßnahmen vorhanden sein, um die Auswirkungen des Ereignisses zu begrenzen und
- möglichst bald der normale Betriebsablauf wiederhergestellt werden.

Betroffene Arbeitsbereiche dürfen nur mit zusätzlicher Schutzausrüstung von den mit
den Arbeiten betrauten Mitarbeitern betreten werden. Das Betreten dieser Bereiche ohne
die notwendige persönliche Schutzausrüstung ist nicht zulässig.

Die benötigten Informationen zu den Notfallmaßnahmen müssen im Vorfeld definiert
und besorgt werden, im Betrieb und den zuständigen innerbetrieblichen Unfall- und Notfall-
diensten verfügbar sein. Die außerbetrieblichen Notfalldienste, wie z. B. Feuerwehr oder ärztliche Rettungsdienste, müssen ebenfalls Zugang zu diesen Informationen besitzen und über

- die einschlägigen Gefahren bei den durchzuführenden Arbeiten und
- die Vorsichtsmaßnahmen und Verfahren

informiert sein. Diese Regelungen ergänzen einerseits die Arbeitsschutzvorschriften der
Störfallverordnung und sind andererseits bei Betrieben insbesondere zu beachten, die
nicht der Störfallverordnung unterliegen.

3.3.9 Betriebsanweisung und Unterweisung

Die für den konkreten Arbeitsplatz vorgeschriebenen Schutzmaßnahmen sind in der Betriebsanweisung konkret und eindeutig zu beschrieben. Die Vorgaben sind verbindlich und dürfen nicht eigenmächtig geändert werden.

Die Adressaten der Betriebsanweisungen sind die Mitarbeiter, die unmittelbar mit den Stoffen arbeiten. Sie müssen daher

arbeitsbereichsbezogen und
in verständlicher Sprache

verfasst werden.

Die in § 14 Abs. 1 formulierten Inhalte sind in der TRGS 555 präzisiert:

Gefahren für Mensch und Umwelt,
erforderliche Schutzmaßnahmen,
Verhalten im Gefahrfall,
Erste Hilfe und
sachgerechte Entsorgung.

Sicherheitsdatenblätter können den konkreten Arbeitsplatz nicht beschreiben, richten sich zudem an die betrieblichen Vorgesetzten und dürfen daher nicht an Stelle der Betriebsanweisungen benutzt werden.

Die Betriebsanweisungen müssen in verständlicher Sprache abgefasst werden, schwerverständliche wissenschaftliche Fachbegriffe sind zu vermeiden. Der Detaillierungsgrad hängt wesentlich von Ausbildung und Kenntnis der Mitarbeiter ab.

Übungsfrage

Ob bei ausländischen Beschäftigten eine Übersetzung in die Muttersprache notwendig ist, hänt stark von ihren Sprachkenntnissen ab. Ist diese nicht ausreichend, müssen die Betriebsanweisungen übersetzt werden.

▶   In Betriebsanweisungen dürfen **keine unklaren Formulierungen** benutzt werden, wie z. B.

geeignete Löschmittel
geeignete Handschuhe
chemikalienbeständige Handschuhe
säurebeständige Schuhe

Betriebsanweisungen müssen nicht am Arbeitsplatz ausgelegt werden. Das Aushängen der Betriebsanweisungen beispielsweise an Entleer- oder Abfüllstellen außerhalb des Betriebsgebäudes hat sich in der Praxis bewährt,

Gruppenbetriebsanweisungen

In Abhängigkeit des Wissensstandes der Mitarbeiter können Gefahrstoffe mit vergleichbaren Eigenschaften zu Gruppen zusammengefasst werden. Viele gleichlautende Betriebsanweisungen werden erfahrungsgemäß weder gelesen noch beachtet.

Zur Orientierung kann genutzt werden, dass Gefahrstoffe, die die gleichen Schutzmaßnahmen erfordern, in einer Gruppenbetriebsanweisung zusammengefasst werden können. Allerdings erfordert das Zusammenfassen ein etwas erhöhter Aufwand im Rahmen der Unterweisungspflicht.

In chemischen Laboratorien haben sich Gruppenbetriebsanweisungen für ausgebildetes Personal (Laborwerker oder Chemielaboranten) für

- giftige,
- gesundheitsschädliche,
- ätzende,
- reizende,
- leichtentzündbare,
- entzündbare,
- oxidierende,
- umweltgefährliche,
- reproduktionstoxische Stoffe oder
- Stoffe mit Verdacht auf krebserzeugender Wirkung

bewährt. Abb. 3.15 ist ein Beispiel für eine Gruppenbetriebsanweisung für ätzende Stoffe in Laboratorien dargestellt. Für Stoffe mit sehr gefährlichen oder unbekannten Eigenschaften, wie z. B. akut lebensgefährlich (Kategorie 1 oder 2), besonders starke Kanzerogene, oder explosionsgefährliche Stoffe, müssen stoffspezifische Betriebsanweisungen erstellt werden.

Mitarbeiter müssen anhand der Betriebsanweisung mündlich über die gefährlichen Eigenschaften und Schutzmaßnahmen der gehandhabten Gefahrstoffe unterrichtet werden. Diese **Unterweisungen** sind nach § 14 Abs. 2 vor der erstmaligen Verwendung und danach mindestens einmal jährlich durchzuführen. Hierbei kann die sogenannte „allgemeine arbeitsmedizinisch-toxikologischen Beratung" integriert werden, beispielsweise mit Hinweis auf die Möglichkeit von Angebotsuntersuchungen.

Durch die Unterschrift der Mitarbeiter auf dem Unterweisungsprotokoll mit Angabe von

- Inhalt und
- Zeitpunkt

Betriebsanweisung nach Gefahrstoffverordnung

Abteilung: _____   Labor: _____
Laborstand: _____   Datum: _____

Ätzende Gefahrstoffe

Gefahren für Mensch und Umwelt

- Ätzend bei Hautkontakt, Einatmen und Verschlucken.
- Verursacht schwere Augenschäden bei Augenkontakt.
- Abwassergefährdung

Schutzmaßnahmen und Verhaltensregeln

- Einatmen und Berührung mit der Haut und den Schleimhäuten unbedingt vermeiden.
- Korbbrille und Gesichtsschutzschirm bei allen Tätigkeiten mit offenem Umgang tragen
- Chemikalien-Schutzhandschuhe aus Nitrilkautschuk (0,3 mm) tragen.
- Umsetzungen nur im Abzug oder in geschlossenen Apparaturen durchführen.
- Gebinde stets geschlossen halten.

Verhalten im Gefahrfall

- Atemschutz mit Gasfilter K (braun) benutzen
- Sofort Vorgesetzten informieren - Mitarbeiter warnen.
- Beim Verschütten flüchtiger oder staubförmiger Verbindungen: Labor räumen, nur unter Atemschutz entsorgen. Gründlich dekontaminieren
- Beim Verschütten nichtflüchtiger Verbindungen: sorgfältig aufnehmen und verschmutzte Bereiche gründlich reinigen.
- Bei größeren Schadensfällen Feuerwehr alarmieren.

Erste Hilfe

- Verunreinigte Haut gründlich mit viel Wasser reinigen.
- Bei Augenkontakt: 10-15 Minuten gründlich mit Wasser spülen, Augenarzt aufsuchen.
- Verunreinigte Kleidung sofort ablegen, bei großflächiger Hautkontamination Notdusche benutzen.
- Kein Erbrechen herbeiführen.

Sachgerechte Entsorgung

- Abfälle nach besonderer Anweisung vernichten oder in dafür vorgesehenen
- Gefäßen sammeln, zur Entsorgung geben.

Abb. 3.15 Gruppenbetriebsanweisung in Laboratorien für ätzende Stoffe

der Unterweisung bestätigen diese auch, dass die Anweisungen verstanden und beachtet werden! Die wesentlichen Inhalte der Unterweisung sind in Abb. 3.16 zusammengefasst.

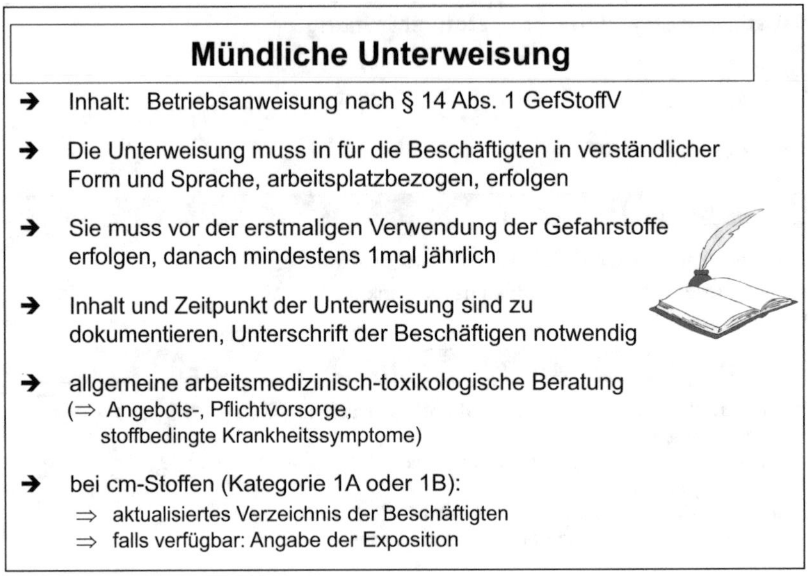

Mündliche Unterweisung

➜   Inhalt: Betriebsanweisung nach § 14 Abs. 1 GefStoffV

➜   Die Unterweisung muss in für die Beschäftigten in verständlicher
    Form und Sprache, arbeitsplatzbezogen, erfolgen

➜   Sie muss vor der erstmaligen Verwendung der Gefahrstoffe
    erfolgen, danach mindestens 1mal jährlich

➜   Inhalt und Zeitpunkt der Unterweisung sind zu
    dokumentieren, Unterschrift der Beschäftigen notwendig

➜   allgemeine arbeitsmedizinisch-toxikologische Beratung
    ($\Rightarrow$ Angebots-, Pflichtvorsorge,
         stoffbedingte Krankheitssymptome)

➜   bei cm-Stoffen (Kategorie 1A oder 1B):
    $\Rightarrow$ aktualisiertes Verzeichnis der Beschäftigten
    $\Rightarrow$ falls verfügbar: Angabe der Exposition

Abb. 3.16   Unterweisung nach § 14 Abs. 2 Gefahrstoffverordnung

Frauen im gebärfähigen Alter müssen gemäß Mutterschutzgesetz zusätzlichen über die Gefahren für das ungeborene Kind beim Umgang mit Gefahrstoffen sowie über die Beschäftigungsbeschränkungen für Schwangere und werdende Mütter informiert werden, siehe Abschn. 3.6.

3.3.10 Zusammenarbeit verschiedener Firmen

Gemäß § 15 Abs. 1 dürfen nur Fremdfirmen mit Tätigkeiten mit Gefahrstoffen beauftragt werden, die über die erforderlichen Fachkenntnisse und Erfahrungen verfügen. Der Auftraggeber muss dem Auftragnehmer alle notwendigen Informationen für seine eigene Gefährdungsbeurteilung zur Verfügung stellen, weitere Informationen enthält Abb. 3.17.

Falls eine gegenseitige Beeinflussung verschiedener Firmen möglich ist, muss der Auftraggeber einen Koordinator bestellen, der über alle sicherheitsrelevanten Informationen und Gefährdungsbeurteilungen verfügen muss. Die Ergebnisse der gemeinsamen Gefährdungsbeurteilung sind von allen Beteiligten zu dokumentieren.

Bei Abbruch-, Sanierungs- oder Instandhaltungsarbeiten ist zu ermitteln, ob Gefahrstoffe vorhanden sind, für die Herstellungs- und Verwendungsverbote gemäß Anhang II der Gefahrstoffverordnung sowie Anhang XVII REACH-VO gelten.

Kontraktoren müssen bei Tätigkeiten mit Gefahrstoffen

➡ über die erforderlichen besonderen Fachkenntnisse und Erfahrung verfügen,

➡ über die Gefahrenquellen und die spezifischen Verhaltensregeln informiert werden und

➡ in das bestehende System zum Schutz der Gesundheit und der Sicherheit der Beschäftigten einbezogen werden.

⇨ Eines Koordinator muss bestellt werden, wenn eine gegenseitige Gefährdung möglich ist

⇨ Arbeitgeber, Auftraggeber und Auftragnehmer müssen in allen Belangen der Sicherheit und des Gesundheitsschutzes zusammenarbeiten

Abb. 3.17 Beauftragung von Fremdfirmen

3.3.11 Regelungen zu Asbest

3.3.11.1 Verwendungs- und Tätigkeitsbeschränkungen zu Asbest

Gemäß § 11 ist verboten die

- Gewinnung, Aufbereitung, Weiterverarbeitung und Wiederverwendung natürlich vorkommender mineralischer Rohstoffe und daraus hergestellter Gemische und Erzeugnisse mit einem Massengehalt > 0,1 %,
- die weitere Verwendung asbesthaltiger Materialien, denen Asbest absichtlich zugesetzt wurde und die bei Tätigkeiten anfallen, mit Ausbahne der Abfallbehandlung oder Abfallentsorgung sowie
- Tätigkeiten an asbesthaltigen Materialien in oder an baulichen oder technischen Anlagen, einschließlich Geräte, Maschinen, Fahrzeuge sowie sonstiger Erzeugnisse.

Ausgenommen vom Verbot sind folgende ASI – Arbeiten, einschließlich der notwendigen Vor- und Nacharbeiten,

- Abbrucharbeiten (vollständiges Entfernen asbesthaltiger Bauteile oder Materialien
- Sanierungsarbeiten, sofern ein vollständiges Entfernen
  - aus technischen Gründen nicht möglich ist und durch räumliche Trennung eine Gefährdung der Nutzer von Gebäuden ausgeschlossen ist,
  - Sofortmaßnahmen bei beschädigten, asbesthaltige Bauteilen oder Materialien, die unverzüglich eingeleitet werden müssen,

- Instandhaltungsarbeiten
  - die Wartung und Instandhaltungsarbeiten baulicher Anlagen in oder an baulichen oder technischen Anlagen, Geräten, Maschinen, Fahrzeugen und sonstigen Erzeugnissen,
  - Tätigkeiten zur funktionalen Instandhaltung baulicher Anlagen, die im Rahmen der laufenden Nutzung erforderlich sind, soweit mit diesen Tätigkeiten keine Instandsetzung asbesthaltiger Materialien verbunden ist,
- Tätigkeiten zu Forschungs-, Entwicklungs-, Analyse-, Mess- und Prüfzwecken.

Diese Ausnahmen gelten nicht für feste Überdeckung oder Überbauung von Asbestzementdächern, Asbestzement-Wand- und Deckenverkleidungen, asbesthaltigen Bodenbelägen und Fugenmassen oder Reinigungs- und Beschichtungsarbeiten an nicht vollflächig beschichteten Asbestzementdächern und Außenwandverkleidungen aus Asbestzement.

Instandhaltungsarbeiten an baulichen und technischen Anlagen sind nur zulässig, wenn die Toleranzkonzentration von Asbest unterschritten wird und keine Tätigkeiten mit hohem Risiko nach TRGS 910 durchgeführt werden, und

- das Ende der Nutzungsdauer des asbesthaltigen Materials noch nicht erreicht ist,
- das Vorhandensein des asbesthaltigen Materials nicht kaschiert wird und
- das spätere vollständige Entfernen nicht erschwert wird.

3.3.11.2 Tätigkeiten mit Asbest

Sollen an Gebäuden, die vor dem 31.10.1993 errichtet wurden bauliche oder technische Tätigkeiten durchgeführt werden, ist vom Auftraggeber nach § 5a zu prüfen, ob asbesthaltige Materialien vorhanden sein können.

Im Rahmen der Erkundung ist nach § 11a zu prüfen, ob die Beschränkungen und Verbote nach § 11 eingehalten sind, ob mit einer Freisetzung von Fasern gerechnet werden muss und ob die Tätigkeiten durch die Schutzmaßnahmen im Bereich niedrigen, mittleren oder hohem Risikos ausgeführt werden sollen. Unabhängig des Risikobereiches muss ein Maßnahmenplan erstellt werden.

Tätigkeiten im Bereich hohen Risikos dürfen nur Fachfirmen durchführen, die eine Zulassung durch die zuständige Behörde besitzen.

Unabhängig des Risikobereiches müssen Tätigkeiten mit Asbest mindestens eine Woche vor Aufnahme der Tätigkeiten der zuständigen Behörde schriftlich angezeigt werden.

Tätigkeiten mit Asbest dürfen nur von Betrieben durchgeführt werden, die über die erforderliche sicherheitstechnische, organisatorische und personelle Ausstattung verfügen. Es sind vorrangig Arbeitsverfahren anzuwenden und technische Schutzmaßnahmen zu treffen, durch die eine Freisetzung von Asbestfasern verhindert oder minimiert wird.

Die Ermittlung und Beurteilung der Gefährdung, die Festlegung der notwendigen Schutzmaßnahmen sowie die Unterweisung der Beschäftigten müssen durch eine sachkundige, verantwortliche und weisungsbefugte Person erfolgen, die während der Durchführung der Tätigkeiten ständig vor Ort anwesend sein muss. Die Sachkunde kann nach Anhang I Nr. 3.7 der Gefahrstoffverordnung durch die erfolgreiche Teilnahme an einem behördlich anerkannten Lehrgang erworben werden.

Die Tätigkeiten mit Asbest dürfen nur von fachkundigen Personen durchgeführt werden; die Fachkunde kann nach Anhang I Nr. 3.6 durch eine Berufsausbildung, innerbetriebliche Schulungen oder spezifische Fortbildungsmaßnahmen erworben werden.

Werden staubmindernde Maßnahmen nach Anhang I Nr. 2.3 ergriffen werden und betragen die Asbestfaserkonzentration kleiner 1.000 F/m^3, sind die vorgeschriebenen Maßnahmen nicht zwingend.

3.3.12 Vorschriften bei der Verwendung von Biozidprodukten sowie Begasungen

Der neue Abschn. 4a mit den §§ 15a bis 15h regelt die Anforderungen bei der Verwendung von Biozidprodukten, einschließlich Begasungen, sowie Begasungen mit Pflanzenschutzmitteln.

Die allgemeinen Anforderungen an die Verwendung von Biozidprodukten gelten grundsätzlich, somit auch in Haushalten.

Biozidprodukte dürfen nur für die auf der Kennzeichnung oder der Zulassung angegebenen Verwendungszwecke eingesetzt werden,

- von Anwendern, die die vorgeschriebene Qualifikation gemäß der in der Zulassung festgelegten Verwenderkategorie besitzen und
- unter Abwägung von Nutzen und Risiken sowie unter Berücksichtigung von physikalischen, biologischen, chemischen und sonstigen Alternativen.

Schädlingsbekämpfungsmittel der Hauptgruppe 3 (Schädlingsbekämpfungsmittel) gemäß EU-Biozid-Verordnung 528/2008 [19] sowie endokrinschädigende Biozidprodukte dürfen nur von fachkundigen Verwendern benutzt werden. Anforderungen an die Fachkunde sind in den technischen Regeln präzisiert und gelten daher nur beispielhaft für Biozidprodukte, die eingestuft sind als

- akut toxisch Kategorie 1, 2 oder 3,
- krebserzeugend, keimzellmutagen oder reproduktionstoxisch Kategorie 1 A oder 1B,
- spezifisch zielorgantoxisch Kategorie 1 SE oder RE oder
- in der Zulassung die Verwenderkategorie „geschulter berufsmäßiger Verwender" festgelegt wurden.

Diese Biozide dürfen nur von Personen mit Sachkunde, die spezifisch für die jeweilige Produktart gilt, angewendet werden und müssen der zuständigen Behörde schriftlich oder elektronisch mitgeteilt werden.

Begasungen mit Biozidprodukten dürfen nur mit Erlaubnis der zuständigen Behörde durchgeführt werden. Die Erlaubnis wird erteilt, wenn

- der Antragsteller die erforderliche Zuverlässigkeit besitzt und
- über eine ausreichende Anzahl von Befähigungsschein-Inhaber verfügt.

Einen Befähigungsschein erhält, wer

- die erforderliche Zuverlässigkeit besitzt,
- durch ein ärztliches Zeugnis gemäß § 7 Absatz 1 der Arbeitsmedizin-Verordnung nachweist, dass keine Anhaltspunkte vorliegen, die gegen eine körperliche und geistige Eignung sprechen,
- die erforderliche Sachkunde und ausreichende Erfahrung für Begasungen nachweist und
- mindestens 18 Jahre alt ist.

Bei der Durchführung jeder Begasung muss eine Niederschrift mit folgenden Inhalten angefertigt werden:

1. Name der verantwortlichen Person,
2. Art und Menge der verwendeten Biozid-Produkte oder Pflanzenschutzmittel,
3. Ort, Beginn und Ende der Begasung,
4. Zeitpunkt der Freigabe,
5. andere im Sinne von § 15 beteiligte Arbeitgeber und
6. die getroffenen Maßnahmen.

Die nach § 15 g geltenden besonderen Vorschriften zur Begasung auf Schiffen werden aufgrund des spezifischen Anwenderkreises nicht ausgeführt.

3.3.13 Herstellungs- und Verwendungsbeschränkungen

Zusätzlich zu den Herstellungs- und Verwendungsverboten nach Anhang XVII REACH sind die national geltenden Beschränkungen nach Anhang II verbindlich.

Die nach Anhang II geltende Herstellungs- und Verwendungsbeschränkungen sind in Tab. 3.5 zusammengefasst.

Tab. 3.5 Herstellungs- und Verwendungsbeschränkungen nach Anhang II

Nr	Gefahrstoff	Inhalt
1	Asbest	Verbot aller Tätigkeiten; mit Ausnahme ASI-Arbeiten
2	2-Naphthylamin, 4-Aminobiphenyl, Benzidin, 4-Nitrobiphenyl	Verbot der Herstellung/Verwendung in Konzentrationen > 0,1 %
3	Pentachlorphenol und seine Verbindungen	Verwendungsverbot für Erzeugnisse mit > 5 mg/kg
4	Kühlschmierstoffe und Korrosionsschutzmittel	Verbot Zusatz nitrosierender Agenzien
5	Biopersistente Fasern	Verbot der Verwendung für Wärme- und Schalldämmung im Hochbau, technische Isolierungen und Lüftungsanlagen, falls der Massengehalt der Oxide von Na, K, Ca, Mg, Ba über 18 %
6	Besonders gefährliche krebserzeugende Stoffe	6-Amino-2-ethoxynaphthalin, Bis(chlormethyl)ether, Cadmiumchlorid (in einatembarer Form), Chlormethyl-methylether, Dimethylcarbamoylchlorid, Hexamethylphosphorsäuretriamid, 1,3-Propansulton, N-Nitrosaminverbindungen, ausgenommen mit nicht krebserzeugender Wirkung Tetranitromethan, 1,2,3-Trichlorpropan Dimethylsulfat und Diethylsulfat

3.3.14 Unterrichtung der Behörde

Der zuständigen Behörde ist nach § 18 unverzüglich anzuzeigen

- jeder Unfall oder jede Betriebsstörung bei Tätigkeiten mit Gefahrstoffen, die zu einer ernsten Gesundheitsschädigung von Beschäftigten geführt hat, sowie
- Krankheits- oder Todesfälle mit Anhaltspunkten für einen kausalen Zusammenhang mit Gefahrstoffeinwirkung.

Auf Verlangen der zuständigen Behörde müssen

- das Ergebnis der Gefährdungsbeurteilung, einschließlich der zugrundeliegenden Informationen,
- Tätigkeiten mit möglicher oder tatsächlicher Exposition, einschließlich der Anzahl der Beschäftigten,

- die durchgeführten Schutz- und Vorsorgemaßnahmen,
- die verantwortliche Person nach § 13 Arbeitsschutzgesetz sowie
- den Nachweis der Fachkunde zum Erstellen von Sicherheitsdatenblättern

mitgeteilt werden. Bei Tätigkeiten mit krebserzeugenden, keimzellmutagenen oder fruchtbarkeitsgefährdenden Gefahrstoffen der Kategorie 1 oder 2 zusätzlich

- das Ergebnis der Substitutionsprüfung und die Gründe für die Verwendung dieser Gefahrstoffe,
- Menge der hergestellten oder verwendeten Gefahrstoffe,
- Art der verwendeten Schutzausrüstung und
- Art und Höhe der Exposition.

3.3.15 Anhang I der Gefahrstoffverordnung

Anhang I beinhaltet die besonderen Vorschriften für bestimmte Gefahrstoffe und Tätigkeiten

Nr. 2:   Partikelförmige Gefahrstoffe
Nr. 3:   Asbest
Nr. 5:   Ammoniumnitrat

3.3.15.1 Brand- und Explosionsgefährdungen

Im Rahmen der Gefährdungsbeurteilung sind die notwendigen organisatorischen und technischen Schutzmaßnahmen nach dem Stand der Technik festzulegen, um eine mögliche Brandentstehung sowie Bildung einer explosionsgefährlichen Atmosphäre auszuschließen bzw. zu minimieren. In **technisch dichten Anlagen** sind

- gefährliche Temperaturen,
- Überfüllungen,
- Über- oder Unterdrücke sowie
- Korrosion

auszuschließen.

In Rohrleitungen müssen Gefahrstoffströme schnell und von einem jederzeit gut erreichbaren Ort unterbrochen werden können; gegebenenfalls durch automatische Überwachungssysteme.

Kann die Bildung einer gefährlichen explosionsfähigen Atmosphäre nicht ausgeschlossen werden, muss im Rahmen der Gefährdungsbeurteilung

- die Wahrscheinlichkeit,
- die Dauer einer gefährlichen explosionsfähigen Atmosphäre,
- die Wahrscheinlichkeit des Vorhandenseins wirksamer Zündquellen und
- das Ausmaß einer Explosion bewertet werden.

Hierzu müssen die explosionsgefährdeten Bereiche in Zonen (EX-Zonen) eingeteilt werden, siehe Tab. 3.6.

In EX-Zone 0 und 20 dürfen ausschließlich Geräte der Kategorie 1 verwendet werden, in Zone 1 und 21 sowohl Geräte der Kategorie 1 als auch 2, in Zone 2 oder 22 Geräte der Kategorie 1, 2 oder 3. Die Angabe der Gerätekategorie wird um den Buchstaben D für Stäube und G für Gase/Dämpfe ergänzt.

Die Kennzeichnung von Geräten zum Einsatz in explosionsgefährdeten Bereichen erfolgt nach der Festlegung der EPL (Equipment Protection Level), ein erklärendes Beispiel ist in Abb. 3.18 dargestellt.

Gemäß internationaler Einteilung der Kategorie wird durch die Kleinbuchstaben a (sehr hohes Schutzniveau), b (hohes Schutzniveau) und c (erweitertes Schutzniveau) ausgedrückt, vorangestellt einem G für Gase/Dämpfe sowie D für Stäube.

Tab. 3.6 Zoneneinteilung

Zone	Beschreibung	Aggregatzustand
0	Bereiche, in denen die explosionsfähige Atmosphäre ständig und langzeitig vorhanden ist; Beispiel: im Innern von Behältern	Gase, Dämpfe
1	Bereiche, in denen die explosionsfähige Atmosphäre gelegentlich auftritt; Beispiel: im näheren Bereich um Füll- und Entleereinrichtungen, Lagerräume mit Um-, Abfülltätigkeiten	Gase, Dämpfe
2	Bereiche, in denen die explosionsfähige Atmosphäre nur selten und dann nur kurzzeitig auftritt; Beispiel: Lagerräume ohne Um-, Abfülltätigkeiten oder an die Zone 1 anschließende Bereiche	Gase, Dämpfe
20	Bereiche, in denen die explosionsfähige Atmosphäre durch Staub langzeitig oder häufig vorhanden ist. Beispiele: Innere von Mühlen, Trocknern, Mischern, Förderleitungen, Silos	Stäube
21	Bereiche, in denen damit zu rechnen ist, dass gelegentlich durch Aufwirbeln abgelagerten Staubes explosionsfähige Atmosphäre kurzzeitig auftritt; Beispiele: Umgebung Staub enthaltender, nicht dichter Apparaturen	Stäube
22	Bereiche, in denen selten, und dann kurzfristig, damit zu rechnen ist, dass durch Aufwirbeln abgelagerten Staubes explosionsfähige Atmosphäre auftritt	Stäube

94/9/EG (ATEX) Kennzeichnung						Typische IEC/CENELEC Produktbezeichnung												
	Atex Anforderungen					Gas						Staub						
	$\langle Ex \rangle$	II	2	G	/ D	Ex	d e	IIC	T6	Gb$^{1)}$/	Ex	tb	IIIC	T80°C	Db$^{1)}$	IP XX		
Explosionsschutz-Kennzeichen																		
Gerätegruppe																		
Kategorie																		
G - Gas, Dampf oder Nebel																		
D - Staub																		
Explosionsschutz-Kennzeichnung																		
Zündschutzart (Gas)																		
Explosionsgruppe (Gas)																		
Temperatur-Klasse (Gas)																		
Geräteschutzniveau (EPL-Gas)																		
Explosionsschutz-Kennzeichnung																		
Zündschutzart (Staub)																		
Explosionsgruppe (Staub)																		
Max. Oberflächentemperatur (Staub)																		
Geräteschutzniveau (EPL-Staub)																		
IP Schutzgrad																		

Abb. 3.18 Kennzeichnung von Geräten zum Einsatz in explosionsgefährlichen Bereichen

Bei Überschreitung der Zündtemperatur reicht die thermische Energie für die Zündung einer explosionsfähigen Atmosphäre auch ohne Zündquelle aus. Die maximale zulässige Oberflächentemperatur von Betriebsmitteln darf daher die Zündtemperatur nicht überschreiten. In Abhängigkeit der maximalen Oberflächentemperatur werden Betriebsmittel in Temperaturklassen eingeteilt, siehe Kap. 1 Tab. 1.4.

3.3.15.2 Partikelförmige Gefahrstoffe

Anhang I Nr. 2 enthält allgemeinen Grundsätzen bei Tätigkeiten mit **einatembaren partikelförmigen Gefahrstoffen** sowie spezielle Vorschriften für Asbest. Die speziellen Regelungen bei möglicher oder tatsächlicher Exposition gegenüber Asbest sind in Nr. 2.4, einschließlich Abbruch-, Sanierungs- und Instandhaltungsarbeiten, ausgeführt. Nähere Abbruch, Sanierungs- und Instandhaltungsarbeiten von schwachgebundenem Asbest dürfen nur von Fachbetrieben durchgeführt werden, die von der zuständigen Behörde zur Ausführung dieser Tätigkeiten zugelassen wurden. Eine Zulassung erhält, wer über die notwendige sicherheitstechnische Ausstattung verfügt und sachkundige Personen beschäftigt, die die Sachkunde in einem behördlich anerkannten Lehrgang erworben haben. Die Schutzmaßnahmen bei ASI-Arbeiten sind in der TRGS 519 beschrieben.

Abbruch, Sanierungs- und Instandhaltungsarbeiten von schwachgebundenem Asbest dürfen nur von Fachbetrieben durchgeführt werden, die von der zuständigen Behörde zur Ausführung dieser Tätigkeiten zugelassen wurden. Eine Zulassung erhält, wer über die notwendige sicherheitstechnische Ausstattung verfügt und sachkundige Personen beschäftigt, die die Sachkunde in einem behördlich anerkannten Lehrgang erworben haben. Die Schutzmaßnahmen bei ASI-Arbeiten sind in der TRGS 519 beschrieben.

3.3.15.3 Ammoniumnitrat

Die Vorschriften nach Nr. 5 gelten bei der Lagerung, Abfüllung und innerbetrieblichem Transport von Ammoniumnitrat und ammoniumnitrathaltigen Düngemitteln. Ammoniumnitrat (AN) und ammoniumnitrathaltige Gemische werden in Abhängigkeit ihres explosionsgefährlichen Potentials in insgesamt 5 Gruppen und mehreren Untergruppen nach ihrem AN-Gehalte und weiterer Bestandteile unterteilt:

Gruppe A: AN und AN-haltige Gemische, die zur detonativen Reaktion fähig sind (Untergruppen A I bis A IV)

Gruppe B: AN-haltige Gemische, die zur selbstunterhaltenden fortschreitenden thermischen Zersetzung fähig sind (Untergruppen B I bis B II)

Gruppe C: AN-haltige Zubereitungen, die nicht unter Gruppe A oder B fallen, aber beim Erhitzen Stickoxide entwickeln (Untergruppen C I bis C IV)

Gruppe D: AN-haltige Gemische, die in wässriger Lösung oder Suspension ungefährlich, in kristallisiertem Zustand unter Reduktion des ursprünglichen Wassergehalts jedoch zur detonativen Reaktion fähig sind (Untergruppen D I bis D IV)

Gruppe E: AN-haltige Gemische, die als Wasser-in-Öl-Emulsionen vorliegen und als Vorprodukte für die Herstellung von Sprengstoffen dienen.

Detaillierte Regelungen in Abhängigkeit der Gruppen A bis E sowie der Untergruppen enthält TRGS 511.

3.3.16 Anhang II: Besondere Herstellungs- und Verwendungsbeschränkungen für bestimmte Stoffe, Gemische und Erzeugnisse

Anhang II der Gefahrstoffverordnung regelt die nationalen Herstellungs- und Verwendungsbeschränkungen in Ergänzung zu Anhang VII der REACH-Verordnung folgenden Stoffen

Nr. 2:   2-Naphthylamin, 4-Aminobiphenyl, Benzidin, 4-Nitrobiphenyl

Nr. 4:   Kühlschmierstoffe und Korrosionsschutzmittel

Nr. 5:   Biopersistente Fasern

Nr. 6:   Besonders gefährliche krebserzeugende Stoffe

Auf die Wiedergabe der Regelungen für die Nummern 2 bis 5 wird im Rahmen dieses Lehrbuches verzichtet, gemäß Nr. 6 dürfen folgende krebserzeugende Stoffe nur in geschlossenen Anlagen hergestellt und verwendet werden:

1. 6-Amino-2-ethoxynaphthalin,
2. Bis(chlormethyl)ether,
3. Cadmiumchlorid (in einatembarer Form),
4. Chlormethyl-methylether,
5. Dimethylcarbamoylchlorid,
6. Hexamethylphosphorsäuretriamid,
7. 1,3-Propansulton,
8. N-Nitrosaminverbindungen, ausgenommen solche N-Nitrosaminverbindungen, bei denen sich in entsprechenden Prüfungen kein Hinweis auf krebserzeugende Wirkungen ergeben hat,
9. Tetranitromethan,
10. 1,2,3-Trichlorpropan sowie
11. Dimethylsulfat und Diethylsulfat.

3.3.17 Anhang III: Spezielle Anforderungen an Tätigkeiten mit organischen Peroxiden

Die Vorschriften von Anhang III gelten für Tätigkeiten mit organischen Peroxiden. Anhang III muss nicht angewendet werden, wenn

- das Gemisch nicht mehr als 1,0 % Aktivsauerstoff aus den organischen Peroxiden bei höchstens 1,0 % Wasserstoffperoxid enthält,
- das Gemisch nicht mehr als 0,5 % Aktivsauerstoff aus den organischen Peroxiden bei mehr als 1,0 %, jedoch höchstens 7,0 % Wasserstoffperoxid enthält,
- Kleinpackungen von Feststoffen maximal 100 g bzw. bei Flüssigkeiten 25 ml enthalten, sofern die organischen Peroxide nicht dem Sprengstoffgesetz unterliegen oder
- explosionsgefährliche organischer Peroxide nur aufbewahrt werden.

Organische Peroxide dürfen nur verwendet oder hergestellt werden, wenn sie von der Bundesanstalt für Materialforschung und -prüfung (BAM) einer Gefahrgruppe OP I bis OP IV zugeordnet wurden.

Im Rahmen der Gefährdungsbeurteilung müssen die organischen Peroxide einer Gefahrengruppe zugeordnet werden, die notwendigen Schutzmaßnahmen ermittelt und die notwendigen Schutz- und Sicherheitsabstände festgelegt werden.

Anhang III enthält spezifische Anforderungen für Betriebsanlagen und -einrichtungen sowie für das Aufbewahren. Detaillierte Ausführungen enthält die DGUV Vorschrift 13 Organische Peroxide sowie das Merkblatt M001 der BG RCI

3.4 Lagerung von Gefahrstoffen in ortsbeweglichen Behältern

▶ **Lagerung von Gefahrstoffen**

Neben den für alle Gefahrstoffe geltenden Vorschriften zur sicheren Lagerung werden speziell die spezifischen Regelungen für Gase und Aerosolpackungen, akuttoxische und entzündbare Stoffe/Gemische besprochen. Die übergreifenden Zusammenlagerungsvorschriften gelten für alle zu lagernden Produkte und sind beispielsweise auch in Speditionsläger beim Transport zu beachten.

3.4.1 Anwendungsbereich und Aufbau der TRGS 510

In der TRGS 510 sind die Vorschriften zur Lagerung von gasförmigen, flüssigen und festen Gefahrstoffen in ortsbeweglichen Behältern bei der sogenannte passiven Lagerung geregelt. Für aktive Tätigkeiten, wie beispielsweise Abfüll-, Umfüllarbeiten, Probenahme, Reinigungs- oder Wartungsarbeiten, muss eine separate Gefährdungsbeurteilungen gemäß TRGS 400 durchgeführt und die notwendigen Schutzmaßnahmen entsprechend festgelegt werden.

Aus dem Anwendungsbereich ausgenommen sind:

- explosionsgefährliche Stoffe und Gemische, die unter die Vorschriften des Sprengstoffgesetztes fallen,
- Ammoniumnitrat und ammoniumhaltige Düngemittel gemäß Anhang I Nr. 5 GefStoffV, es gilt die TRGS 511
- organische Peroxide gemäß Definition von Anhang II Nr. 2 GefStoffV, mit Ausnahme der allgemeinen Lagervorschriften von Nr. 3 und 4,
- radioaktive Stoffe, die unter das Atomgesetz bzw. die Strahlenschutzverordnung fallen,
- ansteckungsgefährliche Stoffe sowie
- Schüttgüter in loser Schüttung.

Auch wenn die TRGS keine spezifischen Regelungen beinhaltet, gilt sie grundsätzlich auch für das Ein- und Auslagern, Transportieren innerhalb des Lagers sowie zum Beseitigen freigesetzter Gefahrstoffe. Stoffe, die für den Produktionsgang bereitgestellt werden, werden nicht gelagert, sofern die bereitgehaltene Menge den Tagesbedarf nicht überschreiten. In Abb. 3.19 ist der Anwendungsbereich zusammengefasst.

▶ **Definitionen**

Lager: Gebäude, Bereiche oder Räume in Gebäuden, Container, Schränke, Bereiche im Freien zur Lagerung von Gefahrstoffe.

Anwendungsbereich

→ Lagerung von Gefahrstoffen in <u>ortsbeweglichen</u> Behältern

→ ohne weitere Tätigkeiten (passive Lagerung), einschließlich
   Ein- und Auslagern, Transportieren innerhalb des Lagers,
   Beseitigen freigesetzter Gefahrstoffe .

Die TRGS gilt nicht für:

⇨ stationäre Behälter   ⇨ Umfüllarbeiten
⇨ Schüttgüter   ⇨ Produktentnahme
⇨ zusätzliche Regelungen gelten für: ⇨ Probenahme
  - explosionsgefährliche Stoffe   ⇨ Reinigung von Behältern
  - Sprengstoffe   ⇨ Wartungsarbeiten
  - organische Peroxide   ⇨ Instandhaltungsarbeiten
  - radioaktive   ⇨ Stoffe im Produktionsgang

Abb. 3.19 Anwendungsbereich TRGS 510

Lagerabschnitt: Teil eines Lagers, der von anderen Lagerabschnitten getrennt ist, in Gebäuden durch Wände und Decken, die die sicherheitstechnischen Anforderungen erfüllen, oder im Freien durch entsprechende Abstände oder durch Wände.

Ortsbewegliche Behälter: alle Behälter, die nicht mit dem Boden fest verbunden sind und manuell oder mit technischen Hilfsmitteln bewegt werden können.

Die TRGS ist modular aufgebaut, siehe Abb. 3.20. Nr. 3 bis 5 und 13 gelten grundsätzlich bei der Lagerung von Gefahrstoffe unabhängig ihrer Eigenschaften, die spezifischen Regelungen in Abhängigkeit der spezifischen Stoffeigenschaften sind in den Nr. 8 bis 12 aufgeführt. Zusätzliche Vorschriften für mehrere Gefahrstoffklassen sind in den Nr. 6 und 7 zusammengefasst. Aufgrund der großen Bedeutung von Sicherheitsschränken in der betrieblichen Praxis sind in Anhang I die Nutzungsbedingungen aufgeführt. Zur Festlegung der Lagerklassen enthält Anlage 2 einen Leitfaden zur Festlegung.

Der Anwendungsbereich der unterschiedlichen Regelungen ist in Abhängigkeit von Eigenschaften und Mengen festgelegt. Tab. 3.7 gibt die Mengengrenzen der für die Praxis häufigsten gelagerten Gefahrstoffe wieder.

Unabhängig der Anwendungsbereiche der zusätzlichen Schutzmaßnahmen nach den Abschnitten 8 bis 12 sind die Zusammenlagerungsvorschriften von Abschn. 13 nur anzuwenden, wenn mehr als 200 kg pro Lagerabschnitt gelagert werden.

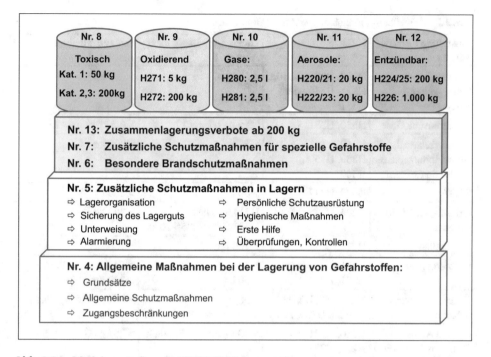

Abb. 3.20 Modularer Aufbau der TRGS 510

3.4.2 Allgemeine Maßnahmen bei der Lagerung von Gefahrstoffen

In Anwendung der allgemein gültigen Vorschriften der Gefahrstoffverordnung muss auch im Lager umgesetzt werden:

- Gefahrstoffverzeichnis – Mindestangaben: Einstufung, Mengenbereich, Lagerbereich, empfohlen zusätzlich mindestens Lagerklasse, WGK nach AwSV
- Lagerung in geschlossenen Verpackungen/Behältern
- Verbot der Aufbewahrung in Behältern, die mit Lebensmitteln verwechselt werden können
- Verbot der Aufbewahrung in unmittelbarer Nähe von Arznei-, Lebens-, Genuss-, Futtermittel, Kosmetika

▶ **Unmittelbare Nähe**
  - akut toxische Kategorie 1 bis 3; karzinogenen, keimzellmutagene reproduktionstoxischen Kategorie 1 A oder 1B: nicht im selben Raum
  - alle andere Gefahrstoffen: mindestens 2 m horizontaler Abstand, falls separate Lagerung in anderem Raum nicht möglich oder zumutbar ist

Tab. 3.7 Anwendungsbereich ausgewählter Gefahrstoffe

Einstufung / Eigenschaft	H-Sätze	Lagerung in Lager nach Abschn. 5	Schutzmaßnahmen, Abschn. 6 bis 12
Akut toxische Flüssigkeiten, Feststoffe	H300, H301, H310, H311, H330 oder H331[1]	> 50 kg	> 200 kg
Akut toxische Gase	H330, H331	>0,5 kg oder > 1 l	> 0,5 kg oder > 1 l
Krebserzeugend, keimzellmutagen, reproduktionstoxisch	H340, H350, H350i, H360	> 50 kg	> 200 kg
STOT	H370, H372	> 50 kg	> 200 kg
Extrem-, leichtentzündbar	H224, H225	H224 > 10 kg $\sum$ H2254 + H225 > 20 kg	> 200 kg [2]
Entzündbar	H226 [2]	> 100 kg	> 1000 kg
Oxidierend	H271 Kat. 1 H271, H272	> 1 kg > 50 kg	> 5 kg bzw. > 200 kg > 200 kg
Gase in Druckgasbehälter	Nur H280, H281 Zusätzl. H220, H221	> 50 kg bzw. > 1 Flasche > 20 kg bzw. > 1 Flasche	> 50 kg bzw. > 1 Flasche > 20 kg bzw. > 1 Flasche
Gase in Aerosol-/ Druckgas-kartuschen	H220, H221 [3] H222, H223	> 20 kg oder > 50 Stück	> 20 kg oder > 50 Stück
Brennbare Flüssigkeiten [5]	LGK 10	> 1.000 kg	> 1000 kg

[1] Im Rahmen der Gefährdungsbeurteilung kann der Arbeitgeber diejenigen Stoffe und Gemische, die nicht als giftig oder sehr giftig im Sinne der Richtlinie 67/548/EWG einzustufen sind, für die Festlegung von Schutzmaßnahmen für akut toxische Stoffe außer Betracht lassen.

[2] bei der ausschließlichen Lagerung entzündbarer Flüssigkeiten mit Flammpunkt > 55 °C müssen die Vorschriften nicht beachtet werden.

[3] Diese Regelungen gelten auch für nicht gekennzeichnete Aerosolpackungen und Druckgaskartuschen.

▶ **Verbotene Lagerorte**

- Verkehrswegen, z. B. Treppenräume, Flucht- und Rettungswege, Durchgänge, Durchfahrten und enge Höfe
- Pausen-, Bereitschafts-, Sanitär-, Sanitätsräume oder Tagesunterkünften

Extrementzündbare (H224), leichtentzündbare (H225) und entzündbare (H226) Flüssigkeiten dürfen außerhalb von Lagern in

- zerbrechlichen Behälter bis maximal 2,5 l Fassungsvermögen je Behälter,
- in nicht zerbrechlichen Behältern bis maximal 10 l Fassungsvermögen je Behälter,
- in gefahrgutrechtlich zugelassenen Behälter bis 20 l aufbewahrt werden.

Behälter mit flüssigen Gefahrstoffen sind in einer Auffangeinrichtung einzustellen, die mindestens den Rauminhalt des größten Gebindes aufnehmen kann. Gefahrstoffe, die gefährlich miteinander reagieren können, wie beispielsweise hochkonzentrierte Säuren und Laugen, müssen in unterschiedlichen Auffangeinrichtungen eingestellt werden.

Werden Druckgaskartuschen mit brennbaren Inhaltsstoffen mit angeschlossener Entnahmeeinrichtung gelagert, müssen diese wegen möglicher Undichtigkeiten an den Anschlüssen mit zusätzlichen Schutzmaßnahmen zur Vermeidung einer explosionsfähigen Atmosphäre versehen sein, z. B. bei Lagerung in einem Schrank durch wirksame Lüftungsöffnungen von mindestens 100 cm².

Bei Überschreitung der in Tab. 3.6 Spalte 3 (Lagerung in Lager nach Abschn. 5) aufgeführten Mengen sowie bei einer Gesamtlagermenge von mehr als 1500 kg ist ein separates Lager notwendig, das zusätzliche Anforderungen bezüglich Lagerorganisation, hygienische Maßnahmen, Beleuchtung, Belüftung, Sicherung des Lagergutes erfüllen muss. Zusätzlich sind die Behälter sowie die sicherheitstechnischen Einrichtungen regelmäßig zu überprüfen. Zusätzlich sind Maßnahmen zum vorbeugenden und abwehrenden Brandschutz notwendig. Hierzu gehören Feuerwehrzu- und -umfahrten, Rauch- und Wärmeabzugseinrichtungen, Bereithaltung geeigneter Löschmittel und -einrichtungen sowie angemessene Fluchtwege. In Abhängigkeit der Lagerhöhen sind gegebenenfalls automatische oder halbautomatische Löscheinrichtungen vorzusehen.

Gemäß § 8 Ab. 7 Gefahrstoffverordnung müssen unter Verschluss oder so aufbewahrt oder gelagert werden, dass nur fachkundige und besonders unterwiesene Personen Zugang haben:

- akut toxische Gefahrstoffe mit H300, H301, H310, H311, H330, H331,
- krebserzeugende Gefahrstoffe mit H350, H350i,
- keimzellmutagene Gefahrstoffe mit H340 und
- spezifisch zielorgantoxische Gefahrstoffe mit H370, H372.

Ausnahme: akuttoxische Stoffe der Kategorie 3, die in der „Liste nach § 8 Abs. 7" aufgeführt sind.

Möglichkeiten zur Umsetzung sind:

1. Lagerung in einem geeigneten, abschließbaren Schrank,
2. Lagerung in einem abschließbaren Gebäude oder abschließbaren Lagerbereich oder abschließbaren Raum,
3. Lagerung in einem kameraüberwachten Bereich, der auf eine ständig besetzte Stelle aufgeschaltet ist mit zusätzlichen regelmäßigen Kontrollgängen,
4. Lagerung auf einem Betriebsgelände mit Werkszaun und Zugangskontrolle oder
5. Lagerung in einem Industriepark mit gemeinsamen Werkszaun und qualifizierter Zugangskontrolle.

Zusätzlich ist zu beachten, dass nur verantwortliche Personen Zugang zu Stoffen erhalten, die dem Betäubungsmittelgesetz unterliegen (Abb. 3.21).

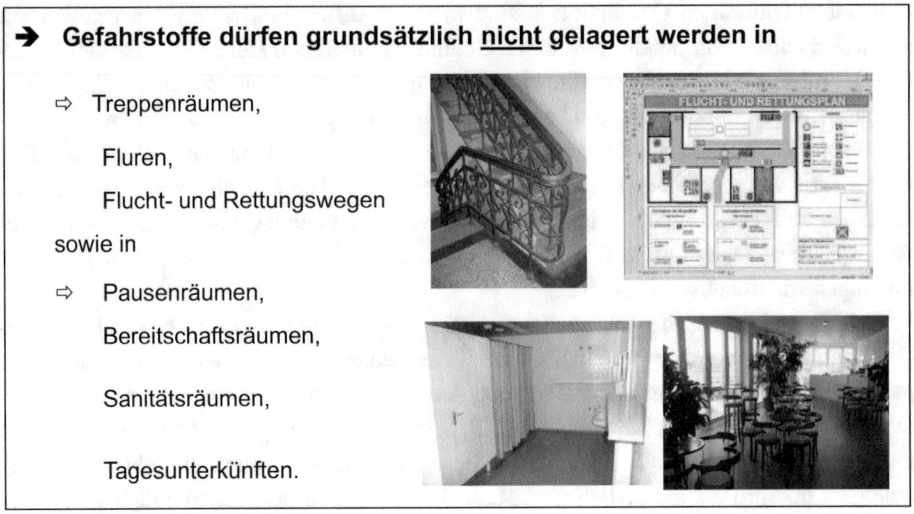

→ **Gefahrstoffe dürfen grundsätzlich <u>nicht</u> gelagert werden in**

⇨ Treppenräumen,

Fluren,

Flucht- und Rettungswegen

sowie in

⇨ Pausenräumen,

Bereitschaftsräumen,

Sanitätsräumen,

Tagesunterkünften.

Abb. 3.21 Nicht erlaubte Lagerorte

3.4.3 Zusätzliche Maßnahmen für spezielle Gefahrstoffe

Bei Überschreitung der in Tab. 3.6, letzte Spalte, aufgeführten Stoffmengen sind die spezifischen, eigenschaftsabhängigen Spezialmaßnahmen einzuhalten:

- Lagerräume müssen von angrenzenden Räumen mindestens feuerhemmend abgetrennt sein
- Bodenabläufe dürfen keine direkte Verbindung zur Kanalisation besitzen
- Rückhalteeinrichtungen (Auffangwannen) von Flüssigkeiten muss mindestens das größte Gebinde aufnehmen können
- Vorkehrungen für Betriebsstörungen im Brand- und Leckagefall

Akuttoxische Gefahrstoffe müssen in Gebäuden gegenüber anderen Räumen oder Lagerabschnitten mit feuerbeständigen, nicht brennbaren Bauteilen, darüber hinaus durch Brandwände abgetrennt werden. Ab einer Lagermenge von 20 t pro Lagerabschnitt sind automatische Brandmeldeanlagen notwendig. Automatische Brandmelde- und Feuerlöschanlagen sind erforderlich bei akuttoxischen Gefahrstoffen der

- Kategorie 1 (H300, H310, H330): ab 5 t
- Kategorie 2 (H300, H310, H330): ab 20 t
- Kategorie 3 (H301, H311, H331): ab 200 t.

Fluchtwege in Lagerräumen dürfen nicht länger als 35 m sein.

Im Freien müssen Lagerabschnitte einen Abstand von 10 m haben, durch technische Maß-nahmen kann dieser auf 5 m verkürzt werden, durch Brandwände können sie ganz entfallen.

Oxidierende Gefahrstoffe sind in Gebäuden gegenüber anderen Räumen oder Lager-abschnitten mit feuerbeständigen, nicht brennbaren Bauteilen abzutrennen, darüber hin-aus durch Brandwände.

In Lagerräumen dürfen keine mit Verbrennungsmotoren betriebene Arbeitsmittel ver-wendet werden.

Oxidierende Flüssigkeiten und Feststoffe Kategorie 1 (H271) dürfen nur in ein-geschossigen Gebäuden gelagert werden.

Gase unter Druck sollten grundsätzlich außerhalb von Gebäuden im Freien gelagert werden und müssen gegen Um- Herabfallen gesichert werden. Flüssiggasflaschen sind stehend zu lagern. Akuttoxische Gasen der Kategorie 1 oder 2 (H330) dürfen in Räumen nur mit einer Gaswarneinrichtung gelagert werden. Die Lagerbereiche müssen mit den Warnzeichen „Gase unter Druck" gekennzeichnet werden, bei akuttoxischen oder ent-zündbaren Gasen zusätzlich mit den jeweiligen Warnzeichen.

In Arbeitsräumen müssen Druckgasbehälter in Sicherheitsschränken mit einer Feuer-widerstandsdauer von mindestens 30 min gelagert werden. Für akut toxische Gase Kate-gorie 1 bis 3 ist mindestens ein 120-facher, für oxidierende und entzündbare Gase ein 10-facher Luftwechsel pro Stunde gefordert.

Die Regelungen für **Druckgaskartuschen und Aerosolpackungen** gelten auch für nicht eingestufte Aerosolpackungen und Druckgaskartuschen. Lagerräume dürfen nicht in bewohnten Gebäuden liegen, müssen gegen andere Räume durch feuerbeständige Bauteile abgetrennt werden, der Fußboden muss aus nicht brennbaren Baustoffen be-stehen und eine ausreichende Lüftung besitzen. Ab 1.600 m^2 Lagerfläche sind die Lager durch Brandwände voneinander abzutrennen. Angebrochene Druckgaskartuschen müs-sen in Arbeitsräumen in Sicherheitsschränken gelagert werden.

Lagerung entzündbarer Flüssigkeiten gelten grundsätzlich nur für Flüssigkeiten mit Flammpunkt unter 55 °C, werden ausschließlich entzündbare Flüssigkeiten (H226) gelagert, gelten diese Vorschriften abweichend erst ab 1000 kg. Die wesentlichen bau-liche und brandschutztechnische Anforderungen sind:

* Wände, Decken und Türen müssen aus nichtbrennbaren Baustoffen bestehen,
* bis 1000 kg müssen Lagerräume von angrenzenden Räumen feuerhemmend (F 30), darüber hinaus feuerbeständig (F 90), abgetrennt sein,
* Durchbrüche durch Wände und Decken müssen durch Schottungen mit der gleichen Feuerwiderstandsdauer gesichert sein,
* Auffangwannen müssen für die gelagerten Flüssigkeiten undurchlässig sein und aus nichtbrennbaren Baustoffen bestehen.

Lagerbehälter müssen in Auffangräumen aufgestellt sein, die ausreichend beständig gegen die gelagerten Flüssigkeiten und auch im Brandfall flüssigkeitsundurchlässig sind. Auffangräume in Räumen müssen grundsätzlich nach oben offen sein (keine Verdäm-

mung, ausreichende Belüftung) und dürfen keine Abläufe haben. Die Größe des Auf-
fangraums muss in Abhängigkeit der Lagermenge zwischen 2 und 10 % des Rauminhalts
der gelagerten Behälter betragen.

Lagerräume müssen eine in Bodennähe wirksame Absaugung besitzen:

- bei Rauminhalt bis 100 m³ und Behälter bis 1000 l: mindestens 0,4-facher Luftwechsel, gesamter Raum ist in EX- Zone 2 einzustufen,
- bei Rauminhalt über 100 m³: mindestens 0,4-facher Luftwechsel, EX-Zone 2 bis zu
  einer Höhe von 1,5 m,
- bei fest installierte Gaswarneinrichtung: keine EX-Zone notwendig, wenn im Ge-
  fahrenfall die Lüftung auf mindestens den 2fachen Luftwechsel erhöht wird,
- bei Ab- und Umfülltätigkeiten: mindestens 5facher Luftwechsel.

3.4.4 Zusammenlagerung, Getrenntlagerung und Separatlagerung

Die Zusammenlagerungsvorschriften müssen ab einer Lagermenge von 200 kg berücksichtigt werden. Zusammenlagerung liegt vor wenn Gefahstoffe im gleichen Brandabschnitt, eine Separatlagerung, wenn sie in unterschiedlichen Brandabschnitten gelagert werden. Bei der Getrenntlagerung ist die Lagerung im gleichen Brandabschnitt
zulässig, wenn die durch die Ziffern in der Zusammenlagerungtabelle festgelegten Bedingungen umgesetzt werden.

Zur Umsetzung des Zusammenlagerungskonzeptes wurden Lagerklassen (LGK) definiert, die Festlegung auf Basis der H-Sätze ist in Abb. 3.22 aufgeführt.

Lagergüter auch derselben LGK dürfen nicht zusammengelagert werden, wenn dies
zu einer wesentlichen Gefährdungserhöhung führen kann, beispielsweise wenn sie unterschiedliche Löschmittel benötigen gefährlich miteinander reagieren können. Abb. 3.22
zeigt die Vorgehnesweise zur Festlegung der Lagerklassen, in Abb. 3.23 ist die Zusammenlagerungtabelle abgebildet.

3.5   Chemikalien-Verbotsverordnung

▶ **Lernziele**

Die nationale Chemikalien-Verbotsverordnung regelt ausschließlich die Vorschriften beim Inverkehrbringen von speziellen Chemikalien; sie beinhaltet Abgabe-
beschränkungen und Verbote und fordert u. a. die Sachkundepflicht bei der Abgabe.

Die „Verordnung über Verbote und Beschränkungen des Inverkehrbringens und über die
Abgabe bestimmter Stoffe, Gemische und Erzeugnisse nach dem Chemikaliengesetz
(Chemikalien-Verbotsverordnung – ChemVerbotsV) [20] regelt ausschließlich das Inver-

explosive (H200, H205)	LGK 1
Gase (H280, H281) / Aerosolpackung (H222, H223, H229)	LGK 2A, B
Sonstig explosionsgefährlich (H240, H241)	LGK 4.1A
organische Peroxide, selbstzersetzlich (H242)	LGK 5.2
pyrophor, selbsterhitzungsfähig (H250, H251, H252)	LGK 4.2
Mit Wasser entzündbare Gase bildend (H260, H261)	LGK 4.3
Entzündbarer Feststoffe (H228) oder desensibilierter (H206, H207, H208)	LGK 4.1B
Oxidierend (H270, H271)	LGK 5.1A, 5.1B
Entzündbare Flüssigkeiten (H224, mH225, H226)	LGK 3
akut toxisch Kat. 1, 2 (H300, H310, H330) – A: brennbar, B: nicht brennbar	LGK 6.1 A, B
akut toxisch Kat. 3 (H301, H311, H331), cmr (H340, H350, H360)	LGK 6.1 C,D
Hautätzend (H314) - A: brennbar, B: nicht brennbar	LGK 8A, B
keine der vorgenannten Eigenschaften	LGK 10 - 13

Abb. 3.22 Vereinfachtes Schema zur Festlegung der Lagerklassen

kehrbringen von Stoffen, Gemischen und Erzeugnissen. Sie gilt daher nicht bei der Abgabe von einem an einen anderen Betrieb der gleichen Firma.

Die Chemikalien-Verbotsverordnung gliedert sich in acht Paragraphen sowie einen Anhang.

§ 1	Anwendungsbereich
§ 2	Begriffsbestimmungen
§ 3	Verbote und Beschränkungen des Inverkehrbringens
§ 4	Nationale Ausnahmen von Beschränkungsregelungen nach der Verordnung (EG) Nr. 1907/2006
§ 5	Anforderungen und Ausnahmen (bei der Abgabe)
§ 6	Erlaubnispflicht
§ 7	Anzeigepflicht
§ 8	Grundanforderungen zur Durchführung der Abgabe
§ 9	Identitätsfeststellung und Dokumentation
§ 10	Versand
§ 11	Sachkunde
§ 12	Ordnungswidrigkeiten
§ 13	Straftaten
§ 14	Übergangsvorschriften
Anhang 1:	Inverkehrbringensverbote
Anhang 2:	Anforderungen in Bezug auf die Abgabe

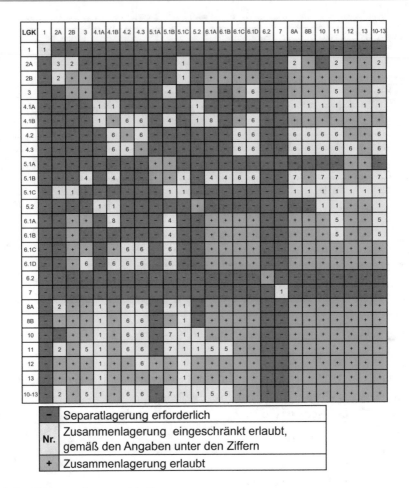

LGK	1	2A	2B	3	4.1A	4.1B	4.2	4.3	5.1A	5.1B	5.1C	5.2	6.1A	6.1B	6.1C	6.1D	6.2	7	8A	8B	10	11	12	13	10-13
1	1	–	–	–	–	–	–	–	–	–	–	–	–	–	–	–	–	–	–	–	–	–	–	–	–
2A	–	3	2	–	–	–	–	–	–	–	1	–	–	–	–	–	–	–	2	+	–	2	+	+	2
2B	–	2	+	+	–	–	–	–	–	–	1	–	+	+	+	+	–	–	+	+	+	+	+	+	+
3	–	–	+	+	–	–	–	–	–	4	–	–	+	–	+	6	–	–	+	+	+	5	+	+	5
4.1A	–	–	–	–	1	1	–	–	–	–	–	1	–	–	–	–	–	–	1	1	1	1	1	1	1
4.1B	–	–	–	–	1	+	6	6	–	4	–	1	8	–	+	6	–	–	+	+	+	+	+	+	+
4.2	–	–	–	–	–	6	+	6	–	–	–	–	–	–	6	6	–	–	6	6	6	6	+	+	6
4.3	–	–	–	–	–	6	6	+	–	–	–	–	–	–	6	6	–	–	6	6	6	6	6	+	6
5.1A	–	–	–	–	–	–	–	–	+	+	–	–	–	–	–	–	–	–	–	–	–	–	+	+	–
5.1B	–	–	–	4	–	4	–	–	+	4	1	–	4	4	6	6	–	–	7	+	7	7	+	+	7
5.1C	–	1	1	–	–	–	–	–	–	1	1	1	–	–	–	–	–	–	1	1	1	1	1	1	1
5.2	–	–	–	–	1	1	–	–	–	–	1	+	–	–	–	–	–	–	1	1	1	5	+	+	5
6.1A	–	–	+	+	–	8	–	–	–	4	–	–	+	+	+	+	–	–	+	+	+	5	+	+	5
6.1B	–	–	+	–	–	–	–	–	–	4	–	–	+	+	+	+	–	–	+	+	+	5	+	+	5
6.1C	–	–	+	+	–	+	6	6	–	6	–	–	+	+	+	+	–	–	+	+	+	+	+	+	+
6.1D	–	–	+	6	–	6	6	6	–	6	–	–	+	+	+	+	–	–	+	+	+	+	+	+	+
6.2	–	–	–	–	–	–	–	–	–	–	–	–	–	–	–	–	+	1	–	–	–	–	–	–	–
7	–	–	–	–	–	–	–	–	–	–	–	–	–	–	–	–	1	1	–	–	–	–	–	–	–
8A	–	2	+	+	1	+	6	6	–	7	1	1	+	+	+	+	–	–	+	+	+	+	+	+	+
8B	–	+	+	+	1	+	6	6	–	+	1	1	+	+	+	+	–	–	+	+	+	+	+	+	+
10	–	–	+	+	1	+	6	6	–	7	1	1	+	+	+	+	–	–	+	+	+	+	+	+	+
11	–	2	+	5	1	+	6	6	–	7	1	5	5	5	+	+	–	–	+	+	+	+	+	+	+
12	–	+	+	+	1	+	+	6	+	+	1	+	+	+	+	+	–	–	+	+	+	+	+	+	+
13	–	+	+	+	1	+	+	+	+	+	1	+	+	+	+	+	–	–	+	+	+	+	+	+	+
10-13	–	2	+	5	1	+	6	6	–	7	1	5	5	5	+	+	–	–	+	+	+	+	+	+	+

–	Separatlagerung erforderlich
Nr.	Zusammenlagerung eingeschränkt erlaubt, gemäß den Angaben unter den Ziffern
+	Zusammenlagerung erlaubt

Abb. 3.23   Zusammenlagerungstabelle

Begriffsbestimmungen

Die allgemeingültigen Begriffsbestimmungen sind in Kap. 1 definiert, im Rahmen der Chemikalien-Verbotsverordnung werden zusätzlich benutzt:

Abgabe: die Übergabe oder der Versand an den Erwerber oder die Empfangsperson; die gewerbsmäßige Abgabe erfolgt im Rahmen wirtschaftlicher Unternehmung in einer nicht nur im Einzelfall durchgeführten Tätigkeit

Erwerber: natürliche oder juristische Person, in deren Eigentum oder Verfügungsgewalt die Ware durch die Abgabe übergeht

Empfangsperson: eine vom Erwerber beauftragte natürliche Person, die die Ware bei der Abgabe entgegennimmt

3.5.1 Verbote des Inverkehrbringens

Zusätzlich zu den Verboten und Beschränkungen von Anhang XVII der REACH-Verordnung [21] gelten national für die in Anhang 1 Spalte 1 aufgeführten Stoffe und Gemische die in Spalte 2 aufgeführten Verbote. Ausnahmen von den Verboten von Spalte 2 sind Spalte 3 aufgeführt. In Tab. 3.8 sind die Regelungen vereinfacht dargestellt.
Generelle Ausnahmen gelten für

- Lebensmittel, die aufgrund ihrer stofflichen Eigenschaften in unveränderter Form nicht zum unmittelbaren menschlichen Verzehr durch die Verbraucherin oder den Verbraucher im Sinne des § 3 Nr. 4 des Lebensmittel- und Futtermittelgesetzbuches bestimmt sind,
- Einzelfuttermittel und Mischfuttermittel, die dazu bestimmt sind, in zubereitetem, bearbeitetem oder verarbeitetem Zustand verfüttert zu werden, sowie für Futtermittel-Zusatzstoffe im Sinne des Lebensmittel- und Futtermittelgesetzbuches unterliegen,
- Forschungs-, wissenschaftlichen Lehr- und Ausbildungszwecken sowie Analysezwecken in den dafür erforderlichen Mengen oder
- die ordnungsgemäße und schadlose Abfallverwertung in einer dafür zugelassenen Anlage oder zur gemeinwohlverträglichen Abfallbeseitigung.

3.5.2 Nationale Ausnahmen von Beschränkungen gemäß Anhang XVII REACH

Anhang XVII der REACH-Verordnung sieht vor, dass bei dezidierten Beschränkungen nationale Ausnahmen zulässig sind. In Tab. 3.9 sind die nationalen Ausnahmen von Anhang XVII zusammengefasst

3.5.3 Abgabe an den privaten Endverbraucher

3.5.3.1 Erlaubnispflicht
Das Inverkehrbringen von Stoffen, die gekennzeichnet sind mit

- GHS06 (Totenkopf) sowie
- GHS08 und den H-Sätzen H340, H350, H360, H370 und H372

dürfen an den privaten Endverbraucher nur abgegeben werden, wenn eine Erlaubnis der zuständigen Behörde vorliegt, wie in Abb. 3.24 ausgeführt.
Krebserzeugende, keimzellmutagene und reproduktionstoxische Gefahrstoffe der Kategorie 1 A und 1B dürfen nach Nr. 28–30 Anhang XVII REACH-Verordnung, nicht

Tab. 3.8 Verbote des Inverkehrbringens nach Anlage 1

Spalte 1	Spalte 2 (Verbote)	Spalte 3 (Ausnahmen)
1) Formaldehyd	1) Beschichtete und unbeschichtete Holzwerkstoffe (Spanplatten, Tischlerplatten, Furnierplatten, und Faserplatten), wenn die Konzentration Formaldehyds im Prüfraum > 0,1 beträgt 2) Möbel, die nicht verkehrsfähige Holzwerkstoffe enthalten 3) Wasch-, Reinigungs- und Pflegemittel mit einem Massengehalt > 0,2 % Formaldehyd	Nr. 3 gilt nicht für Reiniger im ausschließlich industriellen Gebrauch
2) Dioxine und Furane (siehe Fußnote)	Stoffe, Gemische, Erzeugnisse mit einem Summengehalt 1) > 1 µg/kg 2) > 5 µg/kg 3) > 100 µg/kg 4) > 1 mg/kg 5) > 1 mg/kg	Radioaktive Abfälle Zugelassene Pflanzenschutzmittel Zwischenprodukte Gewinnung von Nichteisenmetallen sowie deren Verbindungen Abfälle
3) Pentachlorphenol Pentachlorphenol, -salze und -verbindungen	Erzeugnisse, die in der behandelten Schicht mehr als 5 ppm der Pentachlorphenolen enthalten	Holzbestandteile von Gebäuden, Möbeln, Textilien, die vor dem 23.12.1989 in Verkehr gebracht wurden
4) Biopersistente Fasern Künstliche Mineralfasern mit glasigen Silikatfasern mit einem Gehalt > 18 % der Oxide von Na, K, Ca, Mg, Ba	Gemische und Erzeugnisse mit einem Massengehalt >0,1 % dürfen nicht für Wärme- und Schalldämmung, Brandschutz, technische Dämmung im Hochbau	Negativer Kanzogenitätstest, Halbwertszeit von WHO-Fasern < 40 Tage bei intratrachealer Instillation Hochtemperaturanwendungen über 1.000°C

Eintrag 2) Dioxine und Furane
1) 2,3,7,8-Tetrachlordibenzodioxin 2,3,7,8-Tetrachlordibenzofuran, 1,2,3,7,8-Pentachlordibenzodioxin, 2,3,4,7,8-Pentachlordibenzofuran
2) 1,2,3,4,7,8-Hexachlordibenzodioxin, 1,2,3,7,8-Pentachlordibenzofuran, 1,2,3,7,8,9-Hexachlordibenzodioxin,   1,2,3,4,7,8-Hexachlordibenzofuran,   1,2,3,6,7,8-Hexachlordibenzodioxin, 1,2,3,7,8,9-Hexachlordibenzofuran, 2,3,4,6,7,8-Hexachlordibenzofuran, 1,2,3,6,7,8-Hexachlordibenzofuran
3) 1,2,3,4,6,7,8-Heptachlordibenzodioxin,   1,2,3,4,6,7,8-Heptachlordibenzofuran, 1,2,3,4,7,8,9-Heptachlordibenzofuran, 1,2,3,4,6,7,8,9-Octachlordibenzodioxin, 1,2,3,4,6,7,8,9-Octachlordibenzofuran
4) 2,3,7,8-Tetrabromdibenzodioxin, 2,3,7,8-Tetrabromdibenzofuran, 1,2,3,7,8-Pentabromdibenzodioxin, 2,3,4,7,8-Pentabromdibenzofuran
5) 1,2,3,7,8-Pentabromdibenzofuran, 1,2,3,4,7,8-Hexabromdibenzodioxin, 1,2,3,7,8,9-Hexabromdibenzodioxin, 1,2,3,6,7,8-Hexabromdibenzodioxin

Tab. 3.9 Nationale Ausnahmen nach § 4 von den Beschränkungen von Anhang XVII REACH

Nr	Stoff	Ausnahmen
6	Asbest	Chrysotilhaltiger Diaphragmen einschließlich der zu ihrer Herstellung benötigten chrysotilhaltigen Rohstoffe zum Zweck einer nach § 17 Absatz 1 GefStoffV zulässigen Verwendung in bestehenden Anlagen zur Chloralkalielektrolyse
		Verkehrsmitteln, die vor dem 31.12.1994 hergestellt worden sind
		Kulturhistorischen Gegenständen, die vor dem 31.12.1994 hergestellt worden sind
16	Bleicarbonat, Triblei-bis(carbonat)-dihydroxid	Farben, die zur Erhaltung oder originalgetreuen Wiederherstellung von Kunstwerken und historischen Bestandteilen oder von Einrichtungen denkmalgeschützter Gebäude bestimmt sind, wenn die Verwendung von Ersatzstoffen nicht möglich ist
17	Bleisulfat	

an den privaten Endverbraucher abgegeben werden, wenn sie in Anlage 3 bis 6 aufgeführt sind, siehe Abschn. 4.8. Von wenigen Ausnahmen abgesehen, sind alle krebserzeugende, keimzellmutagene und reproduktionstoxisch Stoffe der Kategorie 1 A oder 1B aufgeführt und daher eine Abgabe verboten. Keine Erlaubnis benötigen Apotheken.

Die Erlaubnis wird von der zuständigen Behörde erteilt, wenn in jeder Betriebsstätte mindestens eine betriebsangehörige Person mit Sachkunde nach § 11 Abs. 1 beschäftigt wird, die über die erforderliche Zuverlässigkeit verfügt und mindestens 18 Jahre alt ist.

Jede Abgabe von

- den in Abb. 3.24 aufgeführten Stoffe/Gemische, sowie zusätzlich von
- Ammoniumnitrat und ammoniumnitrathaltigen Gemische, die einer der in Anhang I Nummer 5 der Gefahrstoffverordnung genannten Gruppen A oder E oder den Untergruppen B I, C I, D III oder D IV zugeordnet werden können,

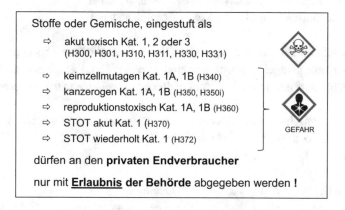

Abb. 3.24 Erlaubnispflicht zur Abgabe an den privaten Endverbraucher

- Kaliumnitrat,
- Kaliumpermanganat,
- Natriumnitrat,

ist in einem **Abgabebuch**, mit folgenden Inhalten zu führen:

- Art und Menge der abgegebenen Stoffe/Gemische,
- Datum der Abgabe,
- Verwendungszweck,
- Name der abgebenden Person
- Name und Anschrift des Erwerbers und
- Fall der Entgegennahme durch eine Empfangsperson zusätzlich den Namen und die Anschrift der Empfangsperson.

Die Abgabe darf nur durch die sachkundige Person erfolgen. Der Empfang der Stoffe/ Gemische sowie die Richtigkeit der Angaben muss vom Erwerber im Abgabebuch durch Unterschrift bestätigt werden, die Identität des Erwerbers (Name und Anschrift) sind zu überprüfen. Wird vom Erwerber eine andere Person zur Abholung beauftragt, muss diese eine Auftragsbestätigung vorlegen mit Angabe von Verwendungszweck und Identität des Erwerbers. Ergänzend muss die Identität des Abholers festgestellt werden. Das Abgabe- buch muss mindestens fünf Jahre nach der letzten Eintragung aufbewahrt werden. Die Abgabe auf dem Versandweg ist nicht zulässig.

3.5.3.2 Selbstbedienungsverbot
Zusätzlich zu den unter die Erlaubnispflicht (siehe 3.4.3.1) fallenden Stoffe/Gemische dürfen

- extrem entzündbare Flüssigkeiten (H224),
- selbstzersetzliche Stoffe/Gemische (H241 sowie H242) und
- oxidierende Stoffe/Gemische der Kategorien 1, 2 sowie 3,

nicht durch Automaten oder sonstige Arten der Selbstbedienung abgegeben werden, in Abb. 3.25 sind alle geregelten Stoffeigenschaften aufgeführt. Die Abgabe an den privaten Endverbraucher darf nur durch den Sachkundigen erfolgen, wenn der Erwerber

a) die Stoffe/Gemische nur in erlaubter Weise verwenden will und keine Anhaltspunkte für eine unerlaubte Weiterveräußerung oder Verwendung bestehen,
b) mindestens 18 Jahre alt ist und
c) unterwiesen wurde über
    – die mit der Verwendung verbundenen Gefahren,
    – die notwendigen Schutzmaßnahmen bei bestimmungsgemäßem Gebrauch,

- die Maßnahmen bei unvorhergesehenem Verschütten oder Freisetzen sowie
- die ordnungsgemäße Entsorgung.

Die Informationspflichten bei der Abgabe an den privaten Endverbraucher sind in Abb. 3.26 aufgelistet.

Ausnahmen von dem Selbstbedienungsverbot und Informationspflichten sind § 5 Abs. 3 aufgeführt, u. a. für Tankstellen bei der Abgabe von Ottokraftstoff.

3.5.4 Abgabe an berufsmäßige Verwender

Bei der Abgabe von Stoffen und Gemischen, die mit

- GHS06 (Totenkopf) sowie
- GHS08 mit den H-Sätzen H340 (keimzellmutagen), H350 (kanzerogen), H360 (reproduktionstoxisch) – jeweils nur Kat. 1 A und 1B, H370 (STOT akut Kat. 1) und H372 (STOT chronisch Kat. 1)

Bei der Abgabe von Stoffen/Gemischen mit den H-Sätzen

H300, H301, H310, H311, H330, H331
H340, H350, H360 (cmr Kat. 1A, 1B)
H370, H372 (STOT Kat. 1)

H270: kann Brand verursachen oder verstärken; Oxidationsmittel [Gase]
H271: kann Brand oder Explosion verursachen; starkes Oxidationsmittel
H272: kann Brand verstärken; Oxidationsmittel

H224: Flüssigkeit und Dampf extrem entzündbar
H241: Erwärmung kann Brand oder Explosion verursachen
H242: Erwärmung kann Brand verursachen

sowie
⇨ Ammoniumnitrat + Gemische (Gruppen A, E, BI, CI, DIII, DIV nach GefStoffV),
⇨ Kaliumnitrat,
⇨ Kaliumpermanganat,
⇨ Natriumnitrat,
⇨ Wasserstoffperoxidlösungen > 12 Prozent

sind besondere Abgabe-, Informationspflichten zu beachten!

Abb. 3.25 Stoffe/Gemische, die unter das Selbstbedienungsverbot fallen

gekennzeichnet sind an Wiederverkäufer, berufsmäßige Verwender und öffentliche For-
schungs-, Untersuchungs- oder Lehranstalten wird keine Erlaubnis der Behörde benötigt.
Stattdessen ist das erstmalige Inverkehrbringen der Behörde

- schriftlich anzuzeigen mit Nennung
- einer sachkundigen Person,

die die notwendige Zuverlässigkeit besitzt und mindestens 18 Jahre alt ist. Jeder Wechsel der sachkundigen Person ist der zuständigen Behörde unverzüglich schriftlich mitzuteilen.

Art, Menge der abgegebenen Stoffe/Gemische, Datum der Abgabe und der Verwendungszweck müssen nicht in einem separaten Abgabebuch geführt werden, da diese
bei einem ordnungsgemäßen gewerblichen Bestellvorgang bereits erhoben werden.

Die Abgabe ist nur zulässig, wenn dem Abgebenden bekannt ist, was üblicherweise
bei Lieferanten-Kunden-Beziehungen der Fall ist, ggf. muss er sich dies bestätigen lassen, dass der Besteller bei Abgabe an Privatpersonen von Stoffen/Gemischen, die unter
die Erlaubnispflicht fallen, im Besitz einer Erlaubnis zur Abgabe, oder bei der Abgabe an
berufsmäßige Verwender das Inverkehrbringen der Behörde schriftlich angezeigt hat und
keine Anhaltspunkte für eine unerlaubte Weiterveräußerung oder Verwendung bestehen.

Die Abgabe von Stoffen und Gemischen, die in Abb. 3.25 aufgeführt sind, muss nicht
durch einen Sachkundigen erfolgen, sondern kann auch durch eine

Der Abgebende muss den Erwerber unterrichten über

→   die mit der Verwendung verbundenen Gefahren

→   Vorsichtsmaßnahmen beim bestimmungsgemäßem Gebrauch

→   Maßnahmen bei unvorhergesehenem Verschütten, Freisetzen

→   Entsorgung

Im Einzelhandel muss die Abgabe

⇨   durch eine im Betrieb beschäftigten Sachkundigen erfolgen

und darf nicht, wie die Bereitstellung für Dritte

⇨   in Selbstbedienung oder

⇨   Automaten erfolgen.

Abb. 3.26 Informationspflichten

- beauftragte Person,
- die mindestens jährlich über die zu beachtenden Vorschriften belehrt wird, mindestens 18 Jahre alt und zuverlässig ist,

erfolgen.

3.5.5 Sachkunde

Die Sachkunde nach § 11 Abs. 3 Chemikalien-Verbotsverordnung besitzen aufgrund ihrer Ausbildung

- approbierte Apotheker,
- Apothekerassistenten,
- Pharmazieingenieure,
- Pharmazeutisch-technische Assistenten,
- Drogisten, die nach dem 30.6.1992 die Abschlussprüfung abgelegt haben
- geprüfte Schädlingsbekämpfer und
- sowie Personen, die die Abschlussprüfung zum Geprüften Schädlingsbekämpfer bestanden haben.

Desgleichen gilt als sachkundig, wer eine gleichwertige Prüfung in einem Mitgliedsland der EU besitzt, das die Voraussetzungen des Artikels 2 der Richtlinie 74/556/EWG erfüllt.

Alternativ kann die Sachkunde durch eine Prüfung vor der zuständigen Behörde erworben werden. Die Prüfungsfragen basieren auf dem „Gemeinsamen Fragenkatalog der Länder", der im Internet zur Verfügung gestellt wird.

Die Sachkunde muss durch eine eintägige Fortbildungsveranstaltung bei einer von der zuständigen Behörde anerkannten Einrichtung alle 6 Jahre oder durch eine halbtägige Veranstaltung, alle 3 Jahren aufgefrischt werden. Wurde nach Ablauf dieser Fristen keine Fortbildungsveranstaltung besucht, reicht zum Wiedererwerb der Besuch einer Fortbildungsveranstaltung aus, eine neue Prüfung ist nicht gefordert.

Die Sachkunde nach der

- Pflanzenschutz-Sachkundeverordnung zur Abgabe von Pflanzenschutzmittel,
- zur Schädlingsbekämpfung nach Anhang I Nr. 3 Gefahrstoffverordnung,
- zur Begasung nach Anhang I Nr. 4 Gefahrstoffverordnung sowie
- für Abbruch-, Sanierungs- und Instandhaltungsarbeiten mit Asbest

berechtigt nicht zur Abgabe der in der Chemikalien-Verbotsverordnung geregelten Stoffe, Gemische.

3.5.6   Straftaten, Ordnungswidrigkeiten

Nach Chemikalien-Verbotsverordnung sind Straftaten

- Stoffe, Gemische oder Erzeugnisse entgegen § 3 Abs. 2 in Verkehr zu bringen,
- Stoffe an den privaten Endverbraucher ohne die notwendige Erlaubnis der Behörde abzugeben sowie
- Stoffe abzugeben obwohl bekannt ist, dass diese zu rechtswidrige Handlungen, die einen Straftatbestand darstellen, eingesetzt werden sollen.

Gleichfalls gilt als Straftat, wenn durch die ordnungswidrige, vorsätzliche Abgabe von Stoffen oder Gemischen das Leben oder die Gesundheit eines Anderen oder fremde Sachen von bedeutendem Wert gefährdet wird.

Als Ordnungswidrigkeiten werden geahndet,

- wer Stoffe oder Zubereitungen, die mit T oder T + gekennzeichnet sind an berufliche Verwender oder an Gewerbetreibende ohne Anzeige an die Behörde abgibt,
- wer Stoffe, die unter das Selbstbedienungsverbot fallen abgibt, ohne die Voraussetzungen zur Abgabe zu erfüllen,
- wenn Stoffe an den privaten Endverbraucher, die unter das Selbstbedienungsverbot fallen, nicht von einer betriebsangehörigen, sachkundigen Person abgegeben werden oder die nicht das 18 Lebensjahr erreicht hat,
- wenn das Selbstbedienungsverbot missachtet wird oder

- wenn das Abgabebuch nicht oder nicht korrekt geführt wird.

3.6   Das Mutterschutzgesetz

Im Folgenden werden nur die stoffbezogenen Vorschriften des Mutterschutzgesetzes [22] besprochen, alle weiteren Regelungen bleiben unberücksichtigt.

Arbeitsplätze, bei denen Frauen beschäftigt werden, müssen nach § 10 im Rahmen der Gefährdungsbeurteilung nach dem Stand der Technik, der Arbeitsmedizin und der Hygiene bewertet werden, ob eine Gefährdung für eine werdende Mutter oder das ungeborene Kind möglich ist. Hierbei ist festzulegen, ob

- keine Schutzmaßnahmen notwendig sind,
- eine Umgestaltung der Arbeitsbedingungen notwendig wird,
- oder eine Beschäftigung an dem Arbeitsplatz nicht möglich ist.

Arbeitsplätze, an denen schwangere oder stillende Mütter beschäftigt werden, müssen alle erforderlichen Maßnahmen zum Schutz der Frau und ihres Kindes umgesetzt werden.

Schwangere dürfen keiner **unverantwortbaren Gefährdung** ausgesetzt werden. Eine unverantwortbare Gefährdung kann vorliegen bei Exposition gegenüber

- reproduktionstoxischen Stoffen der Kat. 1 A, 1B oder 2,
- Keimzellmutagen Stoffen der Kategorie 1 A oder 1B,
- krebserzeugend Stoffen der Kategorie 1 A oder 1B,
- spezifisch zielorganisch toxischen Stoffen bei einmaliger Exposition der Kategorie 1,
- akut toxischen Stoffen der Kategorie 1 bis 3, sowie
- bei möglicher Aufnahme von Blei oder Bleiverbindungen.

Eine **unverantwortbare Gefährdung** gilt als **ausgeschlossen,** wenn die vorgenannten Stoffe die Plazentaschranke nicht überwinden können sowie bei Stoffen, die aufgrund ihrer entwicklungsschädigenden Wirkung untersucht wurden und der Schwangerschaftsgruppe C bzw. in der TRGS 900 dem Symbol „Y" in der Spalte „Bemerkungen" zugeordnet wurde und der Arbeitsplatzgrenzwert eingehalten wird.

Bei allen nicht aufgeführten Stoffeigenschaften muss der Arbeitgeber in der Gefährdungsbeurteilung eigenverantwortlich festlegen, ob bei gegebener Exposition diese verantwortbar ist. In Abb. 3.27 sind die Kriterien für unverantwortbare Gefährdung zusammenfassend dargestellt.

Teilt die Frau dem Arbeitgeber mit, dass sie schwanger ist oder stillt, müssen die in der Gefährdungsbeurteilung festgelegten Schutzmaßnahmen unverzüglich umgesetzt werden. Ergänzend ist der Frau ein Gespräch über weitere Anpassungen der Arbeitsbedingungen anzubieten.

Eine **unverantwortbare Gefährdung** liegt vor bei Exposition gegen

⇨ reproduktionstoxischen Stoffen der Kategorie 1A, 1B (**H360**) oder 2 (**H361**), wenn sie nicht in die Schwangerschaftsgruppe C eingestuft sind (TRGS 900: **Y**) und der AGW nicht eingehalten wird,

⇨ keimzellmutagenen Stoffen der Kategorie 1A oder 1B (**H340**)

⇨ krebserzeugenden Stoffen der Kategorie 1A oder 1B (**H350**)

⇨ spezifisch zielorgantoxischen Stoffen der Kategorie 1 (**H370**), wenn sie nicht in die Schwangerschaftsgruppe C eingestuft sind (TRGS 900: **Y**) und der AGW nicht eingehalten wird

⇨ akut toxischen Stoffen der Kategorie **1, 2** (**H300, H310, H330**) oder 3 (**H301, H311, H331**), wenn sie nicht in Schwangerschaftsgruppe C eingestuft sind (TRGS 900: **Y**) und der AGW nicht eingehalten wird,

⇨ Stoff, die über die Laktation (**H362**) schädigen; oder

➔ bei Aufnahme von Blei oder Bleiverbindungen.

Eine **unverantwortbare Gefährdung** liegt **nicht** vor

⇨ wenn die vorgenannten Stoffe die Plazentaschranke nicht überwinden **können**.

Abb. 3.27 Kriterien bei unverantwortbarer Gefährdung

Eine unverantwortbare Gefährdung bei stillenden Frauen liegt vor, wenn

- eine Exposition gegenüber Gefahrstoffe gegeben ist oder sein kann, die mit H362 gekennzeichnet sind oder
- eine Stoffaufnahme von Blei oder Bleiverbindungen möglich ist.

3.7 Verordnung über Anlagen zum Umgang mit wassergefährdenden Stoffen

Das „Gesetz zur Ordnung des Wasserhaushalts", kurz Wasserhaushaltsgesetz (WHG) genannt, beschreibt wesentliche Vorschriften beim Umgang mit wassergefährdenden Stoffen, detaillierte Regelungen müssen der Verordnung über Anlagen zum Umgang mit wassergefährdenden Stoffen (AwSV) [23] entnommen werden.

Nach § 2 AwSV sind Stoffe wassergefährdend, wenn sie als feste, flüssige und gasförmige Stoffe und Gemische geeignet sind, dauernd oder in einem nicht nur unerheblichen Ausmaß nachteilige Veränderungen der Wasserbeschaffenheit herbeizuführen.

Wassergefährdende Stoffe werden in Wassergefährdungsklassen (WGK) eingestuft:

- WGK1: schwach wassergefährdend
- WGK 2: deutlich wassergefährdend
- WGK 3: stark wassergefährdend

Nicht in eine Wassergefährdungsklasse werden u. a.

- aufschwimmende flüssige Stoffe, veröffentlicht im Bundesanzeiger,
- sowie feste Gemische

eingestuft und als **allgemein wassergefährdend** bezeichnet.

Als nicht wassergefährdend gelten nur die Stoffe, die vom Umweltbundesamt entsprechend eingestuft und im Bundesanzeiger veröffentlicht wurden.

Die Zuordnung von Stoffen zu einer Wassergefährdungsklasse erfolgt ausschließlich durch das Umweltbundesamt, bei Gemischen darf der Anlagenbetreiber eine Zuordnung auf Basis vorliegender toxikologischer und ökotoxikologischer Daten nach dem Punkteschema von Anlage 1 selbst vornehmen.

Anlagen müssen so errichtet und betrieben werden, dass

- wassergefährdende Stoffe nicht austreten können,
- Undichtigkeiten schnell und zuverlässig erkannt, zurückgehalten und ordnungsgemäß entsorgt werden, einschließlich betriebsbedingter Spritz- und Tropfverluste, und

- bei einer Betriebsstörung anfallende Gemische mit wassergefährdenden Stoffen zurückgehalten und ordnungsgemäß entsorgt werden und müssen
- dicht, standsicher und widerstandsfähig gegen die zu erwartenden mechanischen, thermischen und chemischen Belastungen sein.

Die Anforderungen an die Rückhalteeinrichtungen sind sehr weitreichend und erfordern beispielsweise bei Umschlagflächen im Freien eine weitgehende Abtrennung von der Kanalisation. Das Rückhaltevolumen von Fass- und Gebindelager ist in Tab. 3.10 aufgelistet.

In Abhängigkeit der verwendeten Mengen an wassergefährdenden Stoffen und der WGK müssen Anlagen nach § 39 in eine der Gefährdungsstufen A bis D eingestuft werden, siehe Tab. 3.11. Anlagen der Gefährdungsstufen B, C und D sind anzeigepflichtig, desgleichen jede wesentliche Änderung. Prüfungen vor Inbetriebnahme sowie die wiederkehrenden Prüfungen dürfen nur von Sachverständigen durchgeführt werden.

Eine Eignungsfeststellung für Anlagen zum Abfüllen oder Umschlagen von wassergefährdenden Stoffen der Gefährdungsstufe A ist nicht notwendig, bei Einhaltung der Kriterien von § 41 Abs. 2 kann sich auch für die Gefährdungsstufe B und C entfallen.

Tab. 3.10 Rückhaltevolumen von Gebindelager

Maßgebendes Volumen (Vges) in der Anlage	Rückhaltevolumen
< 20 L	Kein definiertes Rückhaltevolumen, sofern ausgetretene Stoffe mit einfachen Betriebsmitteln aufgenommen werden können
20 l bis $\leq$ 100 m^3	10 % von Vges, wenigstens jedoch der Rauminhalt des größten Behältnisses
> 100 bis $\leq$ 1000 m^3	3 % von Vges, wenigstens jedoch 10 m^3
> 1000 m^3	2 % von Vges, wenigstens jedoch 30 m^3

Tab. 3.11 Ermittlung der Gefährdungsklassen, Angaben in Tonnen

Ermittlung der Gefährdungsklassen	WGK		
Volumen in Kubikmetern (m^3) oder Masse in Tonnen (t)	1	2	3
$\leq$ 0,22 m^3 oder 0,2 t	Stufe A	Stufe A	Stufe A
> 0,22 m^3 oder 0,2 t $\leq$ 1	Stufe A	Stufe A	Stufe B
> 1 $\leq$ 10 t	Stufe A	Stufe B	Stufe C
> 10 $\leq$ 100 t	Stufe A	Stufe C	Stufe D
> 100 $\leq$ 1 000 t	Stufe B	Stufe D	Stufe D
> 1 000 t	Stufe C	Stufe D	Stufe D

3.8   Das Kreislaufwirtschaftsgesetz

Im Interesse der dringend notwendigen Ressourcenschonung sind Abfälle grundsätzlich zu vermeiden oder wieder zu verwenden, um Abfälle zu vermeiden. § 6 fordert folgende Reihenfolge der Abfallbewirtschaftung:
Bei der Abfallbewirtschaftung ist nach § 6 folgende Rangfolge einzuhalten:

1. Vermeidung,
2. Vorbereitung zur Wiederverwendung,
3. Recycling,
4. sonstige Verwertung, insbesondere energetische Verwertung und Verfüllung,
5. Beseitigung.

▶   **Abfallarten**
    Abfälle: Stoffe oder Gegenstände, derer sich ihr Besitzer entledigt.
    Recycelte Abfälle: Abfälle zur Verwertung.
    Nicht verwertete Abfälle: Abfälle zur Beseitigung

Grundsätzlich besteht für alle Abfälle zur Entsorgung eine Nachweis und Überwachungspflicht. Detaillierte Vorschriften sind in den nachgelagerten Rechtsverordnungen geregelt.

Abfälle sind von den Vorschriften zur Einstufung und Kennzeichnung der CLP-Verordnung, siehe Kap. 2, ausgenommen. Gemäß Abfallverzeichnis-Verordnung (AVV) [24] sind gefährliche Abfälle, wenn einer der in Tab. 3.12 aufgeführten HP-Kriterien zutrifft. Die Zuordnung kann aufgrund der Konzentration der Inhaltsstoffen erfolgen, tierexperimentelle Prüfungen sind nur in Ausnahmefällen zulässig.

Gemäß der Abfallverzeichnis-Verordnung (AAV) sind Abfälle einer Abfallart zuzuordnen. Gefährliche Abfälle sind hierbei mit einem * gekennzeichnet. Der Abfallschlüssel hat insgesamt 20 Positionen:

1. Abfälle, die beim Aufsuchen, Ausbeuten und Gewinnen sowie bei der physikalischen und chemischen Behandlung von Bodenschätzen entstehen
2. Abfälle aus Landwirtschaft, Gartenbau, Teichwirtschaft, Forstwirtschaft, Jagd und Fischerei sowie der Herstellung und Verarbeitung von Nahrungsmitteln
3. Abfälle aus der Holzbearbeitung und der Herstellung von Platten, Möbeln, Zellstoffen, Papier und Pappe
4. Abfälle aus der Leder-, Pelz- und Textilindustrie
5. Abfälle aus der Erdölraffination, Erdgasreinigung und Kohlepyrolyse
6. Abfälle aus anorganisch-chemischen Prozessen
7. Abfälle aus organisch-chemischen Prozessen
8. Abfälle aus Herstellung, Zubereitung, Vertrieb und Anwendung (HZVA) von Beschichtungen (Farben, Lacke, Email), Klebstoffen, Dichtmassen und Druckfarben

Tab. 3.12 Zuordnung der HP-Kriterien gefährlicher Abfälle auf Basis der H-Sätze

HP	Eigenschaft	H-Sätze
HP1	Explosiv	H200, H201, H203, H204, H240, H241
HP2	Brandfördernd	H270, H271, H272
HP3	Entzündbar	H220, H221, H222, H223, H224, H225, H226, H228, H242, H250, H251, H252, H260, H261
HP4	Reizend	$\sum$H314 $\geq$ 1 bis 5 %, $\sum$H318 $\geq$ 10 %, $\sum$H315+H319 $\geq$ 20 %
HP5	STOT, Aspiration	$\sum$H370+H372 $\geq$ 1 %, $\sum$H371+H373 $\geq$ 10 %, $\sum$H304 > 10 %
HP6	Akut toxisch	$\sum$H300,Kat.1 $\geq$ 0,1 %, $\sum$H300,Kat.2 $\geq$ 0,25 %, $\sum$H301 $\geq$ 5 %, $\sum$H302 $\geq$ 25 % $\sum$H310,Kat.1 $\geq$ 0,25 %, $\sum$H310,Kat.2 $\geq$ 2,5 %, $\sum$H311 $\geq$ 15 %, H312 $\geq$ 55 % $\sum$H330,Kat.1 $\geq$ 0,1 %, $\sum$H330,Kat.2 $\geq$ 0,5 %, $\sum$H331 $\geq$ 3,5 %, $\sum$H332 $\geq$ 22,5 %
HP7	Karzinogen	H350 $\geq$ 0,1 %, H351 $\geq$ 1 %
HP8	Ätzend	$\sum$H314 $\geq$ 5 %
HP9	Infektiös	
HP10	Reproduktions-toxisch	H360 $\geq$ 0,3 %, H361 $\geq$ 3 %
HP11	Mutagen	H340 $\geq$ 0,1 %, H341 $\geq$ 1 %
HP12	Akut toxische Gase	EUH029, EUH031, EUH032
HP13	Sensibilsierend	H317 $\geq$ 10 %, H334 $\geq$ 10 %
HP14	Ökotoxisch	100x $\sum$H410+10x $\sum$H411+$\sum$H412 $\geq$ 25 %, $\sum$H410+$\sum$H411+$\sum$H412 $\geq$ 25 % H420 $\geq$ 0,1 %
HP15	Auslaugend	H205, EUH001, EUH09, EUH044

9. Abfälle aus der fotografischen Industrie

10. Abfälle aus thermischen Prozessen

11. Abfälle aus der chemischen Oberflächenbearbeitung und Beschichtung von Metallen und anderen Werkstoffen; Nichteisenhydrometallurgie

12. Abfälle aus Prozessen der mechanischen Formgebung sowie der physikalischen und mechanischen Oberflächenbearbeitung von Metallen und Kunststoffen

13. Ölabfälle und Abfälle aus flüssigen Brennstoffen (außer Speiseöle und Ölabfälle, die unter Kap. 5, 12 oder 19 fallen)

14. Abfälle aus organischen Lösemitteln, Kühlmitteln und Treibgasen (außer Abfälle, die unter Kapitel 07 oder 08 fallen)

15. Verpackungsabfall, Aufsaugmassen, Wischtücher, Filtermaterialien und Schutzkleidung (a.n.g.)

16. Abfälle, die nicht anderswo im Verzeichnis aufgeführt sind

17. Bau- und Abbruchabfälle (einschließlich Aushub von verunreinigten Standorten)
18. Abfälle aus der humanmedizinischen oder tierärztlichen Versorgung und Forschung (ohne Küchen- und Restaurantabfälle, die nicht aus der unmittelbaren Krankenpflege stammen)
19. Abfälle aus Abfallbehandlungsanlagen, öffentlichen Abwasserbehandlungsanlagen sowie der Aufbereitung von Wasser für den menschlichen Gebrauch und Wasser für industrielle Zwecke
20. Siedlungsabfälle (Haushaltsabfälle und ähnliche gewerbliche und industrielle Abfälle sowie Abfälle aus Einrichtungen), einschließlich getrennt gesammelter Fraktionen

3.9   Das Gefahrgutrecht

Beim Transport gefährlicher Güter gelten die Vorschriften des Gefahrgutbeförderungsgesetzes. Für den Straßenverkehr gilt in allen wichtigen Ländern der Erde das ADR (Accord européen relatif au transport international des marchandises dangereuses par route). Sie regeln daher sowohl den innerstaatlichen als auch durch den grenzüberschreitenden Transport.

Nationalen Vorschriften, wie z. B. Fahrwegbeschränkungen und Verbote, sind in der Gefahrgutverordnung Straße, Eisenbahnen und Binnenschifffahrt (GGVSEB) zusammengefasst.

Gefährliche Güter werden in neun Gefahrklassen unterteilt, die Definitionen der einzelnen Klassen sind weitgehend identisch mit den Einstufungskriterien der CLP-Verordnung 1272/2008.

Klasse 1	Explosive Stoffe und Gegenstände mit Explosivstoff
Klasse 2	Verdichtete, verflüssigte oder unter Druck gelöste Gase
Klasse 3	Entzündbare flüssige Stoffe
Klasse 4.1	Entzündbare feste Stoffe
Klasse 4.2	Selbstentzündliche Stoffe
Klasse 4.3	Stoffe, die bei Berührung mit Wasser entzündliche Gase entwickeln
Klasse 5.1	Entzündend (oxidierend) wirkende Stoffe
Klasse 5.2	Organische Peroxide
Klasse 6.1	Giftige Stoffe
Klasse 6.2	Ansteckungsgefährliche oder ekelerregende Stoffe
Klasse 7	Radioaktive Stoffe
Klasse 8	Ätzende Stoffe
Klasse 9	Verschiedene gefährliche Stoffe und Gegenstände

Zur Kennzeichnung der Transportverpackung von gefährlichen Gütern werden Gefahrenzettel verwendet, die sich teilweise von den Gefahrenpiktogrammen nach CLP-Verordnung unterscheiden, siehe Abb. 3.28.

Abb. 3.28 Gefahrenzettel zur Kennzeichnung von Transportverpackungen

Die Transportvorschriften sind äußerst detailliert, die Anforderungen an die Verpackung, das Transportmittel, die zu beachtenden Vorschriften der unterschiedlichen Verantwortlichen in der Transportkette sind sehr detailliert und komplex. Neben den Beförderungspapieren müssen beim Transport von Gefahrgütern „schriftliche Weisungen" (meist als Unfallmerkblätter bezeichnet) analog den Betriebsanweisungen beim Umgang mit Gefahrstoffen mitgeführt werden, die die wichtigsten Produkteigenschaften und Schutzmaßnahmen bei Transportunfällen oder Leckagen enthalten.

Gefahrgutfahrzeuge müssen mit zwei rechteckigen, orangefarbenen Warntafeln gekennzeichnet sein, siehe Abb. 3.29.

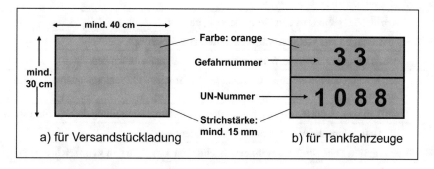

Abb. 3.29 Warntafeln mit Gefahrnummer („Kemlerzahl") und UN-Nummer

3.10   Fragen

3.1. Was regelt die Gefahrstoffverordnung?

☐ a   Beschränkungen bei der Abgabe gefährlicher Stoffe und Gemische

☐ b   Schutzmaßnahmen bei Tätigkeiten mit Gefahrstoffen

☐ c   die Unterweisung der Beschäftigten

☐ d   die Gefährdungsbeurteilung für Tätigkeiten mit Gefahrstoffen

☐ e   die konkreten Inhalte an ein Sicherheitsdatenblatt.

☐ f   besondere Herstellungs- und Verwendungsbeschränkungen.

☐ g   Anzeigepflicht von Unfälle, Betriebsstörung mit Gesundheitsschädigung an die Behörde.

3.2. Die Vorschriften für Gefahrstoffe gelten auch für

☐ a   Gegenstände, die zu gefährlichen Verletzungen führen können.

☐ b   Tabakerzeugnisse.

☐ c   Stoffe, die nach § 3 a Chemikaliengesetz eingestuft sind.

☐ d   Stoffe und Erzeugnisse, aus denen bei Herstellung oder Verwendung gefährliche Stoffe entstehen.

3.3. Was regelt das ChemG für Einstufung, Verpackung und Kennzeichnung nicht?

☐ a   Abwasser, soweit es in Gewässer oder Abwasseranlagen eingeleitet wird

☐ b   Abfälle zur Beseitigung im Sinne des Kreislaufwirtschaftsgesetzes

☐ c   Stoffe, Gemische, die nur zur Herstellung von zulassungspflichtigen Arzneimitteln bestimmt sind.

☐ d   Stoffe, Gemische, die dem Zulassungsverfahren nach dem Pflanzenschutzgesetz unterliegen

3.4. Welche Kriterien sind bei der Gefährdungsbeurteilung zu berücksichtigen?

☐ a   die gefährlichen Eigenschaften der Stoffe

☐ b   die Informationen des Lieferanten

☐ c   Art und Ausmaß der Exposition

☐ d   die Arbeitsbedingungen

☐ e   Möglichkeiten einer Substitution

☐ f   Arbeitsplatzgrenzwert und biologischer Grenzwert

3.5. Welche Aussagen zur Gefährdungsbeurteilung sind richtig?

☐ a   der Arbeitgeber muss die Wirksamkeit der Schutzmaßnahmen beurteilen

☐ b   der Arbeitgeber muss Schlussfolgerungen aus arbeitsmed. Vorsorgeuntersuchungen ziehen

☐ c   der Tätigkeiten dürfen erst nach erfolgter Gefährdungsbeurteilung durchgeführt werden

☐ d   die Gefährdungsbeurteilung muss dokumentiert werden

3.6. Wie sind gefährliche Stoff beim innerbetrieblichen Transport zu kennzeichnen?

☐ a   nach den Vorschriften über den Transport gefährlicher Güter

□ b	nach den Vorschriften der Gefahrstoffverordnung
□ c	bei internen Transporten sind Kennzeichnungen nicht nötig
□ d	sowohl nach Gefahrstoffverordnung als auch nach den Transportvorschriften

3.7. Welche Aussage ist richtig?

□ a	Gefahrstoffe sind so zu aufzubewahren, dass Gesundheit und Umwelt nicht gefährdet werden
□ b	die Lagerung von Gefahrstoffen in unmittelbarer Nähe von Arznei-, Lebens- und Futtermittel ist zulässig, wenn keine Qualitätsveränderungen zu befürchten ist
□ c	die Bestimmungen der Gefahrstoffverordnung gelten auch bei der Aufbewahrung in Haushalten
□ d	GefStoffV und ChemVerbotsV gelten auch für Pflanzenschutz- und Schädlings-bekämpfungsmittel

3.8. Ist es ausreichend, die Betriebsanweisung nach § 14 GefStoffV auszuhängen

□ a	Ja, wenn die Mitarbeiter angewiesen werden, diese regelmäßig zur Kenntnis zu nehmen
□ b	Nein, die Arbeitnehmer müssen zusätzlich anhand der Betriebsanweisung unterwiesen werden
□ c	Nein, sie muss jedem Arbeitnehmer ausgehändigt werden
□ d	Nein, das Sicherheitsdatenblatt muss zusätzlich ausgehängt werden

3.9. Für welche Gefahrstoffe muss eine Betriebsanweisung erstellt werden

□ a	Bei Tätigkeiten mit Gefahrstoffen im offenen System
□ b	bei jeder Tätigkeit mit Gefahrstoffen
□ c	nur bei Tätigkeiten mit akut toxischen Stoffen
□ d	nicht bei Geräten, für die der Hersteller bereits eine Gebrauchsanweisung erstellt hat

3.10. Welche Gefahrstoffe müssen unter Verschluss aufbewahrt werden

□ a	Stoffe mit Reizwirkung auf die Haut
□ b	nur Pflanzenschutzmittel
□ c	akut toxische Stoffe der Kategorie 1–3
□ d	prinzipiell alle Gefahrstoffen
□ e	krebserzeugende Gefahrstoffe der Kategorie 2
□ f	krebserzeugende Gefahrstoffe der Kategorie 1B

3.11. Dürfen Gefahrstoffe in anderen als den Originalbehältnissen aufbewahrt werden?

□ a	Pflanzenschutzmittel generell nicht
□ b	ja, wenn anschließend eine Verpackung und Kennzeichnung nach GefStoffV vor-genommen wird
□ c	nur, wenn keine Verwechslung mit Trink- und Essgefäßen möglich ist
□ d	alle Gefahrstoffe nicht

3.12. Die TRGS 510 gilt für das

□ a	Lagern radioaktiver Stoffe

□ b	Lagern von Schüttgütern in loser Schüttung
□ c	Be- und Umfüllen von Gefahrstoffen
□ d	Ein- und Auslagern
□ e	Transportieren innerhalb des Lagers
□ f	Beseitigen freigesetzter Gefahrstoffe

3.13. Was regelt die Chemikalien-Verbotsverordnung?

□ a	Aufbewahrung, Lagerung und Vernichtung von Gefahrstoffen
□ b	Kennzeichnung der Verpackung gefährlicher Gemische
□ c	Verbote und Beschränkungen des Inverkehrbringens bestimmter gefährlicher Stoffe und Gemische sowie bestimmter Erzeugnisse, die diese freisetzen können oder enthalten
□ d	Anforderungen in Bezug auf die Abgabe bestimmter gefährlicher Stoffe und Gemisch

3.14. Wer verfügt über die Sachkunde nach § 11 Chemikalien-Verbotsverordnung?

□ a	alle Gärtner
□ b	Personen, die die Prüfung nach früheren Vorschriften bestanden haben, die der Prüfung nach § 11 Abs. 2 entspricht
□ c	Personen mit praktischer Erfahrung im Umgang mit giftigen Stoffen
□ d	Personen, die aus einem Mitgliedsstaat der EU oder des Europäischen Wirtschaftsraumes stammen (bei Erfüllung der Voraussetzungen der Richtlinie 74/556/EWG)
□ e	alle Diplom-Chemiker
□ f	chemisch-technische Assistenten
□ g	pharmazeutisch-technische Assistenten

3.15. Wer darf giftige Stoffe und Gemische an den Endverbraucher abgeben?

□ a	eine 17-jährige Person mit bestandener Drogistenprüfung
□ b	eine Person, die nur die Sachkundeprüfung für Pflanzenschutzmittel abgelegt hat
□ c	Apothekerassistentin
□ d	Person mit Sachkunde nach § 11 ChemVerbotsV
□ e	nur Filialleiter und ihre Vertreter
□ f	nur Drogisten und ausgebildete Gärtner
□ g	eine Geprüfter Schädlingsbekämpfer mit anerkanntem Abschluss

3.16. Wer darf giftige Pflanzenschutzmittel an Kunden abgeben?

□ a	Personen, die nur die Sachkunde nach § 11 ChemVerbotsV nachgewiesen haben
□ b	Personen, die nur die Sachkunde nach § 22 Pflanzenschutzgesetz nachgewiesen haben
□ c	wer sowohl die Sachkunde nach ChemVerbotsV als auch nach Pflanzenschutzgesetz besitzt
□ d	wer die Sachkunde nach ChemVerbotsV oder nach Pflanzenschutzgesetz besitzt

3.17. Mindestens wie viele Personen mit Sachkunde braucht ein Unternehmen mit fünf Betriebsstätten zur Abgabe giftiger Stoffe an den Endverbraucher?

| □ a | 1 Person mit Sachkunde für das Gesamtunternehmen + 1 Beauftragter je Betriebsstätte |
| □ b | 2 Personen (1 Person und 1 Stellvertreter) |

| □ c | 5 Personen (in jeder Betriebsstätte 1 Person) |
| □ d | 10 Personen (in jeder Betriebsstätte 1 Person und 1 Stellvertreter) |

3.18. Welche Stoffe unterliegen der Sachkundepflicht bei der Abgabe nach ChemVerbotsV?

□ a	explosionsgefährliche Stoffe und Gemische
□ b	akut toxische Stoffe und Gemische Kategorie 3
□ c	reizende Stoffe und Gemische
□ d	reproduktionstoxische Stoffe und Gemische der Kategorie 1 A oder 1B
□ e	Stoffe und Gemische mit sonstigen chronisch schädigenden Eigenschaften
□ f	entzündbare Stoffe und Gemische
□ g	krebserzeugende Stoffe und Gemische der Kategorie 2

3.19. Wie viele Sachkundige nach ChemVerbotsV benötigt ein Großhändler, der giftige Stoffe nur an berufsmäßige Verwender abgibt?

□ a	keine
□ b	eine oder zwei in Abhängigkeit von der Anzahl der Beschäftigten
□ c	eine
□ d	eine im Verkauf, eine im Lager

3.20. Nennen Sie die Voraussetzungen der Erlaubniserteilung nach § 6 ChemVerbotsV

□ a	Zuverlässigkeit der sachkundigen Person
□ b	mindestens fünfjährige Tätigkeit in gleicher Branche
□ c	Mindestalter der sachkundigen Person von 18 Jahre
□ d	Beschäftigung von ausreichenden Personen mit Sachkunde nach § 11

3.21. Die Abgabe von Stoffen, gekennzeichnet mit GHS06 (Totenkopf), ist im Versandhandel

□ a	nicht erlaubt.
□ b	nur an Wiederverkäufer, berufsmäßige Verwender oder öffentliche Forschungs-, Untersuchungs- oder Lehranstalten erlaubt.
□ c	ohne Einschränkungen zulässig.
□ d	ausschließlich unter Chemiekonzernen erlaubt.

3.22. Welche Angaben muss das Abgabebuch nach ChemVerbotsV enthalten?

□ a	Datum der Abgabe
□ b	Art und Menge der Stoffe / Gemische
□ c	Registriernummer nach dem europäischen Stoffverzeichnis EINECS
□ d	Name und Anschrift des Erwerbers

3.23. Für welche Stoffe existieren nach ChemVerbotsV Aufzeichnungspflichten?

□ a	mit Stoffe H315 gekennzeichnete Stoffe/Gemische
□ b	mit Stoffe H225 gekennzeichnete Stoffe/Gemische
□ c	mit Stoffe H300 gekennzeichnete Stoffe/Gemische
□ d	mit Stoffe H224 gekennzeichnete Stoffe/Gemische

3.24. Stoffe und Gemische, gekennzeichnet mit H370, H372 oder H224 dürfen im Einzelhandel nur abgegeben werden, wenn

□ a	der Erwerber die Sachkunde für den Umgang mit Giften nachweist
□ b	die Abgabe über Automaten o. a. Formen der Selbstbedienung erfolgt
□ c	der Erwerber muss mindestens 18 Jahre als sein
□ d	der Abgebende den Erwerber über die Gefahren und Vorsichtsmaßnahmen informieren hat

3.25. Welche Vorschriften gelten für die Durchführung einer Begasung?

□ a	Wer Begasungen mit Cyanwasserstoff, Phosphorwasserstoff oder Formaldehyd durchführt, bedarf einer Erlaubnis.
□ b	Schiffe dürfen während der Beförderung nur mit Cyanwasserstoff oder Ethylenoxid begast werden.
□ c	Die Erlaubnis wird nur erteilt, wenn genügend Personen im Betrieb über einen Befähigungsschein verfügen.
□ d	Die Sachkundeprüfung nach § 11 Chemikalien-Verbotsverordnung wird ebenfalls als Sachkundenachweis für die Durchführung von Begasungen anerkannt.

3.26. Welches sind zugelassene Begasungsmittel?

□ a	Formaldehyd
□ b	Ethylenoxid
□ c	Dichlorvos
□ d	Phosphorwasserstoff

Literatur

1. Siebtes Buch Sozialgesetzbuch (SGB VII) Gesetzliche Unfallversicherung vom 7.8.1996, BGBl. I S. 1254, i.d.F. vom 22.11.2019 (BGBl. I S. 1746).
2. Gesetz zum Schutz vor Chemikalien i.d.F. vom. 28.8.2013 (BGBl. I S. 3498), zuletzt geändert am 10.08.2021, BGBl. I S. 3436
3. Lösemittelhaltige Farben- und Lack-Verordnung vom 16. 12. 2004 (BGBl. I S. 3508), zuletzt geändert am 19 06.2020 (BGBl. I S. 1328).
4. Chemikalien-Ozonschichtverordnung in der Fassung der Bekanntmachung vom 15. Februar 2012 (BGBl. I S.409), zuletzt geändert am 19.06.2020 (BGBl. I S. 1328).
5. Chemikalien-Klimaschutzverordnung vom 2.07.2008 (BGBl. I S. 1139), zuletzt geändert am 19.06.2020 (BGBl. I S. 1328)
6. Giftinformationsverordnung in der Fassung der Bekanntmachung vom 31.07.1996 (BGBl. I S. 1198), zuletzt geändert am 18.07.2017 (BGBl. I S. 2774)
7. Chemikalien-Ozonschichtverordnung in der Fassung der Bekanntmachung vom 15.02.2012 (BGBl. I S. 409), zuletzt geändert am 19.06.2020 (BGBl. I S. 1328)
8. Chemikalien-Sanktionsverordnung in der Fassung der Bekanntmachung vom 10. Mai 2016 (BGBl. I S. 1175)
9. Besondere Gebührenverordnung BMU vom 30. Juni 2021 (BGBl. I S. 2334)

10. Gefahrstoffverordnung vom 26. November 2010 (BGBl. I S. 1643, 1644), zuletzt geändert am 21.07.2021 (BGBl. I S. 3115)

11. EG-RL 98/24/EG vom 7.4.1998, ABl. EG Nr L 131 vom 5.5.1998, S. 11, zuletzt geändert durch RL 2014/27/EU vom 26.2.2014, ABl. L 65 S. 1.

12. EG-RL 2004/37/EG vom 30.4.2004, ABl. L 158, S. 50, zuletzt geändert durch RL 2017/2398 vom 12.12.2017, ABl. L 345 S. 87.

13. Arbeitsschutzgesetz vom 7. August 1996 (BGBl. I S. 1246), zuletzt geändert am 16.09.2022 (BGBl. I S. 1454)

14. Hommel, Handbuch der gefährlichen Güter, Heidelberg: Springer Verlag, 2023

15. https://www.dguv.de/ifa/gestis/gestis-stoffdatenbank/index.jsp

16. https://gischem.de/

17. https://www.dguv.de/ifa/praxishilfen/praxishilfen-gefahrstoffe/ghs-spaltenmodell-zur-substitutionspruefung/index.jsp

18. https://www.dguv.de/ifa/gestis/zentrale-expositionsdatenbank-(zed)/index.jsp

19. Verordnung (EU) 528/2012, ABl. L 167 vom 27.6.2012, S. 1

20. Chemikalien-Verbotsverordnung vom 20. Januar 2017 (BGBl. I S. 94; 2018 I S. 1389), zuletzt geändert am 19. Juni 2020 (BGBl. I S. 1328)

21. Verordnung (EG) Nr. 1907/2006 vom 18.12.2006, ABl. L 396 S. 1

22. Mutterschutzgesetz vom 23. Mai 2017 (BGBl. I S. 1228), zuletzt geändert am 12.12.2019 (BGBl. I S. 2652)

23. Verordnung über Anlagen zum Umgang mit wassergefährdenden Stoffen vom 18. April 2017 (BGBl. I S. 905), zuletzt geändert am 19.06.2020 (BGBl. I S. 1328)

24. Abfallverzeichnis-Verordnung vom 10. Dezember 2001 (BGBl. I S. 3379), zuletzt geändert am 30.06.2020 (BGBl. I S. 1533)

Die REACH-Verordnung

4

Inhaltsverzeichnis

▶ • Aufbau und Struktur der REACH-Verordnung
   • Die mengenabhängigen Registrierpflichten
   • Inhalt des Sicherheitsdatenblattes
   • Das erweiterte Sicherheitsdatenblatt
   • Besonders besorgniserregende Stoffe und die Kandidatenliste
   • Das Zulassungsverfahren
   • Verbote und Beschränkungen nach Anhang XVII

4.1   Aufbau und Anwendungsbereich

Die EU-Verordnung 1907/2006 (REACH-Verordnung) [1] ist gemeinsam mit der CLP-Verordnung [2], siehe Kap. 2, die grundlegende Vorschrift zur Herstellung und Verwendung von Stoffen. Neben den Vorschriften zur Registrierung von Stoffen gilt für die besonders besorgniserregende Stoffe ein Zulassungsverfahren nach Anhang XIV. Die Verbote und Beschränkungen zum Inverkehrbringen und Verwenden von Stoffen sind in Anhang XVII für alle EU-Staaten einheitlich geregelt. Zur Sicherstellung eines funktionierenden Informationsflusses in der Lieferkette sind u. a. die Anforderungen an das Sicherheitsdatenblatt festgelegt.

Die Abkürzung REACH steht für

R   Registration (Registrierung)
E   Evaluation (Bewertung)
A   Authorisation (Zulassung)
CH   Chemicals (Chemikalien)

Die REACH-Verordnung gilt grundsätzlich für alle Stoffe, für Gemische ist sie nur auf die jeweiligen Inhaltsstoffe anzuwenden. Sie gilt nicht für

- radioaktive Stoffe, die unter den Anwendungsbereich der EU-RL 26/29/Euratom fallen,
- Stoffe im zollamtlichen Transitverkehr,
- nicht-isolierte Zwischenprodukte,
- Abfälle (gemäß Definition von EU-Richtlinie 2006/12/EG [2]) und
- die Beförderung nach den Transportvorschriften.

Als zuständige Behörde zur Umsetzung und Durchführung der REACH-Verordnung wurde die Europäische Chemikalienagentur **ECHA** (European Chemical Agency) gegründet, gemeinsam mit zwei Kommissionen:

- RAC: Risk Assessment Committee
- SEAC: Socio Economic Committee Abb. 4.1

Als neues Element wurden für sogenannte „besonders besorgniserregende Stoffe", häufig auch als SVHC-Stoffe bezeichnet (substances of very high concern), neue Regelungen eingeführt. Stoffe gelten als besonders besorgniserregend, wenn eine der folgenden Eigenschaften zutrifft,

a) karzinogene Stoffe der Kategorie 1 A oder 1B,
b) keimzellmutagene Stoffe der Kategorie 1 A oder 1B,
c) reproduktionstoxische Stoffe der Kategorie 1 A oder 1B,
d) persistente und bioakkumulierbare toxische Stoffe (PBT),

(**R**egistration, **E**valuation and **A**uthorisation of **Ch**emicals)

R Registrierung aller Stoffe über 1 t/a in einer zentralen Datenbank (ca. 22.000 Stoffe)

⇨ Keine Vermarktung ohne Registrierung

E Bewertung (Evaluierung) aller Stoffe

⇨ Risikobewertung

⇨ Festlegung weiterer Prüfanforderungen und Maßnahmen

A Einführung eines behördlichen Zulassungsverfahrens (Autorisierung) für besonders besorgniserregende Stoffe

Ch Chemicals

Abb. 4.1 Die Kernelemente von REACh

e) sehr persistente und sehr bioakkumulierbare Stoffe (vPvB) und

f) Stoffe, die ebenso besorgniserregend wie die vorgenannten sind, jedoch nicht entsprechend eingestuft sind, wie z. B. Stoffe mit endokrinen Eigenschaften

Bevor die besonders besorgniserregenden Stoffe in Anhang XIV aufgenommen werden und somit zulassungspflichtig sind, werden sie auf die sogenannte Kandidatenliste gesetzt, damit verbunden sind zusätzliche Pflichten, z. B. Informationspflichten an den privaten Endverbraucher.

Die REACH-Verordnung ist in insgesamt 15 Titeln mit jeweils mehreren Kapiteln und Artikeln unterteilt und besitzt zusätzlich 17 Anhängen. Für die Anwender von besonderer Bedeutung sind:

Titel II: die Modalitäten zur Registrierung von Stoffen

Titel IV: Informationen in der Lieferkette

Titel V: Verpflichtungen der nachgeschaltete Anwender in der Lieferkette

Titel VII: Kandidatenliste und Details der Zulassung von Stofen

Titel VIII: Beschränkungen für die Herstellung, das Inverkehrbringen und die Verwendung bestimmter gefährlicher Stoffe, Gemische und Erzeugnisse

Anhang I: Vorgaben für die Stoffsicherheitsbeurteilung und den Stoffsicherheitsbericht

Anhang II: Leitfaden für die Erstellung des Sicherheitsdatenblattes

Anhang III: Kriterien für registrierte Stoffe in Mengen zwischen 1 und 10 t

Anhang IV + V:	Ausnahmen von der Registrierpflicht nach Artikel 2
Anhang VI – X:	Registrieranforderungen in Abhängigkeit der Mengenbänder
Anhang XII:	Allgemeine Bestimmungen für nachgeschaltete Anwender zur Bewertung von Stoffen und zur Erstellung von Stoffsicherheitsberichten
Anhang XIV:	Verzeichnis der zulassungspflichtigen Stoffe
Anhang XV:	Dossiers
Anhang XVI:	Sozioökonomische Analyse
Anhang XVII:	Beschränkungen der Herstellung, des Inverkehrbringens und der Verwendung bestimmter gefährlicher Stoffe, Gemische und Erzeugnisse

Die Verordnung mit ihren Anhängen mit ca. 300 Seiten ist mit sehr umfangreichen Leitlinien, den sogenannten Technical Guidance Documents (TGD), mit weit über tausend Seiten untersetzt.

4.2   Anwendungsbereich

Der Anwendungsbereich von REACH ist weit gefasst. Grundsätzlich unterliegen den Vorschriften der Verordnung,

- alle Stoffe, unabhängig ob sie als gefährlich eingestuft sind oder nicht sowie
- Stoffe in Gemischen,

die hergestellt oder importiert werden. Da REACH eine stoffbezogene Verordnung ist, sind Gemische nur über ihre Inhaltsstoffe erfasst.

Stoffe in Erzeugnissen unterliegen nur dann der Verordnung, wenn sie bestimmungsgemäß freigesetzt werden sollen.

Ausgenommen von allen Vorschriften der Verordnung sind nach Artikel 2

- radioaktive Stoffe, sofern sie unter den Geltungsbereich der Richtlinie 96/29/Euratom fallen,
- Stoffe, Gemische oder Erzeugnisse, die der zollamtlichen Überwachung unterliegen und nicht in irgendeiner Weise verwendet oder bearbeitet werden,
- nicht-isolierte Zwischenprodukte und
- Abfälle, soweit sie unter den Geltungsbereich der Richtlinie 2006/12/EG fallen.

Von der Registrierpflicht und dem Zulassungsverfahren ausgenommen sind Stoffe, die in Anhang IV und V aufgeführt sind, da diese entweder als ausreichend untersucht angesehen wurden bzw. nicht im eigentlichen Sinne hergestellt werden.

Von der Registrierpflichten sind Human- und Tierarzneimittel sowie Lebens- und Futtermittel ausgenommen.

Die grundlegenden Begriffsbestimmungen im Stoffrecht, die die CLP- und REACH-Verordnung übergreifend über alle Vorschriften festlegt, sind in Kap. 1 beschrieben.

Im Rahmen von REACH wird zwischen eindeutig definierten Stoffen– well-defined substances – und Stoffe mit variabler Zusammensetzung – UVCB unterschieden.

Well-defined substance" sind entweder

- Mono-constituent substances mit einer Hauptkomponente mit Gehalt über 80 %,

oder

- Multi-component substance, die aus mehreren Hauptkomponenten mit einem Gehalt zwischen 10 und 80 % bestehen.

Zahlreiche chemische Reaktionen führen zu einem Gemisch mit unterschiedlichen Inhaltsstoffen mit variablen Konzentrationen, wie beispielsweise bei der Umsetzungen von Ethylen- oder Propylenoxid mit Alkoholen oder Phenolen. Derartige Reaktionsprodukte werden als

- UVCB-Stoffe (Substances of Unknown or Variable composition, Complex reaction products or Biological materials)

bezeichnet. Abb. 4.2 fasst die unterschiedliche Stoffarten nach RFEACH zusammen.

→ **Well defined substances:** 100% der Zusammensetzung definiert

⇨ **Mono-constituent substance**: 1 Hauptkomponente ≥ 80%

⇨ **Multi-constituent substance**: 2 oder mehr Hauptkomponenten zwischen 10 - 80%

→ **UVCB-Stoffe**:

Substances of Unknown or Variable composition, Complex reaction products or Biological materials

⇒ kaum definierte Stoffe oder Stoffe mit wechselnder Zusammensetzung

→ die Anzahl der Komponenten kann hoch sein, und/oder

→ die Zusammensetzung ist weitgehend unbekannt, variabel und kaum vorhersehbar

---

Abb. 4.2 Stoffdefinitionen nach REACH

4.3   Die Registrierung

Nach Artikel 5 REACH müssen alle Stoffe, die in Mengen über 1 Tonne pro Jahr hergestellt, importiert oder in Verkehr gebracht werden, bei der ECHA registriert werden.

Inhaltsstoffe von Gemischen müssen ebenfalls registriert werden, wenn sie in einer Konzentration größer 0,1 % bzw. der Einstufungsgrenze nach Anhang VI der CLP-Verordnung enthalten sind und in Mengen mehr als 1 t/a pro Hersteller, Inverkehrbringer verwendet werden.

Stoffe in Erzeugnissen unterliegen nur dann der Registrierpflicht, wenn der Stoff unter normalen oder vernünftigerweise vorhersehbaren Verwendungsbedingungen freigesetzt wird und die Konzentration analog von Gemischen größer 0,1 % bzw. größer der Einstufungsgrenze nach Anhang VI CLP-Verordnung, beträgt und die jährlich hergestellte bzw. importierte Stoffmenge eine Tonne überschreitet.

Die Vermarktung von registrierpflichtigen Stoffen sowie von Gemischen, die registrierpflichtige Stoffe enthalten, ohne die geforderte Registrierung, ist ein Straftatbestand. Abb. 4.3 fasst die Registrierpflichten kurz zusammen.

Die für die Registrierung benötigten wesentlichen Stoffeigenschaften sind in vier Mengenschwellen gestaffelt:

1 – 10 t/a:	grundlegende akute toxikologische und physikalisch-chemischen Daten
10 – 100 t/a:	subakute Studien bei wiederholter Applikation sowie chronische Gewässergefährdungen ermittelt werden

---

Alle

➜ Stoffe,

➜ Stoffe in Gemischen oder

➜ Stoffe in Erzeugnissen die bestimmungsgemäß freigesetzt werden sollen,

⇨ die in Mengen > 1 t/a,

    ⇒ hergestellt in der Europäischen Union,

    ⇒ in Verkehr gebracht oder importiert

müssen unter REACH registriert werden.

Herstellung, Import oder Verwendung ohne vorgeschriebene Registrierung ist eine Straftat!

Abb. 4.3 Registrierpflichten

100 – 1000 t/a: subchronischen Toxizität, Reproduktionsstudien, chronische Studien
                 zur Gewässergefährdung
> 1000 t/a: Kanzerogenitätsstudien, 2-Generationsstudien, langfristige Gewässer-
                 gefährdungen

Eine Überschreitung der Mengenschwelle liegt vor, wenn in einem Kalenderjahr die jeweils gültige Mengenschwelle überschritten wird.

Grundsätzlich darf ein Stoff nur einmal gemäß dem Grundsatz von OSOR (one substance, one registration) registriert werden. Registranten des gleichen Stoffes müssen sich daher zu einem SIEF: (Substance Information Exchange Forum) zusammen-
schließen. Falls ein späterer Registrant einen bereits registrierten Stoff neu herstellen
oder importieren möchte, muss er sich mit den Vorregistranten bzgl. der benötigten
toxikologischen und ökotoxikologischen Studien einigen.

Von der Registrierpflicht sind ausgenommen

- zugelassene Human- und Tierarzneimittel,
- Lebens- und Futtermittel nach Festlegung in EG-Richtlinie 178/2002/EG, einschließlich
  Lebensmittelzusatzstoffen, Aromastoffen, Zusatzstoffen für die Tierernährung sowie
- Stoffe, die in Anhang IV oder in Anhang V aufgeführt sind.

Gemäß Artikel 15 müssen Wirkstoffe und Formulierungshilfsstoffe, die ausschließlich
zur Verwendung in **Pflanzenschutzmitteln** hergestellt oder eingeführt werden, nicht
nochmals registriert werden, wenn sie im Anhang I der Richtlinie 91/414/EWG, in Verordnung 3600/92/EWG, 703/2001/EG, 1490/2002/EG oder in Entscheidung 2003/565/
EG aufgeführt sind.

Analog müssen Wirkstoffe, die ausschließlich in **Biozid-Produkten** eingesetzt werden und im Anhang I, IA oder IB der EU-VO 528/2012 oder der Verordnung 2032/2003
aufgeführt sind, nicht registriert werden.

4.3.1   Allgemeine Registrieranforderungen

Unabhängig der Mengenschwelle muss im Rahmen der Registrierung ein Registrierdossier erstellt und eingereicht werden. Umfang und Inhalte sind in Artikel 10 beschrieben, die mengabhängige Informationsanforderungen in Artikel 12, die konkreten
Details stehen in den Anhängen VII bis X. Unabhängig vom Mengenband sind die folgenden Informationen im Registrierdossier einzureichen:

- Registrant: Name, Anschrift, Telefonnummer, Kontaktperson, bei Registrierung als „Lead
  Registrant" sind die gleichen Angaben für die übrigen Mit-Registranten anzugeben
- zu registrierender Stoff: Stoffnamen, Identifizierungsnummern, Zusammensetzung,
  Spektraldaten, Analysenmethoden

- Informationen zu Herstellung und Verwendung
- Einstufung und Kennzeichnung
- Leitlinien für die sichere Verwendung
- Studienzusammenfassungen: Angabe der vorhandenen experimentellen Studien
- Versuchsvorschläge, falls Datenlücken gemäß den mengenabhängigen Informations-
  anforderungen vorhanden sind und
- ab 10 t/a ein Stoffsicherheitsbericht (CSR: Chemical Safety Report)

Versuche an Wirbeltieren dürfen erst nach Ausschöpfen alternativer Methoden eingesetzt werden.

Die Registrierung von Stoffen kann nur von natürlichen oder juristischen Personen vorgenommen werden, die ihren Sitz in der EU haben. Ausländische Firmen ohne Sitz in der EU können mit dem Import einen Alleinvertreter in der EU, abgekürzt OR (Only Representative), beauftragen. Der Alleinvertreter übernimmt alle Verpflichtungen des Importeurs gegenüber den Institutionen der EU.

4.3.2   Mengenabhängige Registrieranforderungen

Grundsätzlich sind fehlende toxikologische und ökotoxikologische Prüfdaten mittels einschlägiger OECD-Guidelines zu ermitteln. Fehlende physikalische Daten sind primär nach den Prüfvorschriften des Transportrechts zu bestimmen.

Mengenband 1–10 t/a
Für Stoffe im Mengenbereich **zwischen 1 und 10 t/a** müssen die in Anhang VII festgelegten physikalisch-chemischen, toxikologischen sowie ökotoxikologischen Prüfergebnisse eingereicht werden:

- akute Toxizität bei einem Aufnahmepfad (oral, dermal oder inhalativ),
- Ätz-, Reizwirkung, ermittelt durch in-vitro Test,
- Hautsensibilisierung, bevorzugt ermittelt im LLNA (local lymphe node assay) an Mäusen,
- Mutagenitätstest, in-vitro,
- akute aquatische Toxizität, geprüft an Daphnien oder Algenwachstumshemmung,
- leichte biologische Abbaubarkeit,
- Stoffkenndaten wie Siede-, Schmelzpunkt, Dichte, Dampfdruck, Wasserlöslichkeit, Verteilungskoeffizient n-Oktanol/Wasser sowie die
- relevanten sicherheitstechnischen Kenndaten Flammpunkt, Selbstentzündungstemperatur, Entzündbarkeit, Explosionsfähigkeit, oxidierende Eigenschaft sowie Granulometrie bei Feststoffen.

Mengenband 10–100 t/a

Bei Überschreitung der Mengenschwelle **von 10 bis 100 t/a** sind die zusätzlichen Daten nach Anhang VIII vorzulegen:

- akute Toxizität auf 2 Zufuhrwegen, zusätzlich inhalativ oder dermal,
- Ätz-, Reizwirkung, (in-vitro),
- Hautsensibilisierung durch LLNA (local lymphe node assay) an Mäusen,
- Mutagenitätstest (in-vitro Zytogenitätsuntersuchungen),
- sub-akute Untersuchung (28 d-Test),
- Reproduktions- und Entwicklungstoxizität, ermittelt in Screening Tests,
- akute aquatische Toxizität am Fisch,
- Hemmung des Belebtschlamms und die
- biologische Abbaubarkeit.

Mengenband 100–1000 t/a

Nach Anhang IX sind, mindestens folgende Prüfergebnisse notwendig:

- subchronische Eigenschaft (90 d-Test),
- Reproduktionstoxizität, pränatale Entwicklungstoxizität und Zweigenerationsstudie an einer Tierart,
- aquatische Langzeittoxizität an Daphnien und Fischen,
- Entwicklungsstörung von Fischen,
- biologische Abbaubarkeit im Boden und in Sedimenten sowie
- Verbleib und Verhalten in der Umwelt.

Mengenband > 1000 t/a

Für Stoffe, die in Mengen über 1000 t/a hergestellt oder importiert werden, müssen nach Anhang X alle noch nicht geprüfte Einstufungskriterien nach der CLP-Verordnung geprüft werden, dies sind:

- Kanzerogenität,
- Reproduktionstoxizität, Zweigenerationsstudie an männlichen und weiblichen Tieren einer Art,
- Mutagenitätsuntersuchung (in-vivo),
- biologische Abbaubarkeit,
- ergänzende Untersuchungen zum Verhalten und Verbleib in der Umwelt,
- Wirkung auf terrestrische Organismen sowie
- Langzeittoxizität für im Sediment lebende Organismen und für Vögel.

4.3.3   Stoffsicherheitsbericht

Bei der Registrierung ab **10 t/a** muss gemäß Artikel 14 eine Stoffsicherheitsbeurteilung, abgekürzt CSA (chemical safety assessment) gemäß den Vorgaben von Anhang I durchgeführt und in einem Stoffsicherheitsbericht, CSR (chemical safety report) zusammengefasst und dokumentiert werden.

Im Stoffsicherheitsbericht sind die Risiken bei Herstellung und den identifizierten Verwendung zu beurteilen und bei eingestuften gefährlichen Stoffen die notwendigen Schutzmaßnahmen zu empfehlen. Im Stoffsicherheitsbericht müssen

- die schädlichen Wirkungen auf die Gesundheit von Menschen,
- die physikalisch-chemischen Eigenschaften sowie
- möglich schädliche Wirkungen auf die Umwelt, einschließlich möglicher PBT- oder vPvB-Eigenschaften,

beschrieben werden.

Bei gefährlichen Stoffen ist eine Beurteilung der Expositionen bei allen möglichen Aufnahmepfaden (oral, dermal, inhalativ) von exponierten Personen, bei Herstellung und allen identifizierten Verwendungen anzugeben. Ist eine Freisetzung in die Umwelt nicht ausgeschlossen, unabhängig ob über Abluft, Abwasser oder Abfälle, müssen auch die Gefährdungen der möglicherweise exponierten Allgemeinbevölkerung und ggf. die von Konsumenten mitberücksichtigt werden. Ergänzend sind Expositionsszenarien oder Verwendungs- und Expositionskategorien zu erarbeiten, die dem Sicherheitsdatenblatt als Anhang beizufügen sind.

Der Stoffsicherheitsbericht muss gemäß Anhang I von sachkundigen Personen erstellt werden, die über entsprechende Erfahrung verfügen, geschult und mittels Auffrischungskursen weitergebildet werden.

In den Expositionsszenarien bzw. Verwendungs- und Expositionskategorien für den nachgeschalteten Verwender sind Maßnahmen zur sicheren Verwendung zu empfehlen. In den technischen Leitfäden der ECHA sind Angaben über Inhalte, Detaillierungsgrad und Format der Expositionsszenarien aufgeführt. Die in den Leitfäden vorgeschlagene Struktur hat sich in der Vergangenheit weitgehend durchgesetzt. Für die nachgeschalteten Verwender sind diese jedoch meist wenig hilfreich und haben in der betrieblichen Praxis häufiger mehr zur Verwirrung als zur Verbesserung beigetragen.

Da die Expositionsszenarien dem Sicherheitsdatenblatt als Anhang beizufügen sind, ist eine standardisierte Vorgehensweise unerlässlich. In einigen Bereichen wurden branchenübergreifende VEKs ausgearbeitet.

Im Rahmen des Stoffsicherheitsberichts müssen zur Bewertung der inhalativen, dermalen und oralen Exposition für den Menschen unterschiedliche

- DNEL-Werte – Derived No-Effect Level

sowie für die Bewertung der Umweltgefahren

- PNEC-Werte– Predicted No-Effect Concentration

abgeleitet werden. Zur Ableitung der DNEL-Werte siehe Abschn. 6.1.5. Die grundlegende Vorgehensweise ist in Abb. 2.5 dargestellt. Zur Ableitung der DNEL-Werte steht die Leitlinie R.8 [3] zur Verfügung, für die Ableitung der PNEC-Werte Leitlinie R.10 [4].

Im Gegensatz zu dem vom Gesetzgeber festgelegten Arbeitsplatzgrenzwerten sowie von den MAK-Werten sind für einen Stoff eine Vielzahl von DNEL-Werten abzuleiten:

- für lokale und systemische Wirkung,
- für kurzfristige, längerfristige als auch dauerhafte Exposition,

getrennt bei

- oraler,
- dermaler
- und inhalativer Aufnahme, für
- Arbeiter und die
- Allgemeinbevölkerung,

obwohl die Datenbasis deutlich schlechter ist. Die grundsätzliche Vorgehensweise sowohl für Arbeiter als auch für mögliche Exposition der Allgemeinbevölkerung ist in Abb. 2.5 dargestellt.

4.3.4   Forschung und Entwicklung

Stoffe sind nach Artikel 9 von der Registrierpflicht ausgenommen für

- die wissenschaftliche Forschung und Entwicklung sowie
- die produkt- und verfahrensorientierte Forschung und Entwicklung, abgekürzt als PPORD: product and process oriented research and development.

▶   **Produkt- und verfahrensorientierte Forschung und Entwicklung** Produktentwicklung oder Weiterentwicklung eines Stoffes, als auch in Gemischen oder Erzeugnissen, um Produktionsprozesse oder deren Anwendungsmöglichkeiten in Pilot- oder Produktionsanlagen zu erproben.

▶ **Wissenschaftliche Forschung und Entwicklung** Durchführung von wissenschaftlichen Versuchen, Analysen oder Forschungsarbeiten mit chemischen
Stoffen in Mengen < 1 t/a unter kontrollierten Bedingungen.

Für die produkt- und verfahrensorientierte Forschung und Entwicklung müssen nach Artikel 9 für einen Zeitraum nicht die nach den Mengenbändern geforderten Stoffeigenschaften untersucht werden, wenn die Verwendung unter angemessen kontrollierten Bedingungen erfolgt und folgende Angaben der ECHA übermittelt werden:

- Angabe des Herstellers/des Importeurs sowie des hergestellten/importierten Stoffes,
- Einstufung und Kennzeichnung,
- Mengenbereich und
- Verzeichnis der Kunden mit Namen und Anschrift.

Der breiten Öffentlichkeit dürfen diese Stoffe zu keinem Zeitpunkt zugänglich sein.
Zwei Wochen nach Eingang des Ausnahmeantrags darf mit der Herstellung oder dem
Import begonnen werden, falls keine gegenteilige Benachrichtigung erfolgt. Zur Überwachung der Einhaltung der festgelegten Bedingungen werden die zuständigen nationalen Behörden informiert, in Deutschland der BAuA.

4.3.5 Zwischenprodukte

REACH unterscheidet 3 Arten von Zwischenprodukten:

- nicht-isolierte Zwischenprodukten,
- standortinterne isolierte Zwischenprodukten und
- transportierte Zwischenprodukten.

▶ **Zwischenprodukt** Stoffe, die für die chemische Weiterverarbeitung hergestellt und hierbei verbraucht oder verwendet werden, um in einen anderen
Stoff umgewandelt zu werden = „Synthese".

Nicht-isoliertes Zwischenprodukt: wird nicht vorsätzlich aus dem Reaktionsbehälter
entfernt, mit Ausnahme von Probenahme. Zum Reaktionsbehälter zählen alle Aus-
rüstungsgegenstände, die der Stoff in einem kontinuierlichen oder diskontinuierlichen
Prozess durchläuft, einschließlich Rohrleitungen, jedoch nicht Lagerbehälter.
   Standortinternes isoliertes Zwischenprodukt: isoliertes Zwischenprodukt innerhalb
eines Standortes.
   Transportiertes isoliertes Zwischenprodukt: isoliertes Zwischenprodukt, das an andere Standorte geliefert oder zwischen diesen transportiert wird.
   Standort: Ort, an dem ein oder auch mehrere Hersteller bestimmte Teile der Infra-
struktur und Anlagen gemeinsam nutzen, einschließlich Chemieparks.

Nicht-isolierte Zwischenprodukte sind von der Registrierpflicht grundsätzlich ausgenommen.

Isolierte Zwischenprodukte müssen im Gegensatz hierzu registriert werden, es müssen jedoch nicht die nach den Mengenbändern geforderten Untersuchungen durchgeführt werden. Folgende Angaben müssen ECHA übermittelt werden:

- Angaben zum Hersteller / Importeur,
- Angaben zum Zwischenprodukt,
- Informationen zu den physikalisch-chemischen, toxischen und umwelttoxischen Eigenschaften,
- Einstufung des Zwischenproduktes auf Basis der vorliegenden Daten,
- Beschreibung der Verwendungen und
- detaillierte Angaben zu den Risikomanagementmaßnahmen.

Die Erleichterungen für Zwischenprodukte gelten nur, wenn diese unter „streng kontrollierten Bedingungen" (strictly controlled conditions, SCC) gehandhabt werden.

▶   **SCC** Stoff wird während seines gesamten Lebenszyklus durch technische Mittel, Verfahrenstechnologien und Überwachungsmethoden strikt eingeschlossen. Die Exposition der Beschäftigten sowie Emissionen in die Umwelt werden minimiert. Der Hersteller muss dies bei der Registrierung bestätigen.

Werden transportierte isolierte Zwischenprodukte in Mengen über 1.000 t/a verwendet, sindzumindest die Untersuchungsergebnisse des Grunddatensatzes ab 1 t/a gemäß Anhang VII vorzulegen. Zusätzlich muss der Registrant Bestätigungen einreichen, dass der Verwender den Stoff während seines gesamten Lebenszyklus durch technische Maßnahmen strikt eingeschlossen handhabt, Verfahrens- und Überwachungstechnologien zur Minimierung der Emissionen und Expositionen einsetzt und nur ordnungsgemäß ausgebildetes Personal einsetzt. Die vorgenannten Bedingungen gelten auch bei Reinigung, Wartung, Probenahme, Befüllen und Entleeren von Apparaten und Behältern, Abfallentsorgung und bei der Lagerung. Der Standortbetreiber muss die Einhaltung dieser Bedingungen überwachen und dokumentieren.

4.4   Das Sicherheitsdatenblatt

Beim Inverkehrbringen von

- eingestuften gefährlichen Stoffen,
- eingestuften gefährlichen Gemischen sowie bei
- persistenten (PBT) und bioakkumulierbaren (vPvB) Stoffen sowie Gemischen, die diese enthalten,

muss der Lieferant dem berufsmäßigen Abnehmer ein Sicherheitsdatenblatt in Deutsch gemäß Artikel 31 mit den in Anhang II definierten Inhalten zur Verfügung stellen. Im Gegensatz zur Registrierpflicht existiert keine untere Mengenschwelle.

Zur Übermittlung des Sicherheitsdatenblattes gelten nach Artikel 2 Nr. 6 die gleichen Ausnahmen wie bei der Kennzeichnungspflicht nach der CLP-Verordnung, siehe Abschn. 2.8.

Enthält ein **nicht eingestufter** Stoff oder Gemisch einen

- gesundheitsgefährdenden oder umweltgefährlichen Inhaltsstoffe > 1 % (fest oder flüssig), bzw. 0,2 % bei gasförmigen Inhaltsstoffen,
- nicht gasförmigen Stoffe mit PBT- oder vPvB-Eigenschaften > 0,1 % oder
- einen Stoff mit einem von der EG festgelegten Grenzwert, siehe Abschn. 6.1.3,

muss nach Artikel 31 Absatz 3 auf Anforderung dem berufsmäßigen Verwendern ein Sicherheitsdatenblatt übermittelt werden.

Ein Rechtsanspruch besteht nicht für nicht als gefährlich eingestufte Stoffe und Gemische, außer der vorgenannten Ausnahmen, sowie grundsätzlich nicht für Erzeugnisse. Nach Artikel 32 muss der Lieferant eines Stoffes oder Gemisches, für das kein Sicherheitsdatenblatt übermittelt werden muss, dem Abnehmer auf Anfrage mitteilen:

a) die Registrierungsnummer, falls der Stoff registriert wurde
b) bestehende Zulassungspflichten nach Anhang XIV
c) bestehende Verwendungsbeschränkungen nach Anhang XVII,
d) notwendige Informationen zur Festlegung der notwendigen Schutzmaßnahmen.

In Abb. 4.4 sind die Pflichten zur Übermittlung eines Sicherheitsdatenblattes zusammengefasst.

Bei sicherheitsrelevanten Änderungen muss das Sicherheitsdatenblatt aktualisiert und allen Kunden der letzten 12 Monaten unaufgefordert mit Markierung der Änderungen übermittelt werden. Diese liegen vor, wenn

- sich die Einstufung relevant ändert,
- neue Grenzwerte festgelegt wurden,
- eine Zulassung nach Anhang XIV erteilt oder verweigert wurde oder
- Beschränkungen nach Anhang XVII festgelegt wurden.

Eine sicherheitsrelevante Änderung der Einstufung ist gegeben, wenn sich hierdurch die Schutzmaßnahmen ändern, wie beispielsweise von reizend zu ätzend.

Im Sicherheitsdatenblatt dürfen keine verharmlosende Angaben, wie potenziell gefährlich, keine Wirkungen auf die Gesundheit, unter den meisten Verwendungsbedingungen sicher oder unschädlich verwendet werden.

Nach Artikel 31 (1) <u>muss</u> ein SDB geliefert werden bei

1. Stoffen und Gemischen
   ⇨ die nach CLP-VO als <u>gefährlich eingestuft</u> sind

2. sowie bei Stoffen
   ⇨ mit PBT-Eigenschaften (persistente, bioakkumulierbare und toxische)
   ⇨ mit vPvB-Eigenschaften (sehr persistente und sehr bioakkumulierbar)
   ⇨ die auf die Kandidatenliste aufgenommen wurden

Nach Artikel 31 (3) muss ein SDB <u>auf Anfrage</u> geliefert werden bei
nicht eingestuften Gemischen

⇨ mit mindestens einem <u>gesundheitsgefährdenden</u>, <u>umweltgefährlichen</u> Inhaltsstoff
  → ≥ 1 Gew.-% bei Flüssigkeiten oder Feststoffen
  → ≥ 0,2 Vol-% bei Gasen

⇨ mit einem Inhaltsstoff ≥ 0,1 Gew.-% bei Flüssigkeiten oder Feststoffen mit
  → krebserzeugenden, keimzellmutagenen, reproduktionstoxischen Eigenschaften Kat. 1A, 1B oder 2
  → haut- oder inhalationssensibilisierenden Eigenschaften Kat. 1
  → Wirkung auf Laktation (EUH064)
  → PBT- oder vPvB- Eigenschaft

⇨ die einen Inhaltsstoff mit gemeinschaftlichem Arbeitsplatzgrenzwert enthalten

---

Abb. 4.4 Pflichten zur Übermittlung eines Sicherheitsdatenblattes

Das Sicherheitsdatenblattes richtet sich an den betrieblichen Vorgesetzten von berufsmäßigen Verwendern, um die notwendigen Informationen zur Durchführung der Gefährdungsbeurteilung und Festlegung der notwendigen Schutzmaßnahmen und Beschreibung in der Betriebsanweisung durchführen zu können.

Gemäß Anhang II darf das Sicherheitsdatenblatt keine leeren Abschnitte oder Unterabschnitte enthalten, es müssen grundsätzlich alle Abschnitte und Unterabschnitte ausgefüllt sein. Die vorgegebene Gliederung ist im UN-GHS System festgeschrieben, von REACH unverändert übernommen worden und darf nicht geändert werden.

1. *ABSCHNITT: Bezeichnung des Stoffes bzw. des Gemisches und des Unternehmens*
   1.1 *Produktidentifikator*
   1.2 *Relevante identifizierte Verwendungen des Stoffs oder Gemischs und Verwendungen, von denen abgeraten wird*
   1.3 *Einzelheiten zum Lieferanten, der das Sicherheitsdatenblatt bereitstellt*
   1.4 *Notrufnummer*
2. *ABSCHNITT: Mögliche Gefahren*
   2.1 *Einstufung des Stoffs oder Gemischs*

12. *ABSCHNITT: Umweltbezogene Angaben*
   12.1 *Toxizität*
   12.2 *Persistenz und Abbaubarkeit*
   12.3 *Bioakkumulationspotenzial*
   12.4 *Mobilität im Boden*
   12.5 *Ergebnisse der PBT- und vPvB-Beurteilung*
   12.6 *Endokrin schädliche Eigenschaften*
   12.7 *Andere schädliche Wirkungen*
13. *ABSCHNITT: Hinweise zur Entsorgung*
   13.1 *Verfahren zur Abfallbehandlung*
14. *Abschnitt: Angaben zum Transport*
   14.1 *UN-Nummer*
   14.2 *Ordnungsgemäße UN-Versandbezeichnung*
   14.3 *Transportgefahrenklassen*
   14.4 *Verpackungsgruppe*
   14.5 *Umweltgefahren*
   14.6 *Besondere Vorsichtsmaßnahmen für den Verwender*
   14.7 *Massengutbeförderung auf dem Seeweg gemäß IMO-Instrumenten*
15. *ABSCHNITT: Rechtsvorschriften*
   15.1 *Vorschriften zu Sicherheit, Gesundheits- und Umweltschutz/spezifische Rechts-*
       vorschriften für den Stoff oder das Gemisch
   15.2 *Stoffsicherheitsbeurteilung*
16. *ABSCHNITT: Sonstige Angaben*

Gemäß Anhang II muss die Erstellung durch sachkundige Personen erfolgen. Im Gegensatz zur Gefahrstoffverordnung ist in der EU der Begriff „sachkundig" nicht eindeutig definiert. In Übereinstimmung mit deutschen Gefahrstoffrecht ist in TRGS 220 präzisiert, dass die Ersteller fachkundig sein müssen; diese Fachkunde ist nach § 18 Absatz 4 Gefahrstoffverordnung der zuständigen Behörde auf Verlangen nachzuweisen. Eine Zusammenstellung der notwendigen Kenntnisse ist in TRGS 220 aufgeführt.

4.4.1   Abschnitt 1: Bezeichnung des Stoffes bzw. des Gemisches und des Unternehmens

1. Produktidentifikator
Der Produktidentifikator für Stoffe besteht aus

- dem Stoffnamen gemäß den Vorschriften der CLP-VO und
- der Identifikationsnummer (Index-Nr., EG-Nr. oder CAS-Nr.)
- REACH-Registriernummer, falls zutreffend.

Bei Listenstoffen ist der in Anhang VI Tab. 3 der CLP-VO aufgeführte Stoffname, ansonsten der von CAS vergebene oder der IUPAC-Name anzugeben. Bei Gemischen sind zusätzlich zum Handelsnamen die Namen der Inhaltsstoffe aufzuführen, die zu einer Einstufung aufgrund einer Gesundheitsgefahr geführt haben.

2. Relevante identifizierte Verwendungen des Stoffs oder Gemischs und Verwendungen, von denen abgeraten wird

Die wesentlichen unterstützten Verwendungen sind aufzuführen, bei registrierten Stoffen > 10 t/a müssen diese mit den Expositionsszenarien übereinstimmen.

Bei abgeraten Verwendungen müssen die Gründe hierfür aufgeführt werden.

3. Einzelheiten zum Lieferanten, der das Sicherheitsdatenblatt bereitstellt

Bei Einzelheiten zum Lieferanten sind aufzuführen:

- Hersteller / Lieferant
- Straße, Hausnummer/Postfach
- Land / Postleitzahl und Ort
- Telefonnummer, möglichst auch Fax-Nr.
- E-Mail-Adresse der für das SDB zuständigen sachkundigen Person.

1.4 Notrufnummer

Als Notrufnummer kann eine auskunftsfähige Telefonnummer des Unternehmens oder einer zuständigen öffentlichen Beratungsstelle angegeben, die im Notfall über entsprechende Informationen verfügen. Ist die Notrufnummer nicht 24 h erreichbar, ist die Erreichbarkeit aufzuführen.

4.4.2   Abschnitt 2: Mögliche Gefahren

1. Einstufung des Stoffs oder Gemischs

Die Einstufung des Stoffes oder des Gemischs ist aufzuführen mit

- Gefahrenklasse und Gefahrenkategorie und
- H-Sätzen,
- M-Faktor, falls zutreffend.

Bei akut gewässergefährdenden Stoffen der Kategorie 1 ist der ermittelte M-Faktor aufzuführen.

2. Kennzeichnungselemente

Für Stoffe sind gemäß CLP-VO die Gefahrenpiktogramme (dürfen in schwarz-weiß wiedergegeben werden), Beispiel siehe Abb. 4.5,

- das Signalwort,
- die Gefahrenhinweise (H-, und ggf. EUH-Sätze),
- die Sicherheitshinweise (P-Sätze) und
- ggf. zusätzliche Kennzeichnungselemente gemäß Artikel 25 CLP-VO,

aufzuführen.

Werden nur die numerischen Angaben der H- und P-Sätze aufgeführt, sind in Abschn. 4.16 die vollständigen Wortlaute abzudrucken.

3. Sonstige Gefahren

Weitere Gefahren, die nicht durch Einstufungskriterien erfasst sind, wie beispielsweise Erstickungsgefahr oder Staubexplosionsgefahr, sollten aufgeführt werden.

4.4.3   Abschnitt 3: Zusammensetzung/Angaben zu Bestandteilen

1. Stoffe

Bei Stoffen muss aufgeführt werden:

- Identität des Hauptstoffes durch den Produktidentifikator gemäß Abschn. 1.1
- stoffspezifischer Konzentrationsgrenzwert, falls vorhanden,
- Schätzwert für die akute Toxizität, sofern in Anhang VI CLP-VO aufgeführt
- M-Faktor, falls vorhanden

Verunreinigungen sowie Stabilisatoren müssen durch ihren Produktidentifikator nur oberhalb der Berücksichtigungsgrenze aufgeführt werden.

2. Gemische

Bei Gemischen müssen folgende Inhaltsstoffe aufgeführt werden:

- die aufgrund einer Gesundheitsgefahr oder
- einer Umweltgefahr eingestuft sind, wenn sie in einer Konzentration oberhalb
  - der Berücksichtigungsgrenze (siehe Abschn. 2.6.2 und 2.6.3)
  - stoffspezifischen Konzentrationsgrenzwert nach Anhang VI CLP-VO enthalten sind,
- Stoffe mit einem gemeinschaftlichen Grenzwert (siehe Abschn. 5.1.3),
- Stoffe der Kandidatenliste oberhalb 0,1 %,
- Stoffe mit PBT- oder vPvB-Eigenschaften oberhalb 0,1 %.

Zu allen Inhaltsstoffe müssen die folgenden Angaben aufgeführt werden:

- Produktidentifikator
- Konzentration bzw. Konzentrationsbereich
- Einstufung: Gefahrenklasse, Gefahrenkategorie mit Akronym

- stoffspezifischer Konzentrationsgrenzwert, falls vorhanden
- Schätzwert für die akute Toxizität, sofern in Anhang VI CLP-VO aufgeführt
- M-Faktor, falls vorhanden

Weitere Inhaltsstoffe dürfen aufgeführt werden, die Auflistung von Stoffen beispielsweise mit physikalisch-chemischen Eigenschaften, ist für die betriebliche Praxis wünschenswert.

4.4.4   Abschnitt 4: Erste-Hilfe-Maßnahmen

4.1 Beschreibung der Erste-Hilfe-Maßnahmen
Die Angaben zur Ersten Hilfe sollen alle relevanten Gefährdungen behandeln, auf notwendige sofortige ärztliche Hilfe ist gegebenenfalls hinzuweisen.

Die Erste-Hilfe-Maßnahmen sind wie folgt zu gliedern:

- allgemeine Anmerkungen (falls notwendig)
- nach Einatmen (an frische Luft bringen)
- nach Hautkontakt (bei kleinflächige Kontaminationen mit viel Wasser spülen, bei großflächiger Kontamination Notdusche benutzen)
- nach Augenkontakt (10–15 min mit Augendusche spülen, Arzt aufsuchen)
- nach Verschlucken (kein Erbrechen auslösen, viel Wasser trinken)
- Selbstschutz des Ersthelfers (ggf. Schutzhandschuhe, Schutzanzug, Atemschutz)

4.2 Wichtigste akute oder verzögert auftretende Symptome und Wirkungen
Bekannte akute und verzögert auftretende Symptome und Wirkungen kurz erläutern.
4.3 Hinweise auf ärztliche Soforthilfe oder Spezialbehandlung
Falls bekannt, sind diese aufzuführen.

4.4.5   Abschnitt 5: Maßnahmen zur Brandbekämpfung

5.1 Löschmittel
Die geeigneten und ganz wichtig, die ungeeignete Löschmittel, sind aufzuführen.

5.2 Besondere vom Stoff oder Gemisch ausgehende Gefahren
Die im Brandfall entstehenden gefährliche Verbrennungsgase, z. B. Schwefeldioxid,
Cyanwasserstoff oder Stickoxide, sind anzugeben, sowie ein möglicher explosionsartiger
Zerfall oder Polymerisationen bei erhöhten Temperaturen.
5.3 Hinweise für die Brandbekämpfung
Standardmäßig ist Feuerwehrbekleidung nach EN 469 empfohlen, darüberhinausgehende
persönliche Schutzausrüstung ist konkret zu beschreiben.

4.4.6   Abschnitt 6: Maßnahmen bei unbeabsichtigter Freisetzung

**6.1 Personenbezogene Vorsichtsmaßnahmen, Schutzausrüstungen und in Notfällen
anzuwendende Verfahren**
Zu den personenbezogenen Vorsichtsmaßnahmen zählen beispielsweise:

- Entfernen von Zündquellen,
- Herstellung einer ausreichenden (zusätzlichen) Belüftung,
- Vermeidung von Staubaufwirbelung,
- konkrete Beschreibung der notwendigen persönlichen Schutzausrüstung, z. B.
  Partikelfilter FFP2, filtrierende Halbmaske mit B-Filter benutzen; Chemikalien-
  Schutzhandschuhe aus Butylkautschuk 0,5 mm tragen.

Gegebenenfalls sind für geschulte Einsatzkräfte zusätzliche Angaben sinnvoll, z. B.
Chemikalienschutzanzug oder umgebungsluftunabhängiger Atemschutz.
6.2 Umweltschutzmaßnahmen
Beschreibung der Maßnahmen zur Verhütung des Eindringens in die Kanalisation oder in
Oberflächen- und Grundwasser.
6.3 Methoden und Material für Rückhaltung und Reinigung
Beispiele zur Vermeidung der Ausbreitung verschütteter Produkte:

- Einrichten von Sperren, Abdecken der Kanalisationen oder
- Abdichtungsverfahren.

Maßnahmen zur Reinigung kontaminierter Bereiche, beispielsweise

- Neutralisierungsverfahren,
- Dekontaminierungsverfahren,

- Angabe von Adsorbenzien oder
- Säuberungsverfahren.

6.4 Verweis auf andere Abschnitte
Sofern sich die empfohlenen persönlichen Schutzausrüstung sowie die Umweltschutzmaßnahmen bei bestimmungsgemäßem Betrieb von Abschnitte 8 und 13 nicht unterscheiden, kann auf diese Abschnitte verweisen werden.

4.4.7   Abschnitt 7: Handhabung und Lagerung

7.1 Schutzmaßnahmen zur sicheren Handhabung
Beschreibung der notwendigen technischen Maßnahmen sowie Hygienemaßnahmen zur
sicheren Handhabung beim bestimmungsgemäßen Betrieb, z. B.:

- Alle Geräte erden
- Nur unter Inertgas handhaben
- Nur in geschlossenen Anlagen verwenden
- Dämpfe / Aerosole /Stäube nicht einatmen
- Berühren der Haut / Augen /Kleidung vermeiden
- Im Labor Produkt nur im Abzug handhaben

Gemäß Anhang II sollte auf die allgemeinen Hygienemaßnahmen, wie Verbot von Essen,
Trinken, Rauchen am Arbeitsplatz – Hände nach Gebrauch waschen - kontaminierte
Kleidung vor Betreten der Sozialräume ausziehen, hingewiesen werden. Die Notwendigkeit dieser Angaben ist in Abhängigkeit Zielgruppen zu entscheiden.
**7.2 Bedingungen zur sicheren Lagerung unter Berücksichtigung von Unverträglich-
keiten**
Maßnahmen, die für eine sichere Lagerung notwendig sind, wie z. B.:

- Maximale bzw. minimale Lagertemperatur
- Technische Raumlüftung
- Zusammenlagerungsverbote nach TRGS 510
- Feuchtigkeitsausschluss
- Lichtausschluss
- notwendige Stabilisatoren, insbesondere Hinweis, wenn diese Luftsauerstoff be-
  nötigen
- Maßnahmen zum Ex-Schutz, wie Vermeidung elektrostatischer Aufladung, An-
  forderungen an die elektrischen Anlagen
- geeignete bzw. ungeeignete Verpackungsmaterialien

7.3 Spezifische Endanwendungen
Beispiele: Biozidprodukt für die menschliche Hygiene, Parkettkleber, Holzleim für industrielle Verwendung, lösungsmittelhaltige Holzsiegel.

4.4.8   Abschnitt 8: Begrenzung und Überwachung der Exposition / Persönliche Schutzausrüstung

Grundsätzlich sind die notwendigen Maßnahmen zum Arbeitsschutz beim Umgang mit Stoffen aufzuführen und möglichst konkret zu beschreiben. Die Methoden zur Ermittlung der Exposition am Arbeitsplatz sowie Möglichkeiten zur Minimierung der Exposition der Beschäftigten bei der Verwendung, sind zu beschreiben. Für die Arbeitsplatzüberwachung relevante Parameter, wie z. B. Grenzwerte in der Luft oder im biologischen Material, sind anzugeben.

Die Angaben sind zu untergliedern in

- Expositionsgrenzwerte und
- Maßnahmen zur Begrenzung und Überwachung der Exposition, getrennt nach Arbeitsplatz und Umwelt.

8.1 Zu überwachende Parameter
Die folgenden nationalen Grenzwerte der in Abschn. 4.3 aufgeführten Inhaltsstoffe sind anzugeben:

- der Arbeitsplatzgrenzwert nach TRGS 900,
- die Akzeptanz- und Toleranzkonzentration nach TRGS 910 und
- der Biologische Grenzwert nach TRGS 903.

Die Wiedergabe nationaler Grenzwerte anderer Länder ist nicht notwendig.

Für registrierte Stoffe im Mengenband > 10 t/a sind zusätzlich die DNEL- und PNEC-Werte aufzuführen. Die DNEL-Werte sind getrennt für Arbeiter und Endverbraucher anzugeben, jeweils bei einmaliger, kurzfristiger, gelegentlicher und wiederholter, sowohl bei inhalativer als auch dermaler Exposition. Eine ausführliche Beschreibung der Grenzwerte findet sich in Kap. 5.

Zusätzlich sind die aktuell empfohlenen Überwachungsverfahren anzugeben, üblicherweise reicht der Hinweis auf EN 14042.

8.2 Begrenzung und Überwachung der Exposition
In Abhängigkeit der Stoffeigenschaften und der identifizierten Verwendungen sind die technischen, organisatorischen und persönlichen Schutzmaßnahmen anzugeben. Zu den technischen Maßnahmen gehören Lüftungsmaßnahmen, Quellenabsaugungen, geschlossene Apparate.

Die empfohlenen persönlichen Schutzausrüstungen sind nach Art, Typ und Schutz-klasse konkret zu spezifizieren; ein Verweis auf die einschlägigen DIN/EN-Normen ist empfehlenswert.

- Augenschutz: Gestell- oder Korbbrille.
- Atemschutz: bei Partikelfilter Schutzstufe (z. B. FFP2, P3- mit Halbmaske); bei Gas-filter Filtertyp und Rückhaltevermögen (z. B. A3-Filter mit Vollmaske)
- Handschutz: Chemikalienschutzhandschuhe nach DIN/EN 149 mit Angabe des Hand-schuhmaterials, Schichtdicke und Schutzstufe
- Körperschutz: z. B. Säureschürze, Stiefel, Schutzanzug, Vollschutz.

4.4.9   Abschnitt 9: Physikalische und chemische Eigenschaften

Alle vorliegenden physikalisch chemischen Daten sind vollständig aufzuführen, sind Eigenschaften nicht geprüft oder nicht ermittelbar, ist dies anzugeben.

a) Aussehen
b) Geruch
c) Geruchsschwelle
d) pH-Wert
e) Schmelzpunkt/Gefrierpunkt
f) Siedebeginn und Siedebereich
g) Flammpunkt
h) Verdampfungsgeschwindigkeit
i) Entzündbarkeit (fest, gasförmig)
j) obere/untere Entzündbarkeits- oder Explosionsgrenzen
k) Dampfdruck
l) Dampfdichte
m) relative Dichte
n) Löslichkeit(en)
o) Verteilungskoeffizient: n-Octanol/Wasser
p) Selbstentzündungstemperatur
q) Zersetzungstemperatur
r) Viskosität
s) explosive Eigenschaften
t) oxidierende Eigenschaften.

9.2 Sonstige Angaben

Beispiele: Leitfähigkeit, Gasgruppe, Verdunstungszahl, Dissoziationskonstante, Oberflächenspannung, Adsorptions-/Desorptionsverhalten.

4.4.10   Abschnitt 10: Stabilität und Reaktivität

10.1 Reaktivität

Informationen zur Stabilität und Reaktivität; von gefährlichen Zersetzungsreaktionen in Abhängigkeit von Temperatur oder Druck; von gefährliche Reaktionen mit anderen Stoffen, insbesondere mit Wasser sowie notwendige Stabilisatoren.

10.2 Chemische Stabilität

Stabilität unter normalen Umgebungsbedingungen sowie bei den zu erwartenden Temperatur- und Druckbedingungen bei Handhabung und Lagerung.

10.3 Möglichkeit gefährlicher Reaktionen

Alle bekannten Stoffe, die zu einer gefährlichen Reaktion führen können, sind anzugeben, insbesondere mit

- Wasser,
- Luft,
- Säuren,
- Basen,
- Oxidationsmittel oder
- Reduktionsmittel.

10.4 Zu vermeidende Bedingungen

Falls bei kritischen Bedingungen von Temperatur, Druck, Licht oder Erschütterungen gefährlichen Reaktion eintreten können, sind diese aufzuführen.

10.5 Unverträgliche Materialien

Es gelten im Prinzip die gleichen Angaben wie in Unterabschnitt 10.3.

10.6 Gefährliche Zersetzungsprodukte

Insbesondere sind aufzuführen:

- Notwendigkeit von Stabilisatoren,
- Zersetzungsprodukte bei einer gefährlichen exothermen Reaktion,
- Auswirkung bei einer Änderung des Aggregatzustands,
- gefährliche Zersetzungsprodukte bei Kontakt mit Wasser,
- verfahrensbedingte Anreicherung von kritischen Fremdstoffen,
- Möglichkeit der Zersetzung zu instabilen Produkten und
- Stabilitätsgrenzen unter Angaben der Rahmenbedingungen, wie z. B. Druck, Sauerstoffkonzentration oder Mindestwassergehalt.

4.4.11 Abschnitt 11: Toxikologische Angaben

11.1 Angaben zu toxikologischen Wirkungen

Bei Stoffen müssen die vorliegenden toxikologischen Endpunkte aufgeführt werden zur

- akuten Toxizität,
- Ätz-/Reizwirkung auf die Haut,
- Augenschädigung/-reizung,
- Sensibilisierung der Atemwege/Haut,
- Keimzell-Mutagenität,
- Karzinogenität,
- Reproduktionstoxizität,
- spezifische Zielorgan-Toxizität bei einmaliger Exposition,
- spezifische Zielorgan-Toxizität bei wiederholter Exposition,
- Aspirationsgefahr.

Bei Gemischen sind experimentelle Prüfdaten analog aufzuführen. Erfolgte die Einstufung aufgrund der Gemischregeln, siehe Kap. 2, sind diese anzugeben.

Erfolgte die Einstufung durch Analogiebetrachtungen zu strukturähnlichen Verbindungen, ist dies anzuführen, die Nennung des Referenzstoffes ist nicht zwingend.

4.4.12 Abschnitt 12: Umweltbezogene Angaben

12.1 Toxizität

Die aquatische Toxizität ist anhand vorliegender experimenteller Untersuchungen zur akuten und chronischen aquatischen Toxizität von

- Fischen,
- Daphnien,
- Algen und andere Wasserpflanzen

mit Angaben von Versuchsdauer und Testmethode aufzuführen.

12.2 Persistenz und Abbaubarkeit

Das Potential eines Stoffes ist anzugeben, sich in relevanten Umweltmedien durch

- biologischen Abbau,
- Oxidation,
- Hydrolyse oder
- andere Prozesse abzubauen.

Für den biologischen Abbau in Kläranlagen sind die Angabe des

- chemischen Sauerstoffbedarfs (CSB) in mg O_2/g Stoff
- biochemischen Sauerstoffbedarfs (BSB5) in mg O_2/g Stoff
- AOX, bei anorganisch gebundenen Halogenen notwendig.

12.3 Bioakkumulationspotenzial

Das Bioakkumulationsverhalten ist zu beschreiben anhand der

- Oberflächenaktivität (S > 50 mN/m bei einer Konzentration von < 1 g/l,
- der Wasserlöslichkeit (log Pow < 3) und
- der Adsorptionsfähigkeit.

12.4 Mobilität im Boden

Die Mobilität im Boden ist anhand von Untersuchungsergebnisse zur

- bekannten oder erwarteten Verteilung auf Umweltkompartimente,
- Oberflächenspannung und
- Adsorption/Desorption zu beschreiben.

12.5 Ergebnisse der PBT- und vPvB-Beurteilung

12.6 Endokrin schädliche Eigenschaften

Falls in Unterabschnitt 2.3 endokrin schädliche Eigenschaften angegeben wurden, sind die Wirkungen zu beschreiben.

12.7 Andere schädliche Wirkungen

Beispielsweise zum Ozonabbaupotenzial, fotochemischen Ozonbildungspotenzial oder Treibhauspotenzial.

4.4.13 Abschnitt 13: Hinweise zur Entsorgung

13.1 Verfahren zur Abfallbehandlung
Die für die Handhabung, Behandlung von Abfällen notwendigen Informationen sind aufzuführen. Insbesondere zur

- Entsorgung von Abfall-, Restmengen, ggf, unter Angabe einer eindeutigen Abfallschlüsselnummer
- Reinigung/Entsorgung kontaminierter Gebinde
- Möglichkeit der Entsorgung über Abwasser

4.4.14 Abschnitt 14: Angaben zum Transport

Die Transportangaben sollen alle notwendigen Vorschriften sowohl zum innerbetrieblichen als auch zum Transport auf öffentlichen Straßen beinhalten. Informationen gemäß internationalem Übereinkommen, insbesondere den UN-Empfehlungen über die Beförderung und die Verpackung gefährlicher Güter, stellen für den Verwender eine wertvolle Hilfe dar. Die Angaben sind getrennt für die jeweiligen Transportträger aufzulisten. Die Angaben sind für die folgenden Transportwege gefordert:

- Straße: gemäß ADR
- Eisenbahn: gemäß RID
- Binnenschifffahrt: ADN
- Meeresschifffahrt: IMDG-Code
- Lufttransport: ICAO-TI

Angaben zu nicht zutreffenden Transportwegen, z. B. Lufttransport oder Meeresschifffahrt, können entfallen.

14.1 UN-Nummer: Vierstellige Identifizierungsnummer des Produktes.

14.2 Ordnungsgemäße UN-Versandbezeichnung: Proper Shipping Name

14.3 Transportgefahrenklassen: Transportgefahrenklassen + Nebengefahren

14.4 Verpackungsgruppe Nummer der Verpackungsgruppe.

14.5 Umweltgefahren: Meeresschadstoff nach IMDG-Code

14.6 Besondere Vorsichtsmaßnahmen für den Verwender

14.7 Massengutbeförderung gemäß Anhang II des MARPOL-Übereinkommens 73/78 und gemäß IBC-Code

4.4.15 Abschnitt 15: Rechtsvorschriften

15.1 Vorschriften zu Sicherheit, Gesundheits- und Umweltschutz/spezifische Rechtsvorschriften für den Stoff oder das Gemisch

Falls zutreffend, aufzuführende europäischen Vorschriften:

- Gefahrenkategorie gemäß Anhang I der Seveso-RL 2012/18/EG [5]
- Aufnahme in die Kandidatenliste nach Anhang XIV REACH
- Bestehende Beschränkungen nach Anhang XVII REACH
- Zulassungspflicht nach Anhang XIV REACH

Relevante nationale Vorschriften gemäß TRGS 220 sind insbesondere

- Klasse des Stoffes nach der Technischen Anleitung Luft (TA-Luft)
- Wassergefährdungsklasse nach AwSV [6]
- Beschränkungen, Verbote nach Chemikalien-Verbotsverordnung
- Lagerklasse nach TRGS 510
- Einstufung von Stoffen, Gemischen als krebserzeugend, keimzellmutagen oder reproduktionstoxisch nach TRGS 905
- Stoffspezifische technische Regeln für Gefahrstoffe,

15.2 Stoffsicherheitsbeurteilung

Hinweis auf einen Stoffsicherheitsbeurteilung für einen Stoff bzw. Inhaltsstoff eines Gemischs.

4.4.16 Abschnitt 16: Sonstige Angaben

Es sind aufzuführen:

- Auflistung von Änderungen, falls nicht im Sicherheitsdatenblatt angegeben
- Schlüssel oder Legende für die verwendeten Abkürzungen und Akronyme;
- bei Gemischen einen Hinweis, welche der Methoden gemäß Artikel 9 der CLP-VO zur Bewertung der Informationen zum Zwecke der Einstufung verwendet wurde;
- Liste der verwendeten H- und P-Sätze, falls in Abschnitten 2 bis 15 diese nicht vollständig ausgeschriebene Satz wurden in vollem Wortlaut;

4.5   Das erweiterte Sicherheitsdatenblatt und Expositionsszenarien

Im Rahmen der Erstellung eines Stoffsicherheitsberichtes für Stoffe, die in Mengen über zehn t/a herstellt oder importiert werden, ist und ein erweitertes Sicherheitsdatenblatt zu erstellen. Für die identifizierten Verwendungen sind Expositionsszenarien auszuarbeiten, die eine sichere Verwendung beschreiben.

Das erweiterte Sicherheitsdatenblatt muss nur für Stoffe erstellt werden und nicht für Gemische. Anstatt aufwendig Expositionsszenarien auszuarbeiten, können bei Gemischen in den Abschnitten 6 bis 8 im Hauptteil des Sicherheitsdatenblattes die benötigten Informationen an die Verwender effizient und übersichtlich übermittelt werden.

Form und Inhalt der Expositionsszenarien sind nicht vorgegeben, die folgende Gliederung aus der Leitlinie R.12 [7] hat sich in der Praxis durchgesetzt.

1. Titel und Anwendungsbereich des Expositionsszenarios (SU)
2.1. Maßnahmen zum Schutz der Umwelt (ERC)
2.2. Maßnahmen zum Schutz der Arbeiter (PROC)
3. Expositionsabschätzung unter Angabe der Quellen
4. Leitlinie, um die vorhandenen Schutzmaßnahmen mit dem Expositionsszenario zu vergleichen (optional)

Zur Festlegung der Expositionsszenarien ist das Lebenszyklusstadium, LCS (life cycle stadium) zu bestimmen:

- industrielle Verwendung: **M** (Herstellung), **F** (Formulierung), **IS** (Industrieller Standort),
- gewerbliche Verwendung: **PW** (professional worker) und
- Verbraucher: **C** (consumer).

Die Branchen werden durch die „**Sector of Use**", abgekürzt **SU,** ausgedrückt. Insgesamt wurden 24 Anwendungsbereiche definiert Tab. 4.1 listet eine Auswahl chemiebezogener SUs auf.

Zur Beschreibung der Produktart wurden 40 „Produktkategorien", abgekürzt **PC** (product category) definiert. Auf die vollständige Wiedergabe wird aus Platzgründen verzichtet, in Tab. 4.2 gibt eine Auswahl stoffbezogener Produktkategorien wieder.

Die Festlegung der Tätigkeiten erfolgt durch die Verfahrenskategorien, **process category,** abgekürzt **PROC.** Da die Verfahrenskategorien mit den zu erwartenden Expositionen verknüpft sind, sind diese sorgfältig auszuwählen. Zu allen Kategorien, mit Ausnahme von PROC 0 Sonstiges, sind zusätzliche Erläuterungen in der Leitlinie aufgeführt, um die korrekte Zuordnung zu erleichtern. In der Auswahl in Tab. 4.3 sind diese nicht aufgeführt.

Zur Beschreibung der möglichen Exposition in die Umwelt wurden Umweltfreisetzungskategorien, abgekürzt **ERC,** „environmental risk categories" festgelegt. Das

Tab. 4.1   Sector of Use

SU	Beschreibung
SU 2	Bergbau (inklusive Offshore-Industrie)
SU 4	Herstellung von Lebens- und Futtermittel
SU 5	Herstellung von Textilien, Leder, Pelzen
SU 6a	Herstellung von Holz und Holzprodukten
SU 6b	Herstellung von Papier und Papiererzeugnissen
SU 7	Herstellung von Druckerzeugnissen und Vervielfältigung von bespielten Medien
SU 8	Herstellung von Massenchemikalien (inklusive Mineralölprodukte)
SU 9	Herstellung von Feinchemikalien
SU 11	Herstellung von Gummiprodukten
SU 12	Herstellung von Kunststoffprodukten, einschließlich Compoundierung und Konversion
SU 23	Strom-, Dampf-, Gas-, Wasserversorgung und Abwasserbehandlung
SU 24	Wissenschaftliche Forschung und Entwicklung
SU 0	Sonstiges

Tab. 4.2   Auswahl von Produktkategorien

PC 1	Klebstoffe, Dichtstoffe
PC 2	Adsorptionsmittel
PC 3	Luftbehandlungsprodukte
PC 4	Frostschutz- und Enteisungsmittel
PC 7	Grundmetalle und Legierungen
PC 8	Biozidprodukte
PC 9a	Beschichtungen und Farben, Verdünner, Farbentferner
PC 9b	Füllstoffe, Spachtelmassen Mörtel, Modellierton

jeweilige Lebenszyklusstadium hat großen Einfluss auf die Freisetzung von Stoffen in die Umwelt und am Arbeitsplatz.

In Tab. 4.4 sind die Umweltkategorien für Herstellung und Formulierung aufgeführt, die Erläuterung in der Leitlinie   wurden nicht mitaufgeführt. Mithilfe mehrerer Entscheidungsbäume wird die Auswahl der zutreffenden ERC in den ECHA-Guidelines illustriert.

Die zusätzlich definierten Erzeugniskategorien, abgekürzt **AC** (article categories) sollen die Arten von Erzeugnissen beschreiben, auf denen ein Stoff aufgebracht oder enthalten ist. Die Erzeugniskategorien dienen insbesondere der Expositionsabschätzung der Konsumenten im Rahmen der Registrierung. Aufgrund der sehr umfangreichen Deskriptoren und der sehr spezifischen Anwendung wird auf die Wiedergabe verzichtet.

Tab. 4.3   PROCs

PROC 1	Chemische Produktion oder Raffinierung in einem geschlossenen Verfahren ohne Expositionswahrscheinlichkeit oder Verfahren mit äquivalenten Einschluss-bedingungen
PROC 2	Chemische Produktion oder Raffinierung in einem geschlossenen kontinuierlichen Verfahren mit gelegentlicher kontrollierter Exposition oder Verfahren mit äqui-valenten Einschlussbedingungen
PROC 3	Herstellung oder Formulierung in der chemischen Industrie in geschlossenen Chargenverfahren mit gelegentlicher kontrollierter Exposition oder Verfahren mit äquivalenten Einschlussbedingungen
PROC 4	Chemische Produktion mit der Möglichkeit der Exposition
PROC 5	Mischen in Chargenverfahren
PROC 6	Kalandriervorgänge
PROC 7	Industrielles Sprühen
PROC 8a	Transfer des Stoffes oder der Zubereitung (Beschickung/Entleerung) in nicht spe-ziell für nur ein Produkt vorgesehenen Anlagen
PROC 8b	Transfer des Stoffes oder der Zubereitung (Beschickung/Entleerung) in für nur ein Produkt vorgesehenen Anlagen
PROC 9	Transfer eines Stoffes oder eines Gemischs in kleine Behälter (spezielle Abfüll-anlage, einschließlich Wägung)
PROC 12	Verwendung von Treibmitteln bei der Herstellung von Schaumstoffen
PROC 15	Verwendung als Laborreagenz
PROC 19	Manuelle Tätigkeiten mit Hautkontakt
PROC 20	Verwendung von Funktionsflüssigkeiten in kleinen Geräten
PROC 0	Sonstiges

In den Expositionsszenarios sind die abgeleiteten DNELs aufzuführen, für

- Arbeiter bei wiederholter, langandauernder Exposition, als Schichtmittelwert,
- Arbeiter bei wiederholter, kurzfristiger Exposition, als Kurzzeitwert,
- Arbeiter bei gelegentlicher Exposition, als Schichtmittelwert

und für die

- Konsumenten bei wiederholter, langandauernder Exposition, als Tagesmittelwert
- Konsumenten bei wiederholter, kurzfristiger Exposition, als Kurzzeitwert sowie für den
- Konsumenten bei gelegentlicher Exposition, als Expositionsgrenzwert während der Anwendung.

DNEL müssen sowohl für eine inhalative als auch dermale Exposition abgeleitet werden.

Tab. 4.4   Umweltkategorien in Abhängigkeit des Lebenszyklusstadiums

LCS: Herstellung	
ERC 1	Herstellung von Stoffen
LCS: Formulierung oder Umverpackung	
ERC 2	Formulierung von Zubereitungen
ERC 3	Formulierung in Materialien
LCS:	Verwendung an Industriestandorten
ERC 4	Verwendung als nicht reaktiver Verarbeitungshilfsstoff an einem Industriestandort (kein Einschluss in oder auf einem Erzeugnis)
ERC 6b	Verwendung als reaktiver Verarbeitungshilfsstoff an einem Industriestandort (kein Einschluss in oder auf einem Erzeugnis)
ERC 6a	Verwendung als Zwischenprodukt
ERC 6c	Verwendung als Monomer für Polymerisationsreaktionen an einem Industriestandort (Einschluss oder kein Einschluss in oder auf einem Artikel)
ERC 6d	Verwendung als reaktive Reglersubstanzen für Polymerisationsreaktionen an einem Industriestandort (Einschluss oder kein Einschluss in oder auf einem Artikel)
ERC 5	Verwendung an einem Industriestandort, die zum Einschluss in oder auf einem Artikel führt
ERC 7	Verwendung als Funktionsflüssigkeit an einem Industriestandort

4.6   Informationen in der Lieferkette

Der nachgeschaltete Verwender hat nach Artikel 37 das Recht, falls die eigene Verwendung nicht im Sicherheitsdatenblatt aufgeführt ist, den Hersteller/Importeur die notwendigen Informationen zu übermitteln, damit seine Verwendung als identifizierte Verwendung aufgenommen wird. Es obliegt dem Lieferanten, ob er nach Prüfung der übermittelten Informationen die Verwendung als identifizierte Verwendung aufnehmen möchte.

Lehnt er die Aufnahme ab, muss er den nachgeschalteten Verwender unter Angabe der Gründe hierüber informieren. Falls er von der Verwendung aus Gesundheits- oder Umweltschutzgründen abraten muss, muss er zusätzlich dies im Sicherheitsdatenblatt in Abschn. 4.2 aufführen und die ECHA unter Angabe der Gründe hierüber in Kenntnis setzen. Eine Belieferung ist auch bei abgeratener Verwendung zulässig, der nachgeschaltete Verwender muss jedoch die Pflichten gemäß Artikel 38 erfüllen:

- Mitteilung an ECHA mit Angabe des Herstellers/Importeurs sowie ggf. seines Lieferanten und des Stoffes
- Beschreibung der Verwendung und der Verwendungsbedingungen
- Erstellen eines Stoffsicherheitsberichtes und Expositionsszenarien nach Anhang XII und

Aufnahme als identifizierte Verwendung	Ablehnung als identifizierte Verwendung
→ Aufnahme in Stoffsicherheitsbericht	⇒ Unterrichtung von ECHA
⇒ innerhalb Monatsfrist bzw. bis zur nächsten Lieferung	⇒ Unterrichtung des nachgeschalteten Verwenders über die Ablehnungsgründe
	⇒ Aufnahme der Ablehnungsgründe im Stoffsicherheitsbericht
	⇒ Aufnahme der abgelehnten Verwendung vor nächster Lieferung im Sicherheitsdatenblatt

Abb. 4.5 Pflichten des Herstellers/Importeuers bei Information über neue identifizierte Verwendungen

- ggf. Vorschläge für ergänzende Wirbeltieruntersuchungen, falls diese zur Abklärung der Risiken notwendig sind.

Ausnahmen hiervon gelten, wenn der Stoff unter einer Tonne pro Jahr verwendet wird, die Konzentration unter der Einstufungsgrenze liegt oder der Stoff im Rahmen von PPORD eingesetzt wird.

Abb. 4.5 fasst die unterschiedlichen Möglichkeiten mit den Konsequenzen zusammen.

4.7   Die Zulassung

4.7.1   Die Kandidatenliste

Die besonders besorgniserregenden Stoffe, englisch SVHC abgekürzt (substances of very high concern), unterliegen besonderen Beschränkungen unter REACH. Die Definition der SVHC-Stoffe kann Abb. 4.6 entnommen werden. Mittlerweile wurden darüber hinaus auch atemwegssensibilisierende Stoffe mit aufgenommen als Stoffe mit ähnlicher Besorgnis.

Zur Aufnahme eines Stoffes, der die Kriterien für SVHC-Stoffe erfüllt, muss gemäß Artikel 59 ein Stoffdossier nach den Vorgaben von Anhang XV erstellt werden. Nach Zustimmung der Mitgliedsstaaten und der Kommission wird der Stoff auf die Kandidatenliste aufgenommen und im Internet veröffentlicht. Im Dezember 2022 umfasst die Liste 270 Stoffe bzw. Stoffgruppen.

Für Stoffe auf der Kandidatenliste muss gemäß Artikel 31 ein Sicherheitsdatenblatt auch bei nicht eingestuften Stoffen übermittelt werden, bei Gemischen, wenn es einen Inhaltsstoff größer 0,1 % enthält.

Für Stoffe auf der Kandidatenliste in Erzeugnisse gilt zusätzlich:

- Meldepflicht an ECHA, wenn der Stoff im Erzeugnis pro Hersteller/Importeur mehr als 1 Tonne und die Konzentration größer/gleich 0,1 % beträgt,

- Information der Abnehmer von Erzeugnissen, wenn die Konzentration über 0,1 % beträgt mit Angaben zur sicheren Verwendung und Nennung des Stoffnamens,
- auf Anfrage muss auch dem Konsumenten der Stoffname mitgeteilt werden Abb. 4.6.

4.7.2 Das Zulassungsverfahren

Nach Artikel 60 REACH dürfen Stoffe sowie Gemische, die diese enthalten, weder hergestellt, importiert noch verwendet werden, wenn das Ablaufdatum von Anhang XIV überschritten ist und keine Zulassung gewährt wurde. Für das Zulassungsverfahren existiert keine Mengenschwelle, grundsätzlich sind auch Grammmengen zulassungspflichtig.

Ausnahmen von der Zulassungspflicht gelten nur für

- Stoffe, die ausschließlich für den Export hergestellt werden,
- Zwischenprodukte und für die
- wissenschaftliche Forschung und Entwicklung.

Ebenfalls ausgenommen sind zugelassene Pflanzenschutzmittel, Biozid-Produkt, Arzneimittel sowie Motorkraftstoff und Mineralölerzeugnis als Brennstoff in beweglichen oder ortsfesten Feuerungsanlagen und Verwendung als Brennstoff in geschlossenen Systemen.

Die Zulassung muss grundsätzlich von jedem Hersteller und Verwender von zulassungspflichtigen Stoffen gestellt werden. Die Verwendung für andere Anwendungen sowie in größeren Mengen als im Zulassungsantrag aufgeführt, ist nicht erlaubt.

Der Hersteller/Importeur hat die Möglichkeit, in seinem Zulassungsantrag auch Verwendungen seiner Kunden mit aufzunehmen. Werden diese Verwendungen mit zugelassen, müssen die nachgeschalteten Verwender keinen eigenen Zulassungsantrag mehr stellen, wenn sie den Stoff vom Zulassungsinhaber beziehen und ECHA die Verwendung anzeigen.

Die Zulassungsanträge müssen gemäß Artikel 62 folgende Angaben enthalten:

S	Substance of	⇨ PBT (persist, bioakkumulierbar, toxisch)
		⇨ vPvB (sehr persistent, sehr bioakkumulierbar)
V	very	⇨ Karzinogen Kat. 1A, 1B
		⇨ Keimzellmutagen, Kat. 1A, 1B
H	high	⇨ Reproduktionstoxisch, Kat. 1A, 1B
		→ Hormonell schädliche Stoffe (endokrine Disruptoren)
C	concern	→ atemwegsallergene Stoffe

Abb. 4.6 Definition der besonders besorgniserregenden Stoffe

- Stoff und Antragsteller
- Beschreibung der Verwendung, für den die Zulassung beantragt wird
- Stoffsicherheitsbericht, falls nicht bereits bei der Registrierung eingereicht
- Beschreibung alternativer Stoffe oder Verfahren, einschließlich Forschungs- und Entwicklungstätigkeiten und ggf.
- sozioökonomische Analyse bei Stoffen ohne Schwellenwert sowie bei PBT- und vPvB-Stoffen.

Die folgenden Dokumente müssen mit eingereicht werden:

- Stoffsicherheitsbericht Teil A (CSR Part A)
- Stoffsicherheitsbericht Teil B (CSR Part B)
- Analysis of Alternatives (AoA)
- Socio-Economic Analysis (SEA) sowie einen
- Substitutionsplan.

Das Zulassungsverfahren unterteilt sich in mehrere, zum Teil sehr komplexe Schritte, dargestellt in Abb. 4.7.

Das Zulassungsverfahren für Stoffe mit und ohne Wirkschwelle unterscheiden sich wesentlich. Für Stoffe mit gesundheitsbasiertem Schwellenwert, wie bei reproduktionstoxischen

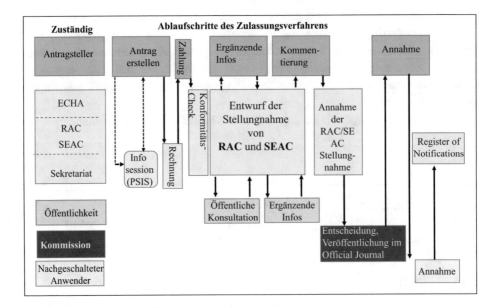

Abb. 4.7 Workflow beim Zulassungsantrag

Stoffen oder nicht-gentoxischen Kanzerogenen, wird eine Zulassung erteilt, wenn die Risiken für die menschliche Gesundheit und die Umwelt bei der Herstellung und allen Verwendungen als angemessen beherrscht gelten. Dies ist der Fall, wenn während des gesamten Lebenszyklus die abgeleiteten Grenzwerte DNEL und PNEC unterschritten werden. Im Stoffsicherheitsbericht sind die Einhaltung der Grenzwerte nachvollziehbar zu belegen. Eine Stellungnahme von SEAC kann entfallen, in Abb. 4.8 ist das Verfahren illustriert.

Bei Stoffen ohne Wirkschwelle wird im „Socio-Economic Analysis Committee" (SEAC) geprüft, ob die Vorteile bei der Verwendung die Risiken für die Gesellschaft überwiegen. Prioritär sind Ersatzstoffe oder Ersatzverfahren zu verwenden. In mehreren Fällen wurde die Zulassung nur bis zum Einsatz der alternativen Stoffe oder Verfahren gewährt.

Auf Grundlage der Ausarbeitungen von RAC und ggf. SEAC entscheidet die Kommission über den Zulassungsantrag. Mit dem Zulassungsbescheid der Kommission können Auflagen verbunden sein und wird der Überprüfungszeitraum rechtsverbindlich festgesetzt. Die Zulassungsanträge sowie die Zulassungsverfahren unterscheiden sich deutlich für Stoffe mit und ohne gesundheitsbezogener Wirkschwelle, siehe Abb. 4.8 und 4.9.

Für den erneuten Zulassungsantrag ist zu beachten, dass der Überprüfungszeitraum (review periode) nicht mit dem Zulassungsbescheid beginnt, sondern mit dem Datum des Zulassungsantrags, somit meist mehr als 18 Monaten vor dem Zulassungsbescheid.

⇨ RAC prüft Stoffbewertung	Dossier nach **Anhang I**, unabhängig der Stoffmenge (auch < 1t/a)
⇨ Grenzwert eingehalten?	Welcher Grenzwert ? → AGW, → RAC-DNEL → DNEL → EU-Grenzwert
⇨ RCR < 1: Zulassung wird gewährt	RAC bewertet Zulassungsdossier bzgl. → technische, organisatorische, persönliche Schutzmaßnahmen! (RMM) → Expositionsszenarien
⇨ RCR> 1: sozioökonomische Analyse	⇒ Nutzen muss Risiko übersteigen
⇨ Überprüfungsfristen festlegen	⇒ bisher: maximal 12 Jahren

Abb. 4.8 Zulassungsverfahren für Stoffe mit Wirkschwelle

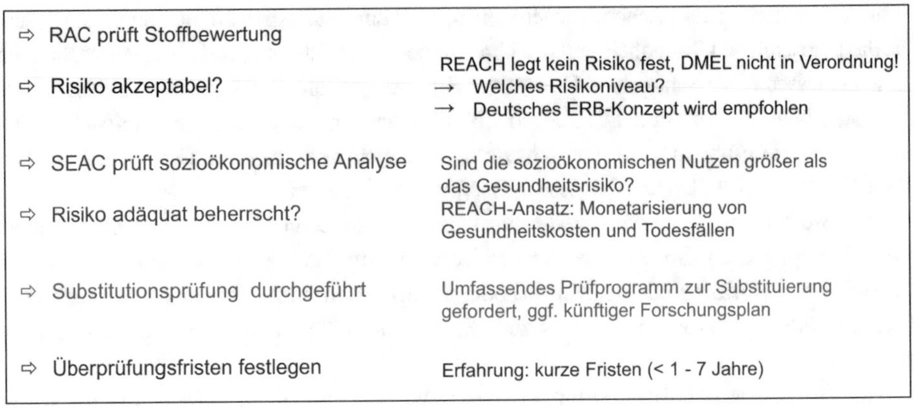

⇨ RAC prüft Stoffbewertung

⇨ Risiko akzeptabel?   REACH legt kein Risiko fest, DMEL nicht in Verordnung!
                                               →   Welches Risikoniveau?
                                               →   Deutsches ERB-Konzept wird empfohlen

⇨ SEAC prüft sozioökonomische Analyse   Sind die sozioökonomischen Nutzen größer als
                                               das Gesundheitsrisiko?
⇨ Risiko adäquat beherrscht?   REACH-Ansatz: Monetarisierung von
                                               Gesundheitskosten und Todesfällen

⇨ Substitutionsprüfung durchgeführt   Umfassendes Prüfprogramm zur Substituierung
                                               gefordert, ggf. künftiger Forschungsplan

⇨ Überprüfungsfristen festlegen   Erfahrung: kurze Fristen (< 1 - 7 Jahre)

Abb. 4.9 Zulassungsverfahren für Stoffe ohne Wirkschwelle

4.8   Verbote bei der Herstellung und beim Inverkehrbringen

In Anhang XVII der RECH-VO sind die „Beschränkungen der Herstellung, des Inverkehrbringens und der Verwendung bestimmter gefährlicher Stoffe, Gemische und Erzeugnisse" aufgelistet.

Anhang XVII umfasst Ende 2023 78 Einträge. Die Beschränkungen und Verbote sind
teilweise extrem detailliert und stoff- und anwendungsspezifisch festgelegt. Zusätzlich
sind umfangreiche Ausnahmen von den Verboten und Beschränkungen aufgeführt.

In Tab. 4.5 sind alle Stoffe aufgeführt mit einer sehr kurzen Beschreibung der Verbote
bzw. Beschränkung. Zur Bewertung der für jeden geregelten Stoff geltenden konkreten
Vorschriften muss Anhang XVII konsultiert werden.

Tab. 4.5 Verbote und Beschränkungen nach Anhang XVII

Nr	Stoffe	Beschränkung
1	Polychlorierte Terphenyle (PCT)	Verbot Inverkehrbringen als Stoff, im Gemisch > 0,005 Gew.-%
2	Chlorethen (Vinylchlorid)	Verbot als Treibgas in Aerosolpackungen
3	Flüssige Stoffe oder Gemische	Verbot Inverkehrbringen und Verwendung von eingestuften Produkten in Dekorationsgegenständen, die zur Erzeugung von Licht- oder Farbeffekten bestimmt sind, in Scherzspielen, in Spielen
4	Tri-(2,3-dibrompropyl)-phosphat	Verbot Inverkehrbringen und Verwendung für Textilerzeugnisse, die mit der Haut in Kontakt kommen
5	Benzol	Verbot Inverkehrbringen als Stoff, in Gemischen > 0,1 % und in Spielwaren > 5 mg/kg
6	Asbestfasern	Herstellungs- und Verwendungsverbot
7	Tris-(aziridinyl)-phosphinoxid	Verbot Inverkehrbringen und Verwendung für Textilerzeugnisse, die mit der Haut in Kontakt kommen
8	Polybromierte Biphenyle (PBB)	Verbot Inverkehrbringen und Verwendung für Textilerzeugnisse, die mit der Haut in Kontakt kommen
9	Panamarindenpulver, Benzidin und/oder seine Derivate, o-Nitrobenz-aldehyd, Holzstaub, Pulver aus der Wurzel der grünen Nieswurz	Verbot Inverkehrbringen und Verwendung in Scherzartikeln zur Verwendung für Niespulver und Stinkbomben
10	Ammoniumsulfid, Ammoniumhydrogensulfid, Ammoniumpolysulfid	Verbot Inverkehrbringen und Verwendung in Scherzartikeln zur Verwendung für Niespulver und Stinkbomben
11	Flüchtige Ester der Bromessigsäure (Methyl-, Ethyl-, Propyl-, Butylbromacetat)	Verbot Inverkehrbringen und Verwendung in Scherzartikeln zur Verwendung für Niespulver und Stinkbomben
12	2-Naphthylamin und Salze	Verbot Herstellung und Inverkehrbringen > 0,1 %
13	Benzidin und Salze	Verbot Herstellung und Inverkehrbringen > 0,1 %
14	-Nitrobiphenyl und Salze	Verbot Herstellung und Inverkehrbringen > 0,1 %
15	- Aminobiphenyl und Salze	Verbot Herstellung und Inverkehrbringen > 0,1 %

(Fortsetzung)

Tab. 4.5 (Fortsetzung)

Nr	Stoffe	Beschränkung
16	Bleikarbonat und Triblei-bis(carbonat)-dihydroxid	Verwendungsverbot in Farben
17	Bleisulfate	Verwendungsverbot in Farben
18	Quecksilber, Quecksilberverbindungen	Metall: Anwendungsverbot Hg-Verbindungen: Anwendungsverbot in Antifoulingmittel, Holzschutzmittel, zur Imprägnierung von schweren industriellen Textilien, Aufbereitung von Wasser
19	Arsenverbindungen	Anwendungsverbot in Antifoulingmittel, Holzschutzmittel, Aufbereitung von Wasser
20	Zinnorganische Verbindungen	Anwendungsverbot in Antifoulingmittel, Farben in Bioziden, Aufbereitung von Wasser
21	Di-μ-di-n-butylstanniohydroxyboran, Dibutylzinnhydrogenborat (DBB)	Verbot Herstellung und Inverkehrbringen > 0,1 %
22	Pentachlorphenol	Verbot Herstellung und Inverkehrbringen > 0,1 %
23	Cadmium und seine Verbindungen	Verbot Herstellung und Inverkehrbringen > 0,1 bzw. 0,01 % Einfärben von Kunststoffen Herstellung von Anstrichfarben und Lacken Stabilisator in Kunststoffen Cadmierung
24	Monomethyl-tetrachlordiphenylmethan (Ugilec 141)	Verbot Inverkehrbringen als Stoff und in Gemischen
25	Monomethyl-dichlordiphenylmethan (Ugilec 121, Ugilec 21)	Verbot Inverkehrbringen als Stoff und in Gemischen
26	Monomethyldibromdiphenylmethan (DBBT	Verbot Inverkehrbringen als Stoff und in Gemischen, Erzeugnissen
27	Nickel	Verbot Inverkehrbringen von Erzeugnissen, die mit der Haut in Berührung kommen können bei einer Nickelfreisetzung > 0,2 bzw. 0,5 μg/cm²/Woche

(Fortsetzung)

Tab. 4.5   (Fortsetzung)

Nr	Stoffe	Beschränkung
28	Krebserzeugende Stoffe Kat. 1 A, 1B	Abgabeverbot an breite Öffentlichkeit als Stoff, in Gemischen > 0,1 %, falls in einem der Anhänge aufgeführt
29	Keimzellmutagene Stoffe Kat. 1 A, 1B	
30	Reproduktionstoxische Stoffe Kat. 1 A, 1B	
31	Kreosot, Kreosotöl, Waschöl, Kresotöl, Naphthalinöle, Anthracenöle, Teersäuren, Rohöle, Niedrigtemperatur-Kohlenteeralkalin	Anwendungsverbot als Holzschutzmittel
32	Chloroform	Verbot Herstellung und Inverkehrbringen an die breite Öffentlichkeit als Stoffe, in Gemischen > 0,1 %
34	1,1,2-Trichlorethan	
35	1,1,2,2-Tetrachlorethan	
36	Pentachlorethan	
37	1,1-Dichlorethen	
38	1,1-Dichlorethen	
40	Entzündbare Gase; extrementzündbare, leichtentzündbare und entzündbare Flüssigkeiten	Verwendungsverbot in Aerosolpackungen für zahlreiche Erzeugnisse für die breite Öffentlichkeit
41	Hexachlorethan	Anwendungsverbot zur Verarbeitung von Nichteisenmetallen
43	Azofarbstoff	Verwendungsverbot in Textil- und Ledererzeugnissen, die durch reduktive Spaltung krebserzeugende Amine bilden können
45	Diphenylether-Octabromderivate	Verbot Inverkehrbringen als Stoff, in Gemischen und Erzeugnisse > 0,1 %
46	Nonylphenol und Nonylphenolethoxylate	Verbot Inverkehrbringen und Verwendung für aufgelistete Verwendungen > 0,1 %
47	Chrom-VI-Verbindungen	Verbot der Verwendung in Zement, zementhaltigen Gemischen bei manueller Anwendung > 2 mg/kg
48	Toluol	Verbot Inverkehrbringen und Verwendung in Klebstoffen und Farbsprühdosen > 0,1 % für breite Öffentlichkeit

(Fortsetzung)

Tab. 4.5 (Fortsetzung)

Nr	Stoffe	Beschränkung
49	Trichlorbenzol	Verbot Inverkehrbringen und Verwendung als Stoff, in Gemischen > 0,1 %
50	Polycyclische aromatische Kohlenwasserstoffe (PAK)	Verbot Inverkehrbringen und Verwendung als Weichmacheröl bei der Reifenherstellung, Erzeugnisse mit möglichem Hautkontakt für die breite Öffentlichkeit > 1 mg/kg
51	Di(2-ethylhexyl)phthalat (DEHP), Dibutylphthalat, Benzylbutylphthalat, Diisobutylphthalat	Verbot Inverkehrbringen und Verwendung in Spielzeugen und Babyartikeln > 0,1 % vom Weichmacher
52	Di-isononylphthalat, Di-isodecylphthalat, Di-n-octylphthalat	Verbot Inverkehrbringen und Verwendung in Spielzeugen und Babyartikeln > 0,1 % vom Weichmacher
54	2-(2-Methoxyethoxy)ethanol (DEGME	Abgabeverbot an breite Öffentlichkeit in Farben, Abbeizmitteln, Reinigungsmitteln, selbstglänzenden Emulsionen, Fußbodenversiegelungsmitteln
55	2-(2-Butoxyethoxy)ethanol (DEGBE)	Abgabeverbot an breite Öffentlichkeit in Spritzfarben und Reinigungssprays in Aerosolpackungen
56	Methylendiphenyl-Diisocyanat (MDI)	Abgabebeschränkung an breite Öffentlichkeit: nur mit Schutzhandschuhe und Zusatzkennzeichnung
57	Cyclohexan	Abgabebeschränkung an breite Öffentlichkeit in Kontaktklebstoffen auf Neoprenbasis in Packungsgrößen ab 350 g und Farbsprühdosen
58	Ammoniumnitrat (AN)	Verbot Inverkehrbringen und Verwendung fester Ein- oder Mehrstoffdünger mit einem Stickstoffgehalt über 28 %
59	Dichlormethan (DCM)	Verbot Inverkehrbringen und Verwendung als Farbabbeizer > 0,1 %
60	Acrylamid	Anwendungsverbot in Abdichtungsanwendungen > 0,1 %
61	Dimethylfumarat	Verwendungsverbot in Erzeugnissen > 0,1 mg/kg
62	Phenylquecksilber-acetat, -propionat, -2-ethylhexanoat, -octanoat, -neodecanoat	Verbot Herstellung und Verwendung > 0,01 %
63	Blei und seine Verbindungen	Verbot Inverkehrbringen, Verwendung in Schmuckwaren > 0,05 %

(Fortsetzung)

Tab. 4.5 (Fortsetzung)

Nr	Stoffe	Beschränkung
64	1,4.Dichlorbenzol	Verbot Inverkehrbringen und Verwendung als Stoff in Gemischen > 1 %
65	Anorganische Ammoniumsalze	Verwendungsbeschränkungen für Zellstoffisoliermaterialgemischen sowie Zellstoffisoliermaterialerzeugnissen
66	Bisphenol A	Verwendungsverbot in Thermopapieren > 0,02 %
68	Lineare und verzweigte perfluorierte Carbonsäuren	Verbot Inverkehrbringen und Verwendung
69	Methanol	Anwendungsbeschränkungen in Scheibenwaschflüssigkeiten oder Scheibenfrostschutzmitteln > 0,6 %
70	Octamethylcyclotetrasiloxan (D4), Decamethylcyclopentasiloxan (D5)	Verwendungsverbot in abwaschbaren kosmetischen Mitteln > 0,1 %
71	1-Methyl-2-pyrrolidon (NMP)	Verwendungsbeschränkung bei Arbeitsplatzexposition > 5 ppm
72	Stoffe gemäß Anlage 12, insgesamt 36 Stoffe	Verbot Inverkehrbringen in Kleidung und Schuhen bei Überschreitung der für jeden Stoff geltenden Konzentration
73	(3,3,4,4,5,6,6,7,7,8,8,8-Tridecafluoroctyl)-silantriol seine Mono-, Di- oder Tri-O- (Alkyl)-Derivate	Verbot Inverkehrbringen in Sprühprodukten für die breite Öffentlichkeit
74	Diisocyanate, $O=C=N-R-N=C=O$	Verwendungsbeschränkung für industrielle und gewerbliche Anwender: Schulungsnachweis erforderlich
75	Stoffe gekennzeichnet mit H340, H341, H350, H351, H360, H361, H317, H314, H318, H319	Verwendungsverbot für Tätowierzwecke
76	N,N-Dimetylformamid DMF	Verwendungsbeschränkung ab 1.12.2023 bei Arbeitsplatzexposition > 6 mg/m^3
77		Formaldehyd in Möbel, Holzwerkstoff > 0,062%
78		Synthetische Polymermikropartikel > 0,01%

4.9   Fragen

4.1. Welche Aussagen in Bezug auf die REACH-VO sind richtig?

□ a	sie verpflichtet Hersteller oder Importeure zur Ermittlung der gefährlichen Eigenschaften von Stoffen (Chemikalien und Naturstoffe).
□ b	sie vereinheitlicht das Chemikalienrecht europaweit.
□ c	Die ECHA verwaltet die Registrierung, Bewertung, Zulassung und Beschränkung.
□ d	es gibt e ein Zulassungsverfahren für besonders besorgniserregende Stoffe.

4.2. Die EG-VO 1907/2006 (REACH]) regelt

□ a	die Erstellung des Sicherheitsdatenblattes
□ b	Einzelheiten zur Registrierung von Stoffen
□ c	die Beschränkung der Verwendung von Stoffen
□ d	Beschränkung des Inverkehrbringens von Gemischen und Erzeugnissen

4.3. Welche Aussagen treffen zum Sicherheitsdatenblatt (SDB) zu?

□ a	Hersteller oder Lieferant hat dem Abnehmer mit der ersten Lieferung gefährlicher Stoffe ein Sicherheitsdatenblatt zu übermitteln, ausgenommen Abgabe an private Endverbraucher
□ b	das SDB ist in Deutsch und mindestens einer weiteren EU-Amtssprache abzufassen
□ c	wurde das Sicherheitsdatenblatt aufgrund wichtiger Informationen geändert, ist es allen Abnehmern kostenlos zu übermitteln, die das Produkt in den letzten 5 Jahren bezogen haben
□ d	das SDB ist am Arbeitsplatz auszulegen
□ e	das SDB ist eine stoffbezogene Information für den Abnehmer
□ f	das Sicherheitsdatenblatt enthält – vom Arbeitgeber dargestellt – die Gefahren bei der Verwendung des Gefahrstoffs am konkreten Arbeitsplatz

4.4. Welche Angaben können dem Sicherheitsdatenblatt entnommen werden?

□ a	Datum der Zulassung des Stoffes durch die nationale bzw. europäische Behörde
□ b	physikalische Eigenschaften (z. B. Flammpunkt, Löslichkeit, Explosionsgrenze)
□ c	chemische Eigenschaften
□ d	toxikologische Eigenschaften
□ e	Arbeitsschutzbestimmungen, die beim Umgang zu beachten sind (z. B. Schutzkleidung, Atemschutz
□ f	Einstufung und Kennzeichnung nach der Gefahrstoffverordnung
□ g	Einstufung, Kennzeichnung nach der Gefahrgutverordnung Straße, Eisenbahn, Binnenschifffahrt
□ h	Maßnahmen zur Entsorgung

4.5. Das Sicherheitsdatenblatt muss mitgeliefert werden für

□ a	berufsmäßige Verwender
□ b	Privatkunden

| □ c | Patienten |
| □ d | (private) Anwender von Schädlingsbekämpfungsmitteln |

4.6. Welche Angaben müssen im Sicherheitsdatenblatt enthalten sein?

□ a	Erste-Hilfe-Maßnahmen
□ b	Maßnahmen bei unbeabsichtigter Freisetzung
□ c	Hinweise zur Entsorgung
□ d	Angaben zum Transport
□ e	Maßnahmen zur Brandbekämpfung
□ f	Handhabung, Lagerung und Angaben zum Transport
□ g	Angaben zur Toxikologie
□ h	Angaben zur Ökologie
□ i	Zusammensetzung/Angaben zu Bestandteilen
□ j	Expositionsbegrenzung und persönliche Schutzausrüstungen
□ k	Handhabung und Lagerung
□ l	Jahresproduktionsmengen dieses Stoffes bzw. Gemischs

4.7. Von welchen Gefahrstoffen muss im Betrieb ein SDB vorhanden sein?

□ a	von entzündbaren und leichtentzündbaren Stoffen/Gemischen
□ b	von krebserzeugenden Stoffen
□ c	für sämtliche im Betrieb eingesetzte Stoffe und Gemische
□ d	von akuttoxischen Stoffen der Kategorie 1 bis 3
□ e	für alle Stoffe und Gemische, die nach CLP-Verordnung als gefährlich eingestuft sind

4.8. Für welche Stoffe existieren in REACH Regelungen zum Inverkehrbringen?

□ a	Asbest
□ b	Benzol
□ c	Aromatische Amine
□ d	Bleiverbindungen
□ e	Teeröle
□ f	Azofarbstoffe
□ g	alle Zinnverbindungen
□ h	alle akuttoxische Stoffe
□ i	Toluol
□ j	Methylendiphenyl-Diisocyanat (MDI)

4.9. Welchen Massengehalt an Formaldehyd dürfen Wasch-, Reinigungs- und Pflegemittel beim Inverkehrbringen besitzen?

| □ a | überhaupt keinen |
| □ b | bis zu 2 % |

□ c	bis 0,2 %
□ d	bis 0,1 %

4.10. Welche Produkte dürfen nach Anhang XVII REACH in Verkehr gebracht werden?

□ a	Treibstoffe mit einer Konzentration von < 0,1 Gew.-% Benzol
□ b	Klebstoffe mit einer Konzentration von < 0,1 Gew.-% Toluol
□ c	Farben auf der Basis von neutralem Bleikarbonat, die zur Erhaltung von Kunstwerken bestimmt sind; die Verwendung von Ersatzstoffen ist nicht möglich
□ d	Antifoulingfarben auf der Basis zinnorganischer Verbindungen für Schiffe

4.11. Welche Gefahrstoffe dürfen nicht an private Endverbraucher abgegeben werden?

□ a	krebserzeugende Stoffe, die in Anhang 1 oder 2 zu Nr. 28 aufgeführt sind
□ b	Fluorchlorkohlenwasserstoffe
□ c	benzolhaltige Treibstoffe [in Konzentration >= 0,1 %]
□ d	Farbabbeizer, die Dichlormethan in einer Konzentration 0,1 % enthalten

4.12. Zu welchen Zwecken dürfen Arsenverbindungen nicht Inverkehr gebracht werden?

□ a	als Holzschutzmittel
□ b	Kupfer-Chromarsenate zum industriellen Behandeln von Eisenbahnschwellen
□ c	als Wasseraufbereitungsmittel
□ d	zur Verhinderung des Bewuchses von Bootskörpern

4.13. Welches Erzeugnis darf nicht hergestellt werden mit > 0,1 % Phthalate?

□ a	Spielzeug
□ b	Dichtungen
□ c	Babyartikel
□ d	Bodenbeläge

4.14. Für welche der folgenden Gefahrstoffe bestehen nach Anhang XVII der REACH-Verordnung [VO (EG) Nr. 1907/2006] Verbote für das Inverkehrbringen?

□ a	Erbgutverändernde Stoffe
□ b	Radioaktive Stoffe
□ c	Quecksilberverbindungen
□ d	Arsenverbindungen

Literatur

1. Verordnung (EU) Nr. 1907/2006 vom 18.12.2006, ABl. L 396 S. 1.
2. Verordnung (EU) 2022/692 (18. ATP) vom 16.02.2022, ABl. L 129 vom 3.05.2022, S. 1.
3. Guidance on information requirements and chemical safety assessment Chapter R.8: Characterisation of dose [concentration]-response for human health, November 2012.
4. Guidance on information requirements and chemical safety assessment Chapter R.10: Characterisation of dose [concentration]-response for environment, May 2008.

5. EG-RL 2012/18/EU vom 4.07.2012, ABl. EG Nr L 197/1 vom 24.07.2012.
6. Verordnung über Anlagen zum Umgang mit wassergefährdenden Stoffen vom 18. April 2017 (BGBl. I S. 905), zuletzt geändert am 19.06.2020 (BGBl. I S. 1328).
7. Guidance on Information Requirements and Chemical Safety Assessment Chapter R.12: Use description, December 2015.

Grenzwerte

5

Inhaltsverzeichnis

▶ **Trailer**

Um die gesundheitlichen Gefährdungen bei Exposition gegenüber Gefahrstoffen erkennen zu können, müssen die unterschiedlichen Typen und deren Bedeutung bekannt sein. Lernen sie die

- Bedeutung der Luftgrenzwerte am Arbeitsplatz
- Anwendung der biologischen Grenzwerte
- risikobezogene Grenzwerte für Stoffe ohne gesundheitsbezogene Wirkschwelle
- das europäische Grenzwertkonzept
- DNEL und PNEC nach REACH
- Verfahren zur Ableitung von Grenzwerten
- Emissionsgrenzwerte
- Luftgrenzwerte für die Allgemeinbevölkerung

kennen.

5.1   Luftgrenzwerte am Arbeitsplatz

Zur Beurteilung der inhalativen Exposition werden Luftgrenzwerte im Rahmen der Gefährdungsbeurteilung benötigt. Die unterschiedlichen Grenzwerte unterscheiden sich in Qualität und rechtlicher Bedeutung sehr erheblich. Beispielsweise basieren zahlreiche nach der REACH-VO abgeleitete DNEL-Werte auf einer nur sehr limitierten Datenbasis.

Luftgrenzwerte am Arbeitsplatz werden typischerweise als **Schichtmittelwerte** abgeleitet. Diese bewerten die durchschnittliche Arbeitsplatzkonzentration über den üblichen Arbeitstag von acht Stunden. Da die Konzentrationen im Laufe eines Arbeitstages erfahrungsgemäß starken Schwankungen unterliegen, müssen zur Vermeidung von Gesundheitsgefahren zusätzlich die Expositionsspitzen begrenzt werden.

Grenzwerte werden fast ausschließlich für Einzelstoffe aufgestellt. Aufgrund der großen Zahl industriell und gewerblich verwendeter Stoffe kann die Wirkung mehrerer Stoffe auf den Organismus experimentell nicht mit vertretbarem Aufwand ermittelt werden. Von seltenen Ausnahmen abgesehen besteht in der Regel keine synergistische Wirkung unterhalb der Wirkschwelle. Falls derartige verstärkende oder auch abmildernde Wirkungen bekannt sind, sind diese gemäß § 6 Absatz 6 Gefahrstoffverordnung zu berücksichtigen, sofern sie einen Einfluss auf die Gesundheit und Sicherheit der Beschäftigten haben. Eine Kombinationswirkung unterschiedlicher Stoffe kann vollkommen ausgeschlossen werden, wenn sie mit unterschiedlichen Zielorganen interagieren.

In TRGS 402 wird ein additiver Ansatz beschrieben, demgemäß die Quotienten aus ermittelter Exposition und dazugehörigem Arbeitsplatzgrenzwert addiert werden. Eine Überschreitung der **Summenwertbedingung** liegt vor, wenn der Bewertungsindex gemäß Formel von Abb. 5.1 größer eins ist.

Diese Additionsformel gilt ausdrücklich nur für Arbeitsplatzgrenzwerte, andere Beurteilungsmaßstäbe, wie z. B. Toleranzkonzentration, DNEL oder MAK-Werte, sind nicht mit einzubeziehen.

Die Konzentration (C) eines Stoffes wird nach internationalen Einheiten als Gewichtkonzentration, meist in mg/m^3, angegeben, gleichwohl folgt die Festlegung der Werte häufig nach der Volumenkonzentration in ml/m^3 (=ppm).

Die Umrechnung von Masse- in Volumenkonzentration erfolgt gemäß den in Abb. 5.2 dargestellten Formeln unter Berücksichtigung des Molvolumens von 22.41 L bei Normbedingungen von 20 °C und 101,3 hPa.

$$BI = \sum_{1}^{n} \frac{Ci}{AGWi} = \frac{C1}{AGW1} + \frac{C2}{AGW2} + \frac{C3}{AGW3} + \dots \frac{Cn}{AGWn}$$

Abb. 5.1 Summenwertbildung zur Berechnung des Bewertungsindex BI

$$C \; [ml/m^3] = \frac{Molvolumen \; [l]}{Molmasse \; [g]} \; C \; [mg/m^3]$$

$$C \; [ml/m^3] = \frac{22{,}41}{Molmasse} \; C \; [mg/m^3]$$

Abb. 5.2 Umrechnungsformel von Gewichts- in Volumenkonzentration

Die Konzentration 1 ppm entspricht in etwa der von einem Würfelzucker in einem Schwimmbecken eines Hallenbades oder einem Menschen in der Millionenstadt München („Preuße pro München"). Abb. 5.3 verdeutlicht die Größenordnung der unterschiedlichen Konzentrationen. Die Konzentration von Fasern wird im Gegensatz hierzu in der Einheit Fasern pro m^3 angegeben.

Eine Korrelation zwischen **Geruchsschwelle** und Grenzwert ist grundsätzlich nicht gegeben. Manche Stoffe sind beim Grenzwert deutlich wahrnehmbar und besitzen z. T. einen markanten Geruch, wie beispielsweise viele Lösemittel (z. B. Ethylacetat, Butylacetat, Aceton), Mercaptane, Amine oder viele Reizgase wie Ammoniak, Chlor und Formaldehyd.

Im Gegensatz hierzu liegt die Geruchsschwelle vieler Stoffe deutlich oberhalb vom Grenzwert oder können geruchlich nur sehr schwach oder gar nicht wahrgenommen werden. Cyanwasserstoff (Blausäure, AGW = 2 ppm) wird auch bei hohen Konzentrationen nur sehr unzulänglich wahrgenommen, Kohlenmonoxid ist vollkommen geruchlos.

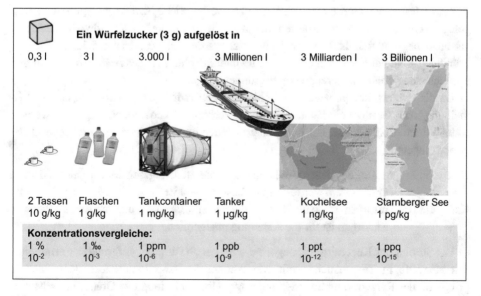

Abb. 5.3 Konzentrationsvergleiche

5.1.1   Der Arbeitsplatzgrenzwert

▶   Zur Interpretation des gesetzlich festgelegten Grenzwertes zur Bewertung der Exposition bei Tätigkeiten mit Gefahrstoffen am Arbeitsplatz müssen die wissenschaftlichen Kriterien bei der Ableitung beachtet werden.

Die Definition des Arbeitsplatzgrenzwertes (AGW) nach § 3 Abs. 6 Gefahrstoffverordnung [1] ist ziemlich allgemeinverbindlich und wenig konkret:

„Der „Arbeitsplatzgrenzwert" ist der Grenzwert für die zeitlich gewichtete durchschnittliche Konzentration eines Stoffes in der Luft am Arbeitsplatz in Bezug auf einen gegebenen Referenzzeitraum. Er gibt an, bei welcher Konzentration eines Stoffes akute oder chronische schädliche Auswirkungen auf die Gesundheit im Allgemeinen nicht zu erwarten sind."

Eine zeitliche Konkretisierung erfolgt in der TRGS 900. Arbeitsplatzgrenzwerte sind

- Schichtmittelwerte bei in der Regel täglich achtstündiger Exposition an
- 5 Tagen pro Woche
- während der Lebensarbeitszeit.

Arbeitsplatzgrenzwerte werden im Ausschuss für Gefahrstoffe (AGS) beraten, nach Übernahme und Veröffentlichung in der TRGS 900 durch das Bundesministerium für Arbeit und Soziales (BMAS) sind sie rechtsverbindlich.

Stoffe, für die nach der EG-Agenzienrichtline 98/24/EG [2] indikative Grenzwerte (IOELV) festgelegt wurden, müssen national verbindliche Arbeitsplatzgrenzwert festgelegt werden. Nach den Kriterien der Agenzienrichtlinie dürfen sowohl niedrigere als auch begründet höhere Werte festgesetzt werden, siehe Abschn. 5.1.3.1. Die Begründungsdokumente werden ebenfalls im Unterausschuss III des AGS beraten und ggf. abweichende Arbeitsplatzgrenzwerte begründet.

Da der Arbeitsplatzgrenzwert als Schichtmittelwert festgelegt wird, müssen zur Vermeidung von Gesundheitsschäden temporär erhöhte Expositionen begrenzt werden. Gemäß ihrem toxikologischem Wirkprinzip werden die Stoffe in zwei Kurzzeitwertkategorien eingeteilt:

Kategorie I: Stoffe, bei denen die lokale oder die atemwegssensibilisierende Wirkung für die Grenzwertfestlegung bestimmend ist

Kategorie II: resorptiv wirkende Stoffe, die systemische Wirkung am empfindlichsten Zielorgan ist für die Ableitung maßgeblich

Bei Stoffen der Kurzzeitwertkategorie I wird der AGW nicht aufgrund der ermittelten Wirkschwelle in Tierversuchen mit wiederholter Stoffapplikation festgelegt, sondern primär an der Reizwirkung am Atemtrakt. Mit Überschreitung des Grenzwertes ist eine signifikante Reizwirkung verbunden, ohne dass unmittelbar eine Organschädigung befürchtet werden müsste.

Bei Stoffen der Kategorie II überwiegen die resorptiven, systemischen Eigenschaften im Organismus. Die Ableitung des Grenzwertes basiert auf Tierversuchen mit wiederholter Stoffapplikation auf Basis der ermittelten Wirkschwelle, dem NOAEL.

Zur Begrenzung der Kurzzeitexpositionen werden für beide Kategorien Kurzzeitwerte für einen Zeitraum von 15 min festgelegt, die durch Multiplikation des Schichtmittelwertes mit dem Überschreitungsfaktor berechnet werden. Für Stoffe mit starkem Reizpotenzial werden bei manchen Stoffen zusätzlich Momentanwerte festgelegt, die zu keinem Zeitpunkt überschritten werden sollen. Die Überschreitungsfaktoren sind für beide Kategorien wie folgt festgelegt:

n (I, II):   in einem Messzeitraum von 15 Minuten darf der AGW bis zur n-fachen Konzentration überschritten werden.

=m=(I):   Momentanwert, der Schichtmittelwert darf zu keinem Zeitpunkt das m-fache überschreiten.

Die Werte von n und m variieren typischerweise von 1 – der Schichtmittelwert darf innerhalb 15 min nicht überschritten werden – bis zu 8 bei chronisch wirkenden Stoffen.

Die geltenden Arbeitsplatzgrenzwerten werden vom Bundesministerium für Arbeit und Soziales in der technischen Regel für Gefahrstoffe (TRGS) 900 veröffentlicht. Neben dem Grenzwert und dem Überschreitungsfaktor enthält die Grenzwertliste der TRGS 900 weitere wertvolle Informationen, wie in Tab. 5.1 dargestellt.

Für nichtgentoxische krebserzeugende Stoffe der Kategorie 1A oder 1B mit einer gesundheitsbasierten Wirkschwelle werden ebenfalls Arbeitsplatzgrenzwertes festgelegt; Grundlage ist die Zuordnung der Stoffe in Kategorie 4 von der MAK-Kommission. In der Spalte „Bemerkungen" sind sie mit „X" gekennzeichnet, bei Überschreitung des Arbeitsplatzgrenzwertes sind die besonderen Schutzmaßnahmen für krebserzeugende Stoffe zu ergreifen. Tab. 5.2 listet die krebserzeugenden Stoffe mit Arbeitsplatzgrenzwert auf.

Stoffe der Schwangerschaftsgruppe C der MAK-Kommission, die aufgrund ihrer entwicklungsschädigenden Wirkung überprüft wurden und bei Einhaltung des Arbeitsplatzgrenzwert keine Schädigung des ungeborenen Kindes zu befürchten ist, werden in der Spalte Bemerkungen mit „Y" gekennzeichnet (siehe Kap. 1.2.1.8.) Im Gegensatz hierzu werden Stoffe der Schwangerschaftsgruppe A oder B, bei denen bei Einhaltung des Grenzwertes eine Schädigung nicht ausgeschlossen oder wahrscheinlich ist, mit dem Symbol „Z" markiert.

Bei hautresorptiven Stoffen kann bei Hautkontakt auch bei Einhaltung des Luftgrenzwertes eine gesundheitsschädliche Stoffmenge über die Haut aufgenommen werden. Stoffe mit relevanter Hautaufnahme sind in der Spalte Bemerkungen mit „H" gekennzeichnet. Beispielsweise werden viele organischen Lösemittel sehr effektiv über die Haut aufgenommen, siehe Abschn. 1.2.2.

Tab. 5.1 Auszug aus TRGS 900

Stoff	CAS-Nr	ml/m³	mg/m³	ÜF	Bemerkungen
Aceton	67-64-1	500	1.200	2(I)	AGS, DFG, EU, Y
Allgemeiner Staubgrenz-wert			1,25 A		AGS, DFG
			10 E	2 (II)	
Anilin	62-53-3	2	7,7	2(II)	DFG, H
Bortrifluorid-Dihydrat	13319-75-0	0,35	1,5	2(II)	AGS, Y
Diethylamin	109-89-7	2	6,1	2(I), = 2,5 =	DFG, EU, H, 6,
1,2-Epoxybutan	100-88-7	1	3	2(I)	AGS, Y, H, X
Ethylbenzol	100-41-4	20	88	2(II)	DFG, H, YEU
Formaldehyd	50-00-0	0,3	0,37	2(I)	AGS, Sh, Y, X
Heptan, alle Isomere		500	2.100	1(I)	DFG
Hexamethylen-1,6-diiso-cyanat	822-06-0	0,005	0,035	1; = 2 = (I)	DFG, 11, 12, Sa
2-Isopropoxyethanol	109-59-1	5	55	8(II)	DFG, H, Y
Isopren	78-79-5	3	8,4	8(II)	AGS, X
Kohlenmonoxid	630-08-0	30	35	2(II)	DFG, Z
p-Phenylendiamin	106-50-3		0,1 E	2(II)	DFG, H, Y
Propylenoxid	75-56-9	2	4,8	2(I)	AGS, Sh, Y, X

5.1.2 Die Allgemeinen Staubgrenzwerte (ASGW)

▶ Staub ist nicht gleich Staub. Lernen Sie die Kriterien zur Bewertung von Stäuben kennen.

Der „**Allgemeine Staubgrenzwert**", abgekürzt ASGW, ist für alle

- schwer- oder unlöslichen Stäube,
- ohne akut- oder chronisch toxische Eigenschaft,
- ohne allergisierende,
- ohne fibrogene Eigenschaft sowie
- für die einatembare und/oder alveolare Staubfraktion

anzuwenden, häufig als Inertstäube bezeichnet.

Da diese nicht gekennzeichneten Stäube einen Arbeitsplatzgrenzwert besitzen, fallen sie unter die Definition von „Gefahrstoff".

Tab. 5.2 krebserzeugende Stoffe mit gesundheitsbezogenem AGW

Stoff	Vol-Konz	Gew-Konz	ÜF	Bemerkungen
Acetaldehyd	50 ppm	91 mg/m^3	$1, = 2 = (I)$	AGS, DFG, Y, X
Berrylium		0,000.06 mg/m^3(A) 0,000.14 mg/m^3(E)	1(I)	AGS, X,10
Cadmium+anorgan. Verb		0,002 mg/m^3	8 (II)	AGS, X, 10, 39
4-Chloranilin	0,06 ppm	0,3 mg/m^3	2 (II)	AGS, Sh, H, X
Chlorethylen (Vinyl-chlorid)	1 ppm	2,6 mg/m^3	8 (II)	AGS, EU, X
1-Dibromethan (Vinyl-chlorid)	0,1 ppm	0,6 mg/m^3	8 (II)	EU, H, X
Dieselmotoremissionen (EC)		0,05 mg/m^3(A)		AGS, X
1,2-Epoxybutan (1,2-Butylenoxid)	1 ppm	3 mg/m^3	2(I)	AGS, Y, H, X
Formaldehyd	0,3 ppm	0,37 mg/m^3	2(I)	AGS, Sh, Y, X
Furan	0,02 ppm	0,056 mg/m^3	2(I)	DFG, H, X
Indiumphosphid		0,000.1 mg/m^3(A)	8(II)	AGS, X
Isopren (2-Methyl-butadien)	3 ppm	8,4 mg/m^3	8(II)	AGS, X
Propylenoxid	2 ppm	4,8 mg/m^3	4(I)	AGS, Sh, Y, X
o-Toluidin	0,1 ppm	0,5 mg/m^3		EU, H, X
Trichlormethan (Chlo-roform)	0,5 ppm	2,5 mg/m^3	2(II)	DFG, EU, Y, X

Für schwer- und unlöslichen Stäuben mit einer toxikologischen Wirkung stellen die ASGW eine Obergrenze dar, die nicht überschritten werden darf, auch wenn kein stoff-spezifischer Wert festgelegt wurde.

Gemäß TRGS 900 gelten die folgenden ASGWs:

- Einatembare Staubfraktion: $E = 10$ mg/m^3
- Alveolare Staubfraktion: $A = 1,25$ mg/m^3, bezogen auf die Dichte 2,5 g/cm^3.

Der ASGW für die alveolare Staubfraktion (A) ist dichteabhängig, die Festlegung von 1,25 mg/m^3 basiert auf einer Dicht von 2,5 g/cm^3 für die meisten mineralischen Stäube. Für Kunststoffstäube mit einer typischen Dichte von 1,0 g/cm^3 gilt somit ein Arbeits-platzgrenzwert von 0,5, für Titandioxid mit 4,0 g/cm^3 von 2,5 mg/m^3. Die Ableitung des ASGW basiert auf einer langfristigen Wirkung über das gesamte Arbeitsleben, Schwankungen über Tage sind irrelevant. Diesem Umstand Rechnung tragend, wurde nach TRGS 900 Nr. 2.4.1 ein dosisbasiertes Überwachungskonzept über einen Zeitraum von maximal einem Monat festgelegt.

Eine Definition der Wasserlöslichkeit ist in der TRGS 900 nicht festgelegt, üblicherweise wird von einer Löslichkeit von deutlich niedriger als 1 g/l ausgegangen.

5.1.3   Risikobezogene Grenzwerte

Für gentoxische Kanzerogene sowie für keimzellmutagene Stoffe werden, von Ausnahmen abgesehen, keine gesundheitsbasierten Grenzwerte abgeleitet, sondern ein **Risikokonzept** nach TRGS 910 verabschiedet. Mit dem Risikokonzept wurden im gesellschaftlichen Konsens zwischen allen gesellschaftlich relevanten Gruppen folgende allgemeingültige Risikozahlen für den Arbeitsschutz festgelegt:

- Toleranzrisiko: 4: 1000
- Akzeptanzrisiko: 4: 10.000.

Ursprünglich war die Absenkung der Akzeptanzkonzentration ab 2018 auf das Risikoniveau von 4:100.000 vorgesehen. Eine Absenkung wurde bisher sowohl aus fachlichen als auch technischen Gründen noch nicht vorgenommen, das Zielrisiko 4:100.000 wird gleichwohl weiterhin angestrebt. In Tab. 5.3 sind für industriell wichtige Stoffe die Akzeptanz- und die Toleranzkonzentration nach TRGS 910 aufgeführt.

Gemäß dem Konzept der Expositions-Risiko-Beziehungen (ERB), sind Expositionen oberhalb der Toleranzkonzentration mit allen technischen, organisatorischen und ggf. auch persönlichen Schutzmaßnahmen zu vermeiden. Das gesundheitliche Risiko an Krebs zu erkranken im Laufe einer 40-jährigen Arbeitszeit bei einer kontinuierlichen Exposition oberhalb der Toleranzkonzentration wird als nicht tolerierbar (oder hinnehmbar) bewertet. Die Toleranzkonzentration ist gemäß dem ERB-Konzept der einzuhaltende Grenzwert.

Die Akzeptanzkonzentration korrespondiert mit einem Risiko, das deutlich niedriger ist als das der Allgemeinbevölkerung, aufgrund der natürlichen und zivilisatorischen Belastung an Krebs zu erkranken. Gemäß TRGS 910 sind nach dem Maßnahmenplan keine weitere Maßnahmen zur weiteren Absenkung der Exposition mehr gefordert.

Akzeptanz- und Toleranzkonzentration teilen die Expositionen in 3 drei Bereiche ein: unterhalb der Akzeptanzkonzentration – grün, zwischen beiden – gelb, oberhalb Toleranzkonzentration – rot. Aus diesem Grund wird es oft als Ampelkonzept bezeichnet, Abb. 5.4 stellt es grafisch dar.

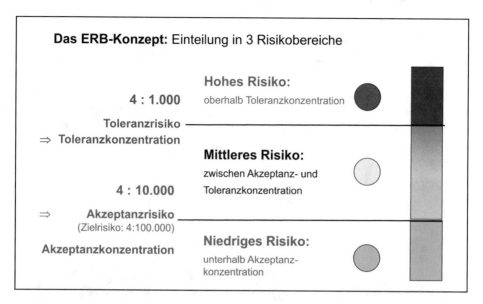

Abb. 5.4   Das ERB-Konzept, auch Ampelkonzept genannt

Zur Ableitung der Risikozahlen wurden sowohl die Risiken einer Krebserkrankung durch natürliche Ursachen, die Risiken bei Röntgenuntersuchungen als auch die Todesfallrisiken in der gewerblichen Wirtschaft herangezogen. Das festgelegte Akzeptanzrisiko liegt unter dem Todesfallrisiko in den meisten gewerblichen Branchen innerhalb eines Betrachtungszeitraums von 40 Jahren.

Die Risikozahlen basieren auf einer 40jährigen, gleichförmigen Exposition bei jährlich 220 Arbeitstagen, 5 Tagen pro Woche und täglich 8 h. Sie repräsentieren keine reale Wahrscheinlichkeiten unter den vorgenannten Expositionsbedingungen an Krebs zu erkranken. Beispielsweise werden die Versuchstiere über ihr gesamtes Leben exponiert, im Gegensatz zu den Arbeitsplatzbedingungen. Drüber hinaus ist zu berücksichtigen, dass die Latenzzeit sich mit abnehmender Dosis verlängert und zumindest bei der Akzeptanzkonzentration über der Lebenserwartung beim Menschen liegen dürfte. Die festgelegten Akzeptanz- und Toleranzkonzentrationen werden in der TRGS 910 veröffentlicht, Tab. 5.3 zeigt einen Auszug wichtiger Industriechemikalien.

Das ERB-Konzept ist von einem Maßnahmenplan unterfüttert, das elementar mit den festgesetzten Risikowerten verbunden ist. In Abhängigkeit des Risikobereichs sind folgende, abgestufte Maßnahmen notwendig:

1. Substitution
2. Technische Maßnahmen
3. Organisatorische Maßnahmen

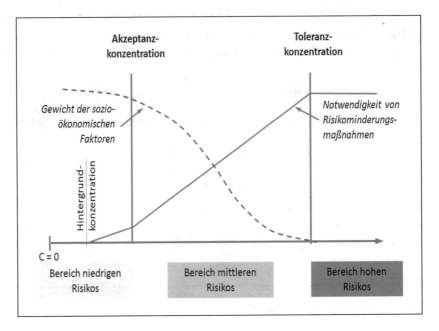

Abb. 5.5 Maßnahmenplan

4. Atemschutz
5. Administrative Maßnahmen

Im Bereich zwischen Akzeptanz- und Toleranzkonzentration sind verstärkt zusätzliche Maßnahmen gefordert, umso kleiner der Abstand zwischen Exposition und Toleranzkonzentration ist. Während die Akzeptanzkonzentration als Zielgröße anzusehen ist, soll die Toleranzkonzentration als Grenzwert für krebserzeugende Stoffe nicht überschritten werden. Abb. 5.5 zeigt grafisch das Grundkonzept des Maßnahmenplans.

5.1.4 EG-Grenzwerte

5.1.4.1 Indikative EG-Grenzwerte (IOELV)
Nach Artikel 3 Agenzienrichtlinie 98/24/EG stellt die Europäische Union **Occupational Exposure Limit** (OEL) zum Schutz vor berufsbedingten Erkrankungen auf. Gemäß Artikel 3 wird zwischen zwei Grenzwerttypen unterschieden:

- Arbeitsplatz-Richtgrenzwerte, **I**ndicative **O**ccupational Exposure **L**imit **V**alues (abgekürzt IOELV), nach Absatz 2 und
- verbindliche Arbeitsplatzgrenzwerte, **B**inding **O**ccupational Exposure **L**imit **V**alues (abgekürzt BOELV), nach Absatz 4.

Tab. 5.3 Auszug aus TRGS 910

Stoff	Akzeptanzkonzentration			Toleranzkonzentration			Be-merkungen
	Vol-Konz	Gew.-Konz	Hin-weise	Vol.-Konz	Gew.-Konz.	ÜF	
Acrylamid		0,07 mg/m3	b)		0,15 mg/m3	8	1), (2), H
Acrylnitril	0,12 ppm	0,26 mg/m3	b)	1,2 ppm	2,6 mg/m3	8	H
Aluminiumilikat-faser		10.000 F/m3	b), d)		100.000 F/m3	8	TRGS 558
Arsenver-bindungen, C1A, C1B eingestuft		0,83 µg/m3 (E)	b), d)		8,3 µg/m3 (E)	8	TRGS 561
Asbest		10.000 F/m3	b)		100.000 F/m3	8	TRGS 517, 519
Benzol	0,06 ppm	0,2 mg/m3	b)	0,6 ppm	1,9 mg/m3	8	H
1,3-Butadien	0,2 ppm	0,5 mg/m3	b)	2 ppm	5 mg/m3	8	
Cadmium und Cd-Verbindungen C1A, C1B		0,16 µg/m3	b)		1 µg/m3	8	TRGS 561
1,2-Dichlorethan	0,2 ppm	0,8 mg/m3	b)	1 ppm	4 mg/m3	8	(2), H
Dimethylnitros-amin		0,075 µg/m3	b)		0,75 µg/m3	8	TRGS 552, H
Epichlorhydrin	0,6 ppm	2,3 mg/m3	b)	2 ppm	8 mg/m3	2	(2), H
Ethylenoxid	0,1 ppm	0,2 mg/m3	b), e)	1 ppm	2 mg/m3	2	TRGS 513, H
Hydrazin	1,7 ppb	2,2 µg/m3	b)	17 ppb	22 µg/m3	2	H
Nickelver-bindungen		6 µg/m3(A)	b)		6 µg/m3(A)		(2, 3, 4)
2-Nitropropan	0,05 ppm	180 µg/m3		0,5 ppm	1,8 mg/m3	8	H
Trichlorethen	6 ppm	33 mg/m3	b)	11 ppm	60 mg/m3	8	H

a) Akzeptanzkonzentration assoziiert mit Risiko 4:100.000 (zurzeit noch nicht vergeben)

b) Akzeptanzkonzentration assoziiert mit Risiko 4:10.000

c) Die Akzeptanzkonzentration liegt zwischen dem Risiko 4:10.000 und 4:100.000

d) Akzeptanzkonzentration wurde auf Basis der Bestimmungsgrenze festgelegt

e) die Akzeptanzkonzentration ist assoziiert mit der endogenen Bildungsrate, eine weitere Absenkung erfolgt nicht

(1) Nach dem Stand der Technik kann der Akzeptanzwert unterschritten werden, siehe Maßnahmenkonzept

(2) die Toleranzkonzentration wurde aufgrund der nicht krebserzeugenden Wirkung festgelegt. Bei Überschreitung gelten die gleichen Maßnahmen wie bei Überschreitung des AGW.

(3) Für Nickelmetall ist ein AGW in der E- und A-Staubfraktion und für Nickelverbindungen ist ein AGW in der E-Staubfraktion festgelegt, siehe hierzu TRGS 900.

(4) Die Konzentrationen beziehen sich auf den Elementgehalt des entsprechenden Metalls.

Die indikativen Arbeitsplatz-Richtgrenzwerte IOELV folgen im Grundsatz den gleichen Prinzipien wie die Arbeitsplatzgrenzwerte: Bei Einhaltung müssen weder Gesundheitsgefahren noch unangemessene Belästigungen der Beschäftigten befürchtet werden. Auch sie werden als Schichtmittelwerte festgelegt, die Expositionsspitzen werden durch STEL-Werte (Short Time Exposure Limits), gültig für einen Zeitraum von 15 min, begrenzt. Neben diesen gesundheitsbasierten Ableitungskriterien müssen die IOELVs messtechnisch überwacht werden können; was bisher in keinem Fall zu einer Änderung des gesundheitsbasierten Wertes geführt hat.

Für Stoffe, für die ein IOELV festgelegt wurde, müssen national verbindliche Grenzwerte festgelegt werden; es sind sowohl begründet niedrigere als auch höhere Werte zulässig. In der TRGS 900 wurden bei einigen Stoffen niedrigere, als auch höhere Werte festgelegt.

Bis 2019 wurden die IOELV durch SCOEL – Scientific Committe for Occupational Exposure Limits, die wissenschaftliche Expertengruppe der EU, erarbeitet. Seit 2020 ist das Risc Assessment Committee (RAC) der Europäischen Chemikalienagentur (ECHA) hierfür verantwortlich.

Das Verfahren zur Festlegung bindender Grenzwerte nach der Agenzienrichtlinie ist sehr zeitaufwendig und wurde bisher nur für anorganisches Blei und seine Verbindungen benutzt.

5.1.4.2 Bindende Grenzwerte nach der Krebsrichtlinie

Im Gegensatz zu den IOELV sind bei der Festlegung der bindenden Grenzwerte nach der EG-Krebsrichtlinie 2004/37/EG [3] (BOELV: Binding Occupational Exposure Limit Value) sozio-ökonomische Faktoren von Bedeutung. Die Ableitung der Werte erfolgt primär nach technischen Aspekten. Die von einer ad-hoc-Gruppe der Generaldirektion Beschäftigung festgelegten Vorschläge für festzulegende Grenzwerte werden von einem Consultant bezüglich Einhaltbarkeit und Kosten zur Umsetzung überprüft. Bei den Grenzwertvorschlägen wurden bisher die gesundheitlichen Risiken bei den vorgeschlagenen Grenzwerten nicht adäquat berücksichtigt; das Risiko an Krebs zu erkranken differiert um mehrere Größenordnungen. Da sich die eingesetzten Technologien bei der Verwendung krebserzeugender Stoffe in den Mitgliedsstaaten der EU sehr stark unterscheiden, kann nur sehr begrenzt der Stand der Technik bei Herstellung und Verwendung ermittelt werden.

BOELV werden primär für krebserzeugende und erbgutverändernde Stoffe festgelegt. Bei der Übernahme in nationale Grenzwerte, im Gegensatz zu den IOELVs, dürfen keine höheren Werte festgelegt werden, niedrigere Grenzwerte sind zulässig. Nach Übernahme in die TRGS 900 bzw. TRGS 910 sind die Werte national verbindlich; auf die Wiedergabe der in Beratung befindlichen bzw. verabschiedeten Werte wird daher verzichtet.

5.1.5 Grenzwerte der MAK-Kommission

Die „Senatskommission zur Prüfung gesundheitsschädlicher Arbeitsstoffe in der deutschen Forschungsgemeinschaft" [4] kurz MAK-Kommission genannt, legt seit 1958 die MAK-Werte fest.

Die MAK-Werte stellen die wesentliche Grundlage zur Festlegung von AGW dar. Die Kriterien zur Ableitung von MAK-Werten sind nicht vollkommen identisch mit denen für die Arbeitsplatzgrenzwerte nach TRGS 900, bisher wurden nur wenige MAK-Werte nicht in die TRGS 900 übernommen. Für Stoffe mit MAK-Wert aber ohne AGW sind diese im Rahmen der Gefährdungsbeurteilung als wesentliche Beurteilungsmaßstäbe heranzuziehen.

Gemäß den Kriterien der MAK-Werte ist bei Einhaltung analog dem AGW die Gesundheit der Beschäftigten bei arbeitstäglich 8-stündiger Exposition während des ganzen Erwerbslebens nicht beeinträchtigt. Daher werden für krebserzeugende Stoffe ohne Wirkschwelle keine MAK-Werte aufgestellt, bzw. nach Bekanntwerden einer gentoxischen, krebserzeugenden Wirkung früher festgelegte MAK-Werte diese ausgesetzt.

Die Einstufung krebserzeugender, erbgutverändernder und entwicklungsschädigender Stoff nach der CLP-Verordnung wird seit längerem um die Kategorien 4 und 5 ergänzt. In Kategorie 4 werden nichtgentoxische Kanzerogene mit nachgewiesener Wirkschwelle eingestuft, in Kategorie 5 gentoxische Kanzerogene ohne relevantes krebserzeugendes Potenzial. In Tab. 5.4 sind eingestufte Stoffe von Kategorie 4 aufgelistet, Tab. 5.5 alle Stoffe der Kategorie 5.

5.1.6 DNEL und DMEL

Bei der Registrierung von Stoffen in Mengen über 10 t/a müssen nach Anhang VIII REACH-Verordnung [5], siehe Kap. 3, Grenzwertempfehlungen übermittelt werden. Für Stoffe mit gesundheitsbasierter Wirkschwelle ist ein

- Derived No Effect Level (DNEL),

abzuleiten, zur Bewertung einer Gewässergefährdung die

- Predicted No Effect Concentration (PNEC).

DNEL sind abzuleiten, sowohl für inhalative als auch dermale Exposition, bei einer

- gelegentlich kurzfristigen, wiederholten als auch dauerhaften Exposition,
- unterschieden in systemisch oder lokale Wirkung sowohl
- für Arbeiter und private Endverbraucher, sofern diese nicht begründet ausgeschlossen werden kann.

Tab. 5.4 MAK-Werte für Stoffe der Kategorie 4 krebserzeugend nach MAK-Liste

Stoff	CAS	mg/m³	ppm
Allgemeiner Staubgrenzwert (GBS)		0,3 (A)	
Amitrol	61-82-5	0,2 (E)	
Anilin	62-53-3	7,7	2
Blei und anorgan. Verbindungen			
Butylhydroxytoluol	128-37-0	10 (E)	
n-Butylzinnverbindungen	7440-31-5	0,02	0,004
Chlorierte Biphenyle (≥ 4 Cl)	53.469-21-9	0,003	
Chloroform	67-66-3	0,5	2,5
1,4-Dichlorbenzol	100-46-7	2	12
Dichloressigsäure und salze	79-43-6	0,58	0,05
Di-(2-ethylhexyl)phthalat (DEHP)	117-81-7	10	
N,N-Dimthylformamid	68-12-2	5	15
Dioxan	123-93-1	3,25	1
Diphenylmethan-4,4'-diisocyanat	101-68-8	0,05 (E)	
1,2-Epoxypropan	75-56-9	4,8	2
Ethylbenzol	100-41-4	88	20
Glutardialdehyd	111-30-8	0,21	0,05
Graphit	7782-42-5	1,5 (A)	
Heptachlor	76-44-8	0,05	
Hexachlorbenzol	118-74-1	7,77	3
Hexa-chlor-1,3-butadien	87-68-3	0,02	0,22
α-Hexachlorcyclohexan	319-84-6	0,5 (E)	
β-Hexachlorcyclohexan,	319-85-7	0,1 (E)	
Hexachlorcyclohexan, techn. Gemisch		0,1 (E)	
Lindan	58-89-6	0,1 (E)	
Magnesiumoxid	1309-48-4	4 E	
Nitrilotriessigsäure	139-13-9	2	
Nitrobenzol	98-95-3	0,1	0,51
n-Octylzinnverbindungen		0,0098	0,002
Perfluoroctansäure und ihre anorg. Salze		0,005 (E)	
o-Phenylphenol	90-43-7	5 E	
o-Phenylphenol-Natrium	132-27-4	2 E	
Phenylzinnverbindungen	7440-31-5	0,002	0,000.4
Polyacrylsäure, vernetzt		0,05 (A)	
Polymeres MDI	9016-87-9	0,05 (E)	
Polyvinylchlorid	9002-86-2	0,3	

(Fortsetzung)

Tab. 5.4 (Fortsetzung)

Stoff	CAS	mg/m^3	ppm
Schwefelsäure	7664-93-9	0,1 (E)	
2,3,7,8-Tetrachlordibenzodioxin	1746-01-6	10–8 (E)	
Tetrachlorethan	79-34-5	2	14
Tetrachlormethan	56-23-5	3,2	0,5
Tetrahydrofuran	109-99--9	150	50
Tri-n-butylphosphat	126-73-6	11	1
Vinylacetat	108-05-4	2,5	0,5
N-Vinyl-2-pyrrolidon	88-12-0	0,01	0,047
Wasserstoffperoxid	7722-84-1	0,71	0,5

Tab. 5.5 MAK-Werte für genotoxische Stoffe der Kategorie 5 krebserzeugend nach MAK-Liste

Stoff	CAS	mg/m^3	ppm
Acetaldehyd	75-07-0	91	50
Dichlormethan	75-09-2		
Ethanol	64-17-5	960	500
Isopren	78-79-5	8,5	3
Styrol	100-42-5	86	20

Die grundsätzliche Vorgehensweise zur Ableitung eines DNELs ist in der ECHA-Guideline R8 beschrieben. Voraussetzung zur Ableitung ist eine tierexperimentelle Studie von mindestens 28 Tagen, die so genannte subakute Studie.

Gemäß REACH-VO sind auch für den Endverbraucher DNELs abzuleiten, falls eine Exposition entweder über Endverbraucherprodukten (z. B. Farben, Kleber, Reinigungsmittel) oder über die Umwelt (z. B. Luftemission, Wasser) möglich ist. Da sich Expositionsmuster, Dauer und Häufigkeit, sowie exponierte Personengruppen (Kleinkinder, Kranke, ältere Personen) signifikant unterscheiden, sind zur Ableitung der DNELs unterschiedliche Assessmentfaktoren anzuwenden.

Liegt für einen Stoff sowohl ein DNEL als auch ein AGW oder MAK-Wert vor, empfiehlt die Bekanntmachung 409 prioritär die Anwendung von AGW oder MAK.

Nicht in der REACH-Verordnung, jedoch im Technical Guidance Document (TGD) R8, [6] wird für Stoffe ohne gesundheitsbasierte Wirkschwelle die Ableitung von
• Derived Maximum Exposure Level (DMEL)

beschrieben.

Im Gegensatz zum deutschen Konzept der Toleranz- und Akzeptanzkonzentrationen enthält die Leitlinie R8 keine klar definierten Risikogrenzen, keine nachvollziehbaren Kriterien zur Ableitung der Werte sowie keine Maßnahmen, die bei Unterschreitung zu ergreifen sind. Da DMEL nicht in REACH verankert sind, kann die Ableitung und Aufnahme in den Sicherheitsdatenblätter nicht verpflichtend gefordert werden. In der Bekanntmachung 409 wird daher empfohlen, im Sicherheitsdatenblatt die Toleranz- und Akzeptanzkonzentrationen nach TRGS 910 anstelle des DMELs aufzuführen. Abb. (5.6) zeigt die Rangfolge bei vorhandenen Grenzwerten.

5.1.7   Ableitung von Grenzwerten

Voraussetzung zur Ableitung von Grenzwerten ist eine tierexperimentelle Studie mit wiederholter Applikation von mindestens 28 Tagen. Hierfür sollten Studien nach OECD-Standards herangezogen werden, entweder

- bei oraler Applikation nach OECD-Guideline 407 (subakut), 408 (subchronisch) oder 451 (kanzerogen, 2 Jahre) bzw.
- bei inhalativer Exposition nach OECD-Guideline 412 (subakut), 413 (subchronisch) oder 453 (kanzerogen, 2 Jahre).

Bei Vorliegen mehrere Langzeitstudien sind die Studien mit der höchsten Relevanz für die Bedingungen am Arbeitsplatz auszuwählen. Ausgangspunkt für die weitere Berechnung ist

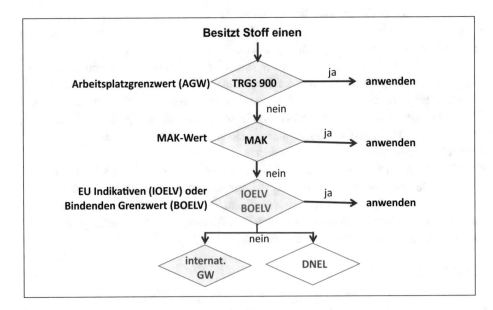

Abb. 5.6 Rangfolge von DNEL im Vergleich zu anderen Grenzwerren

Tab. 5.6 Standard-Assessmentfaktoren nach TGD R8 [6–54]

	Expositionskriterien	AF system	AF lokal
Zeitextrapolation	Subakut nach subchronisch	3	3
	Subchronisch nach chronisch	2	2
	Subakut nach chronisch	6	6
Interspecies Extrapolation bei oralen Studien (Allometriefaktor)	Maus zum Menschen	7	7
	Ratte zum Menschen	4	4
Interspecies Extrapolation bei inhalativen Studien	Tier nach Mensch	1	1
Intraspecies Extrapolation	Arbeiter	5	5
	Allgemeinbevölkerung	10	10–100
Verbleibende Unsicherheiten		2,5	2,5
Gesamt-AF	Subakut, oral Ratte zu Arbeiter	300	
	Subakut, oral Ratte zu Allgemeinbevöllk	600	

AF: (Assessment Faktor) Unsicherheitsfaktor

die in dieser Studie ermittelte Wirkschwelle, die Dosis bzw. Konzentration ohne gesundheitliche Stoffeinwirkungen, engl. „No Adverse Effect Level" (NOAEL), siehe Abschnitt 1.2.6.

Ausgehend von dieser Startstudie sind in Abhängigkeit von

- Zufuhrweg: oral, dermal, inhalativ
- Expositionsdauer: subakut, subchronisch, chronisch
- empfindlichstem Gesundheitseffekt: lokal, systemisch
- und der Resorptionsrate

die jeweiligen Unsicherheitsfaktoren (Assessmentfaktoren) anzuwenden. Falls weitere Kenntnisse zur stofflichen Wirkung vorliegen, wie z. B. Art und Umfang der Metabolisierung beim Menschen, können die üblicherweise benutzten Standard-Assessmentfaktoren modifiziert werden.

Im ECHA Technical Guidance Document R8 werden weitere Assessmentfaktoren zur Anwendung empfohlen, in Tab. 5.6 sind diese tabellarisch zusammengefasst, Abb. 5.7 zeigt die Formel zur Berechnung des DNEL.

5.2 Biologische Grenzwerte

▶ Analog den Luftgrenzwerten beschreiben die biologischen Grenzwerte die Konzentration im Körper bei beruflicher Exposition ohne gesundheitliche Beeinträchtigung.

$$DNEL = \frac{PoD}{AF_{Pfad} \times AF_{Zeit} \times AF_{Intersp.} \times AF_{Intrasp.} \times AF_{Unsicherh.}}$$

$$PoD = NOAEL \times \frac{\text{Körpergewicht Mensch}}{\text{Körpergewicht Tier}}$$

AF: Assessment Faktor
NOAEL: No Adverse Effect Level (Dosis ohne gesundheitliche Wirkung)
PoD: Point of Departure

Abb. 5.7 Formel zur Berechnung des DNEL

Zur Bewertung der Gesundheitsgefährdung insbesondere von hautresorptiven Stoffen können die Luftgrenzwerte bei möglichem Hautkontakt nur begrenzt herangezogen werden. Für eine sachgerechte Bewertung ist die dermal aufgenommene Stoffmenge mittels geeigneter Bestimmungsverfahren, wie z. B. „Biological Monitoring", zu ermitteln und mit vorhandenen biologischen Grenzwerten zu bewerten.

5.2.1 Der biologische Grenzwert

Bei der Gefährdungsbeurteilung müssen neben den Arbeitsplatzgrenzwerten auch die biologischen Grenzwerte berücksichtigt werden, der nach Gefahrstoffverordnung § 2 Abs. 8 wie folgt definiert ist:

Der „biologische Grenzwert" ist der Grenzwert für die toxikologisch-arbeitsmedizinisch abgeleitete Konzentration eines Stoffes, seines Metaboliten oder eines Beanspruchungsindikators im entsprechenden biologischen Material. Er gibt an, bis zu welcher Konzentration die Gesundheit von Beschäftigten im Allgemeinen nicht beeinträchtigt wird.

Analog dem Arbeitsplatzgrenzwert ist bei Einhaltung des biologischen Grenzwertes eine Gesundheitsgefahr nach dem heutigen Stand der Wissenschaft nicht zu befürchten.

Die Ableitung erfolgt analog dem AGW und MAK auf Basis arbeitsmedizinisch-toxikologischer Kriterien. Die BGW werden nach Beratung im Ausschuss für Gefahrstoff (AGS) in der TRGS 903 veröffentlicht. Grundlage der BGWs sind (fast) ausschließlich die Biologischen Arbeitsplatz Toleranzwerte (BAT-Werte) der MAK-Kommission.

Der BGW gilt, analog dem AGW für eine Exposition von täglich acht und wöchentlich 40 Stunden.

Insbesondere bei hautresorptiven Stoffen ist zur Bewertung der Expositionssituation die Konzentration der Stoffe im Körper deutlich aussagefähiger als die Luftkonzentration; siehe Abb. 1.2 in Abschn. 1.2.2.

Tab. 5.7 Berechnung des PNEC aus ökotoxikologische Daten

Verfügbare Testergebnisse	Sicherheitsfaktor
Mindestens ein akuter Test L(E)C$_{50}$ für jede der drei Trophiestufen Alge, Daphnie und Fisch	1000
Eine NOEC aus einem chronischen Test (Fisch oder Daphnie, nicht Alge)	100
NOECs für Arten aus zwei verschiedenen Trophiestufen	20
NOECs für mindestens drei Arten aus allen drei Trophiestufen	10

5.3 PNEC

Analog dem DNEL muss bei der Registrierung von Stoffen über 10 t/a die "Predicted No Effect Concentration" (PNEC) abgeleitet werden. Der PNEC ist ein Schwellenwert zur Bewertung der aquatische Toxizität, unterhalb dem nicht mit negativen Effekten im Ökosystem gerechnet werden muss.

Grundsätzlich ist für jedes Umweltkompartiment – Wasser, Boden oder Sediment – ein PNEC zu ermitteln. Für die Ableitung des PNEC sind bevorzugt Langzeitversuche heranzuziehen, unter Anwendung entsprechender Sicherheitsfaktoren können auch Kurzzeit-Toxizitättests benutzt werden. In letzterem Fall müssen für alle drei Trophiestufen die akuten Toxizitätsdaten bekannt sein.

Fisch, LC$_{50}$:   Konzentration, bei der die Hälfte der Fische sterben
Daphnie, EC$_{50}$:   Effektkonzentration, bei der die Hälfte der Daphnien geschädigt werden
Alge, IC$_{50}$:   mittlere inhibitorische Konzentration, bei der die Hälfte der Algen nicht mehr wächst

Zur Berechnung des PNEC bei nur akuten Tests muss der niedrigste Wert mit dem Sicherheitsfaktor 1000 dividiert werden, siehe Tab. 5.7. Üblicherweise werden chronische Toxizitätsversuche über einen längeren Zeitraum durchgeführt. Die in diesen Tests ermittelten NOECs, No Effect Concentrations, werden zur Berechnung der PNECs mit dem in Tab. 5.7 aufgeführten Sicherheitsfaktor dividiert.

5.4 Innenraumwerte

▶   Innenraumwerte dienen zur Bewertung der inhalativen Exposition der Allgemeinbevölkerung. Die Ableitungskriterien unterscheidet sich daher deutlich vom Arbeitsplatz. Die wesentlichen Unterschiede werden beschrieben und die Werte vorgestellt.

5.4.1 NIK- und LCI-Werte

Zur Bewertung der Expositionen in Innenräumen von Bauprodukten werden vom „Ausschuss zur gesundheitlichen Bewertung von Bauprodukten" (AgBB), angesiedelt beim Umweltbundesamt, die NIK-Werte [7] festgelegt. Diese „Niedrigste Interessierende Konzentration" beschreiben die Konzentrationen, bei deren Einhaltung bei lebenslanger Exposition von täglich 24 h für die Allgemeinbevölkerung keine Gesundheitsgefährdung und keine unzumutbare Belästigung besteht. Im Unterschied zur Ableitung der MAK-Werte werden Expositionssituation in Innenräumen, wie beispielsweise in Wohnungen, Kindergärten und Schulen, berücksichtigt. Im Vergleich zu Arbeitsplätzen ergeben sich typische Unterschiede:

- Dauerexposition gegenüber einer wechselnden und regelmäßig unterbrochenen Arbeitsplatzbelastung,
- Existenz von Risikogruppen, die am Arbeitsplatz entweder gar nicht vorkommen (Kinder, alte Menschen) oder arbeitsmedizinisch besonders geschützt werden (Schwangere, Allergiker),
- fehlende messtechnische und medizinische Überwachung, prinzipiell undefinierte Gesamtexposition in Innenräumen.

Flüchtige organische Kohlenwasserstoffe (VOC) spielen dabei eine wichtige Rolle. In der einschlägigen Fachliteratur werden die Siedebereich der unterschiedlich flüchtigen organischen Kohlenwasserstoffe wie in Tab. 5.8 aufgeführt, benutzt.

Bisher wurden für 198 Stoffe in 12 Stoffgruppen NIK-Werte aufgestellt, in Tab. 5.9 sind diese aufgeführt. Analog den deutschen NIK-Werten werden auf europäischer Ebene die LCI-Werte (Lowest Concentration of Interest) abgeleitet. Die EU-LCI Master List umfasst über 182 Stoffe, die im Internet öffentlich zugänglich ist.

Aufgrund der unterschiedliche Expositionsdauern und exponierte Personen unterscheiden sich die Arbeitsplatzgrenzwert und die NIK-, LCI-Werte teilweise sehr erheblich, siehe Tab. 5.10.

Ableitung und Werte ähneln stark den von der WHO festgelegten „Indoor Air Quality and ist Impact on Man". In Tab. 5.10 sind für einige ausgewählte Stoffe die NIK-Werten den Arbeitsplatzgrenzwerten gegen über gestellt.

Tab. 5.8 Definition flüchtiger organischer Verbindungen

Abkürzung	Beschreibung	Siedebereich
VVOC	Very Volatile Organic Compound	< 0–50 … 100 °C
VC	Volatile Organic Compound	50. 100–240. 260 °C
SVOC	Semi Volatile Organic Compound	240. 260–380. 400 °C
POM	Organic compound associated with particulate matter or Particulate organic matter	380 °C

Tab. 5.9 Stoffgruppen von NIK-, LCI-Werten

Nr	Stoffgruppe	Anzahl Stoffe	
		NIK	EU-LCI
1	Aromatische Stoffe	31	25
2	Aliphatische Kohlenwasserstoffe	9	7
3	Terpene	5	5
4	Aliphatische Alkohole	17	11
5	Aromatische Alkohole	3	3
6	Glykole, Glykolether, Glykolester	46	45
7	Aldeyde	23	22
8	Ketone	10	10
9	Säuren	10	10
10	Ester, Lactone	26	24
11	Halogenkohlenwasserstoffe		3
12	Andere	18	17

Tab. 5.10 Gegenüberstellung von NIK-Werten und AGW für einige Stoffe

Stoff	CAS	AGW [mg/m^3]	NIK [mg/m^3]
Toluol	108-88-3	190	2,9
Ethylbenzol	100-41-4	88	0,85
n-Hexan	110-54-3	180	4,3
Tert. Butanol	75-65-0	62	0,62
Ethylenglykol	107-21-1	26	3,4
Formaldehyd	50-00-0	0,37	0,1
Acetaldehyd	75-07-0	91	1,2
Aceton	67-64-1	1.200	1,2
Essigsäure	64-19-7	25	1,2
Methylacrylat	96-33-3	91	0,75
N-Methyl-2-pyrrolidon	872-50-4	82	1,8

5.4.2   Innenraumrichtwerte

Der Ausschuss für Innenraumrichtwerte (AIR) [8] beim Umweltbundesamt legt die Richtwerte I und II fest, die wie folgt definiert sind:

Richtwert I (RW I – Vorsorgerichtwert): Konzentration eines Schadstoffes in der Innenraumluft, bei dessen Einhaltung nach gegenwärtigem Forschungsstand auch bei lebenslanger Exposition keine gesundheitliche Beeinträchtigung zu erwarten ist.

Richtwert II (RW II – Gefahrenrichtwert): Konzentration eines Schadstoffes in der Innenraumluft, bei dessen Erreichen / Überschreiten unverzüglich zu handeln ist. Als Innenräume gelten gemäß dem Ableitungsschema

- Private Wohnungen mit Wohn-, Schlaf-, Bastel-, Sport- und Kellerräumen, Küchen und Badezimmern,
- Arbeitsräume in Gebäuden, die im Hinblick auf gefährliche Stoffe nicht dem Geltungsbereich der Gefahrstoffverordnung (GefStoffV) unterliegen, wie etwa Büroräume,
- Innenräume in öffentlichen Gebäuden (Krankenhäuser, Schulen, Kindertagesstätten, Sporthallen, Bibliotheken, Gaststätten, Theater, Kinos und anderen öffentliche Veranstaltungsräume),
- Innenräume von Kraftfahrzeugen und öffentlichen Verkehrsmitteln.

Analog den NIK- und LCI-Werten wird bei der Ableitung von einer täglich 24stündigen, lebenslangen Exposition ausgegangen, um Gesundheitsschäden und Belästigungen für die Allgemeinbevölkerung, einschließlich Kinder, Jugendliche, ältere Menschen und besonders empfindliche Bevölkerungsgruppen auszuschließen. Tab. 5.11 listet für ausgewählte Stoffe die Richtwerte auf.

Tab. 5.11 Richtwerte I und II in mg/m3

Name	CAS-Nr	RW II	RW I
Acetaldehyd	75-07-0	1	0,1
Aceton	67-64-1	160	53
Acetophenon	98-86-2	220	66
Benzaldehyd	100-52-7	0,2	0,02
Benzylalkohol	100-51-6	4	0,4
Dichlormethan	75-09-2	2	0,2
Ethylacetat	141-78-6	6	0,6
Ethylbenzol	100-41-4	2	0,2
Formaldehyd	50-00-0	–	0,1
Methanol	67-56-1	40	13
Phenol	108-95-2	0,2	0,02
Propan-1,2-diol	57-55-6	0,6	0,06
Propanol-1	71-23-8	46	14
Propanol-2	67-63-0	45	22
Styrol	100-42-5	0,3	0,03
Tetrachlorethen	127-18-4	1	0,1
Toluol	108-88-3	3	0,3

5.5   Fragen

5.1 Welche Grenzwerte dienen nach Gefahrstoffverordnung zur Beurteilung der Gefahrstoffkonzentration am Arbeitsplatz?

☐ a	der MAK-Wert
☐ b	der MIK-Wert
☐ c	der AGW-Wert
☐ d	der ARW-Wert
☐ e	der BAT-Wert
☐ f	der LD50-Wert
☐ g	der BGW-Wert

5.2 Welche Aussagen zum AGW-Wert sind richtig?

☐ a	„AGW" ist die Abkürzung für „Allgemeiner Gesundheitswert"
☐ b	die AGW-Werte beziehen sich auf die Luft am Arbeitsplatz
☐ c	die AGW-Werte für krebserzeugende Stoffe sind besonders streng
☐ d	die AGW-Werte werden in der TRGS 900 veröffentlicht
☐ e	der AGW-Wert darf in bestimmten Fällen überschritten werden
☐ f	AGW-Werte gelten auch für Stoffgemische
☐ g	AGW steht für „Arbeitsgesundheitswert"
☐ h	durch die Einhaltung des AGW-Wertes lassen sich arbeitsstoffbedingte Erkrankungen im Allgemeinen ausschließen.

5.3 Welche Aussagen zum AGW-Wert sind richtig?

☐ a	Ist die Abkürzung für Arbeitsplatzgrenzwert.
☐ b	Die AGW-Werte beziehen sich auf die Luft am Arbeitsplatz.
☐ c	Die AGW-Werte für krebserzeugende Stoffe sind besonders streng.
☐ d	Die AGW-Werte werden in der TRGS 900 veröffentlicht.

5.4 Welche Aussage zum biologischen Grenzwert (BGW) ist richtig?

☐ a	Er gibt die Konzentration eines Stoffes in der Luft am Arbeitsplatz an.
☐ b	Er gilt nur für Beschäftigte in Biogasanlagen.
☐ c	Er bezieht sich auf Giftstoffe in Lebensmitteln.
☐ d	Er gilt für Schadstoffe im Körper (Blut, Urin) eines Beschäftigten

5.5 Was bedeutet die Angabe „Methanol: AGW = 200 ppm"?

☐ a	Bis zu 200 ppm Methanol können täglich vom Körper aufgenommen werden, ohne dass es zu Schädigungen kommt.
☐ b	200 ppm Methanol in der Luft am Arbeitsplatz ist die minimale Konzentration, die nach dem Stand der Technik erreicht werden kann.
☐ c	Bis zu einer Konzentration von 200 ppm Methanol in der Luft am Arbeitsplatz sind zusätzliche Maßnahmen zum Schutz der Gesundheit erforderlich.

| □ d | Bis zu einer Konzentration von 200 ppm Methanol in der Luft am Arbeitsplatz wird die Gesundheit des Arbeitnehmers im Allgemeinen nicht beeinträchtigt. |

5.6 Was ist der BGW-Wert? [I6 7]

□ a	ein Maschinengrenzwert
□ b	ein Maß für die Raumluftkonzentration in Labors
□ c	der Grenzwert für die toxikologisch-arbeitsmedizinisch abgeleitete Konzentration eines Stoffes bzw. seines Metaboliten im menschlichen Körper, bei dem die Gesundheit von Beschäftigten im Allgemeinen nicht beeinträchtigt wird
□ d	der Höchstwert eines Arbeitsstoffes, bezogen auf eine gesunde Einzelperson, die nach einer angemessenen Sicherheitsspanne im Blut und / oder Harn gemessen wird

5.7 Was entspricht der Konzentrationsangabe „1 ppm"?

□ a	1 mg/kg
□ b	1 g/kg
□ c	1 g/m^3
□ d	1 ml/ m^3
□ e	1 Teil pro 1 Mrd. Teile
□ f	1 Teil Giftstoff pro 10 Mio. Teile Wasser
□ g	1 Milliliter pro 1000 Liter
□ h	1 Mikrogramm pro Kilogramm

5.8 Was entspricht der Konzentrationsangabe „1 ppb"?

□ a	1 Teil pro eine Milliarde Teile
□ b	1 Teil pro eine Billion Teile
□ c	1 Teil pro eine Billiarde Teile
□ d	1 Mikrogramm pro Kilogramm

Literatur

1. Gefahrstoffverordnung vom 26. November 2010 (BGBl. I S. 1643, 1644), zuletzt geändert am 21.07.2021 (BGBl. I S. 3115)
2. EG-RL 98/24/EG vom 7.4.1998, ABl. EG Nr L 131 vom 5.5.1998, S. 11, zuletzt geändert durch RL 2014/27/EU vom 26.2.2014, ABl. L 65 S. 1.
3. EG-RL 2004/37/EG vom 30.4.2004, ABl. L 158, S. 50, zuletzt geändert durch RL 2017/2398 vom 12.12.2017, ABl. L 345 S. 87.
4. MAK und BAT-Wert-Liste 2022, Wiley-VCH, 58. Mitteilung der Senatskommission zur Prüfung gesundheitsschädlicher Arbeitsstoffe
5. Verordnung (EU) Nr. 1907/2006 vom 18.12.2006, ABl. L 396 S. 1
6. Guidance on information requirements and chemical safety assessment Chapter R.8: Characterisation of dose [concentration]-response for human health, November 2012.
7. https://www.umweltbundesamt.de/tags/lci-werte
8. https://www.umweltbundesamt.de/themen/gesundheit/kommissionen-arbeitsgruppen/ausschuss-fuer-innenraumrichtwerte

Biozide und Pflanzenschutzmittel

6

Inhaltsverzeichnis

▶ **Lernziele**

Die zur Erlangung des Sachkunde geforderten Kenntnisse nach dem gemeinsamen Fragenkatalog der Länder bei der Abgabe von Biozidprodukten und Pflanzenschutzmitteln werden beschrieben.

Ergänzend wurden die im amtlichen Fragenkatalog enthaltenen Fragen mit ihren In-halten aufgenommen, obwohl hierfür keine rechtliche Grundlage existiert

6.1 Biozide

Die Voraussetzungen zur Zulassung, Inverkehrbringen und Anwendung von Biozidprodukten werden dargestellt.

Die Biozidprodukte werden nach ihren Produktarten differenziert, die zugelassenen Wirkstoffgruppen der wichtigsten Produktarten werden mit Strukturformeln vorgestellt.

Die Anforderungen der EU Biozid-Verordnung 528/2012 (Verordnung (EU) 528/2012, ABl. L 167 vom 27.6.2012, S. 1) zur Zulassung und die Bereitstellung von Biozidwirkstoffen und Biozidprodukten auf dem Markt werden beschrieben.

„Biozidprodukt": Stoff/Gemisch, das mindestens einen Bozidwirkstoffen enthält oder erzeugt, um Schadorganismen zu zerstören, abzuschrecken, unschädlich zu machen,

H. F. Bender, *Sicherer Umgang mit Gefahrstoffen*,
https://doi.org/10.1007/978-3-658-42886-0_6

ihre Wirkung zu verhindern auf andere Art als durch bloße physikalische oder mechanische Einwirkung.

Biozidwirkstoff: Stoff oder Mikroorganismus, der eine Wirkung auf oder gegen Schadorganismen entfaltet.

Nationale Zulassung: Zulassung bei der zuständigen Behörde eines Mitgliedstaats.

Unionszulassung: Zulassung durch die EU-Kommission in der gesamten EU oder in einem Teil.

Die Biozid-Verordnung gilt nicht für

- Lebens- und Futtermittel
- Tierarzneimittel
- Medizinprodukte
- Pflanzenschutzmittel.

6.1.1   Biozidwirkstoffe und Biozidprodukte

Biozidprodukte dürfen nur mit genehmigten Wirkstoffen hergestellt werden. Die Genehmigung wird für maximal 10 Jahre erteilt. Anträge müssen bei der europäische Chemikalienagentur (ECHA) gestellt werden. Zur Bewertung des Antrags ist eine nationale Behörde zu beauftragen, in Deutschland die Bundeanstalt für Arbeitsschutz und Arbeitsmedizin (BAuA). Eine Genehmigung wird nur erteilt, wenn der Wirkstoff nicht eingestuft ist als

- karzinogen, keimzellmutagen, reproduktionstoxisch Kategorie 1 A oder 1 B
- endokrin (hormonell) schädigend oder
- PBT oder vPvB

und das Risiko für Menschen, Tiere oder die Umwelt bei der Anwendung des Biozidproduktes unter realistischen Verwendungsbedingungen vernachlässigbar ist und der Wirkstoff zur Vermeidung ernsthaften Gefahren für die Gesundheit von Menschen, Tieren oder für die Umwelt notwendig ist.

Die zugelassenen Wirkstoffe werden in einer Unionsliste veröffentlicht und sind im Internet auf dem Portal der ECHA [2] oder auf der Seite der BAuA [3] zugänglich.

Abb. 6.1 zeigt exemplarisch einen Auszug aus der Liste der BAuA.

Biozidprodukte dürfen nur auf den Markt gebracht werden, wenn sie von der zuständigen Behörde, bei einer nationalen Zulassung in Deutschland von der BAuA, bzw. bei einer EU-Zulassung bei der ECHA, zugelassen wurden. Die Zulassung ist auf die Produktgruppen beschränkt und kann weitere Anwendungsbeschränkungen umfassen.

Analog den Wirkstoffen ist die Zulassung maximal auf 10 Jahren befristet, in Abhängigkeit des Risikopotenzial werden kürzere Zulassungsfristen festgelegt.

Liste der Biozidprodukte, die in Deutschland aufgrund eines laufenden Entscheidungsverfahrens auf dem Markt bereitgestellt und verwendet werden dürfen.

Laufendes Entscheidungsverfahren über einen Antrag auf Zulassung oder zeitlich parallele gegenseitige Anerkennung nach Artikel 89 Absatz 3 Unterabsatz 2 der Verordnung (EU) 528/2012 (Biozid-Verordnung) i.V.m. § 28 Absatz 8 Unterabsatz 3 des Chemikaliengesetzes.

Bitte beachten Sie: Aufgrund der technischen Gegebenheiten im Register für Biozidprodukte (R4BP) ist diese Liste nicht tagesaktuell. Bei eventuellen Rückfragen wenden Sie sich bitte an die Bundesstelle für Chemikalien (chemg@baua.bund.de).

Name des Biozidprodukts	Firma	Produktart(en)	Wirkstoff(e)
1+1 Wofa® steril SC super	KESLA PHARMA WOLFEN GMBH	1; 2; 3; 4; 5	Peressigsäure
1+1 Wofasteril SC super	Kesla	2; 3; 4; 5	Peressigsäure
162 Combitartre	SOCODIF	2; 3; 4; 5	Wasserstoffperoxid
1De Beste Bleek	LODA NV	2; 3; 4; 5	aus Natriumhypochlorit freigesetztes Aktivchlor
25WP	Chemtura Europe Ltd	18	Diflubenzuron
2-Propanol 70%	Carl Roth GmbH und Co. KG	1; 2; 4	Propan-2-ol
2-Propanol 70%	Otto Fischar GmbH & Co. KG	1; 2; 4	Propan-2-ol
3 Athlet	benefits for you	1; 2; 3; 4; 5	aus Natriumhypochlorit freigesetztes Aktivchlor
3PhasenReiniger Aktivchlor	KERSIA DEUTSCHLAND GmbH	2; 3; 4; 5	aus Natriumhypochlorit freigesetztes Aktivchlor
4D+	SICO	2; 4	L(+)-Milchsäure
580 Wasseraufbereitungsmittel	Evonik Resource Efficiency GmbH	2; 4; -	Wasserstoffperoxid
5EN1 ECO ACTIF	SICO	2; 4	L(+)-Milchsäure
A CID HIA	Qualleo Environnement	2; 3; 4; 5	Wasserstoffperoxid
A CID HIS	Qualleo Environnement	2; 3; 4; 5	Wasserstoffperoxid
A.W.Niemeyer Selbstpolierendes Antifouling	Chugoku Paints BV	21	Dikupferoxid
A/F7830-DARKBROWN	KCC Europe GmbH	21	Dikupferoxid; Kupferpyrithion; Zineb
A/F7830-REDBROWN	KCC Europe GmbH	21	Dikupferoxid; Kupferpyrithion; Zineb

Bundesanstalt für Arbeitsschutz und Arbeitsmedizin – www.baua.de   1/784

Abb. 6.1 Liste der zugelassenen Wirkstoffe der BAuA

Zur Vereinfachung des Zulassungsverfahrens können auch Zulassungen für Biozidproduktfamilien erteilt werden.

Biozidprodukte dürfen nur für die zugelassene Produktarten, definiert in Anhang V, eingesetzt werden. Die 22 Biozidproduktarten sind in 4 Hauptproduktarten untergliedert, siehe Tab. 6.1.

In Tabelle sind die Schädlingsbekämpfungsmittel der Produktgruppe 3 mit zugelassenen Wirkstoffen aufgeführt.

Details der Zulassung sind in der Biozid-Verordnung geregelt. Die Genehmigung eines Wirkstoffs erfolgt nach vorliegender Stellungnahme der europäischen Chemikalienagentur (ECHA) durch die EU-Kommission mittels Durchführungsverordnung.

Erfüllt ein Wirkstoff nicht die Genehmigungsvoraussetzungen, erfolgt die Ablehnung eines Zulassungsantrags durch einen Durchführungsbeschluss der EU-Kommission.

Biozidprodukte müssen zusätzlich zu der Kennzeichnung nach der CLP-Verordnung die in Abb. 6.2 aufgeführten zusätzlichen Angaben auf dem Etikett besitzen.

Biozidprodukte, die mit Lebensmitteln, Getränken oder Futtermittel verwechselt werden können sind so zu verpacken, dass eine Verwechslung möglichst vermieden wird.

Tab. 6.1 Produktarten der Biozidprodukte

Nr	Produktgruppe
Hauptgruppe 1: Desinfektionsmittel	
1:	Menschliche Hygiene
2:	Desinfektionsmittel und Algenbekämpfungsmittel, die nicht für eine direkte Anwendung bei Menschen und Tieren bestimmt sind
3:	Hygiene im Veterinärbereich
4:	Lebens- und Futtermittelbereich
5:	Trinkwasser
Hauptgruppe 2: Schutzmittel	
6:	Schutzmittel für Produkte während der Lagerung
7:	Beschichtungsschutzmittel
8:	Holzschutzmittel
9:	Schutzmittel für Fasern, Leder, Gummi und polymerisierte Materialien
10:	Schutzmittel für Baumaterialien
11:	Schutzmittel für Flüssigkeiten in Kühl- und Verfahrenssystemen
12:	Schleimbekämpfungsmittel
13:	Schutzmittel für Bearbeitungs- und Schneideflüssigkeiten
Hauptgruppe 3: Schädlingsbekämpfungsmittel	
14:	Rodentizide
15:	Avizide
16:	Bekämpfungsmittel gegen Mollusken und Würmer und Produkte gegen andere Wirbellose
17:	Fischbekämpfungsmittel
18:	Insektizide, Akarizide und Produkte gegen andere Arthropoden
19:	Repellentien und Lockmittel
20:	Produkte gegen sonstige Wirbeltiere
Hauptgruppe 4: Sonstige Biozidprodukte	
21:	Antifouling-Produkte
22:	Flüssigkeiten für Einbalsamierung und Taxidermie

Sind diese für die Allgemeinheit zugänglich, müssen sie Inhaltsstoffe enthalten, die vom Verzehr abhalten und sie insbesondere für Kinder unattraktiv machen.

Bei der Werbung für Biozidprodukte sind irreführende oder verharmlosende Angaben nicht zulässig, wie beispielsweise

- Biozidprodukt mit niedrigem Risikopotenzial
- ungiftig, unschädlich
- natürlich, umweltfreundlich, tierfreundlich

Biozidprodukte zusätzlich zur CLP-VO zu kennzeichnen mit:

⇨ Bezeichnung jeden Wirkstoffs mit Konzentration

⇨ Zulassungsnummer

⇨ Name und Anschrift des Zulassungsinhabers

⇨ Art der Formulierung

⇨ Zugelassene Anwendungen

⇨ Gebrauchsanweisung und Aufwandsmenge

⇨ Besonderheiten möglicher unerwünschter Nebenwirkungen

⇨ „Vor Gebrauch beiliegendes Merkblatt lesen" falls vorhanden

⇨ Angaben zur sicheren Entsorgung, Verbot der Wiederverwendung der Verpackung

⇨ Chargennummer und Verfallsdatum

⇨ Sicherheitswartezeit, Anwendungszeitraum

⇨ Hinweis, ob es Nanomaterialien enthält

⇨ evtl. Verwendungskategorie

Abb. 6.2 Zusätzliche Kennzeichnungsangaben von Biozidprodukten

Bei der Werbung muss immer mit aufgeführt werden:

- Biozidprodukt (bzw. Produktart) vorsichtig verwenden. Vor Gebrauch stets Etikett und Produktinformation lesen.

Verstöße gegen die Kennzeichnungsvorschriften sind Ordnungswidrigkeiten.

6.1.2 Zugelassene Biozidwirkstoffe

Als **Desinfektionsmittel** für die menschliche Hygiene der Produktgruppe 1 werden neben den am häufigsten verwendeten Wirkstoffe Ethanol, Isopropanol, Wasserstoffperoxid, Peressigsäure und Iod die in Abb. 6.3 aufgeführten häufig eingesetzt.

Als Desinfektionsmittel der Produktgruppe 2, die nicht für die direkte Anwendung an Menschen und Tieren bestimmt sind, werden u. a. Formaldehyd und Ethylenoxid verwendet. Ethylenoxid ist ein extrem entzündbares, krebserzeugendes Gas, das überwiegend zur Sterilisation von medizinischen Geräten in vollautomatischen, programmgesteuerten Sterilisatoren verwendet wird. Formaldehyd ist ein giftiges, extrem entzündbares, krebserzeugendes Gas. Die wässrigen Lösungen sind starke Hautallergene.

Zahlreiche Borverbindungen, z. B. Borsäure, Borate oder organische Borverbindungen und Kupferverbindungen, wie Kupferoxid, -hydroxid, -carbonat, werden seit Jahr-

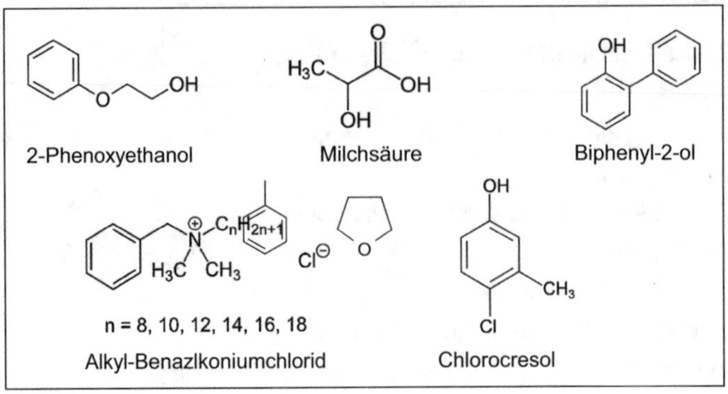

Abb. 6.3 Desinfektionsmittel; Produktgruppe 1

zehnten als **Holzschutzmittel** verwendet, desgleichen zur Begasung von verbauten Holz-konstruktionen Cyanwasserstoff und Schwefeldifluorid. Da Holzschutzmittel fungizide und insektizide Eigenschaften besitzen, sind viele Wirkstoffe ebenfalls als Pflanzenschutz-mittel zugelassen, siehe Abb. 6.10 und 6.11.

Abb. 6.4 zeigt die Strukturformeln häufig verwendeter organischer Holzschutzmittel.

Rodentizide, Produktgruppe 14, werden sowohl als Biozidprodukte als auch als Pflanzenschutzmittel verwendet. Wirkstoffe zur Bekämpfung von Nagetiere der 1. Ge-neration dürfen auch von der Allgemeinbevölkerung angewendet werden, hierzu gehören z. B. „Chlorphacinon", „Coumatetralyl" oder „Warfarin".

Ebenso von der Allgemeinbevölkerung darf Aluminiumphosphid, portionsweise ver-packt, zur Begasung von Wühlmäusen verwendet werden. Maulwürfe und Feldhamster dürfen gemäß Bundesartenschutzverordnung nur mit Genehmigung der zuständigen Landesbehörde bekämpft werden. Das mit der Feuchtigkeit im Erdreich aus Aluminium-phosphid entwickelte Phosphin (PH_3) ist ein extrem entzündbares, sehr starkes Atemgift (H330). Aufgrund der sehr niedrigen Zündtemperatur (100°C) kann es sich spontan ent-zünden. Phosphin selbst ist geruchlos, durch Verunreinigungen mit anderen Phosphanen riecht es meist nach Knoblauch.

Die Coumarinderivate Coumatetryl und Warfarin sind Antikoagulantien und bewirken bei wiederholter Stoffaufnahme innere Blutungen.

Die Anwendung von Rodentiziden mit Wirkstoffen der 2. Generation ist auf geschulte berufsmäßige Verwender aus Umweltschutzgründen und zur Vermeidung von Resistenz-entwicklungen beschränkt, zugelassene Wirkstoffe sind „Difenacoum" oder „Brodifa-coum", siehe Abb. 6.5.

Zahlreiche der früher verwendeten **Antifoulingmittel** haben in den Seehäfen durch ihre stark gewässergefährdende Eigenschaft nachhaltige Schäden im Ökosystem aus-gelöst. In Abb. 6.6 sind die wichtigsten noch zugelassene Wirkstoffe aufgeführt.

Als Wirkstoff in **Repellentien**, Produktgruppe 19, zum Schutz und Abwehr gegen Insekten oder Zecken sowie zur Vergrämung von Wirbeltieren, werden neben den

Abb. 6.4 organische Holzschutzmittel

Extrakten aus Paprika, Chrysanthemen (Pyrethroide), Eukalyptus, Knoblauch, Lavendel, Malz, Niembaum und Orangen organische Wirkstoffe, siehe Abb. 6.7, verwendet.

6.2 Pflanzenschutzmittel

▶ **Lernziele**

Die Voraussetzungen zur Zulassung, Inverkehrbringen und Anwendung von Pflanzenschutzmitteln werden dargestellt.

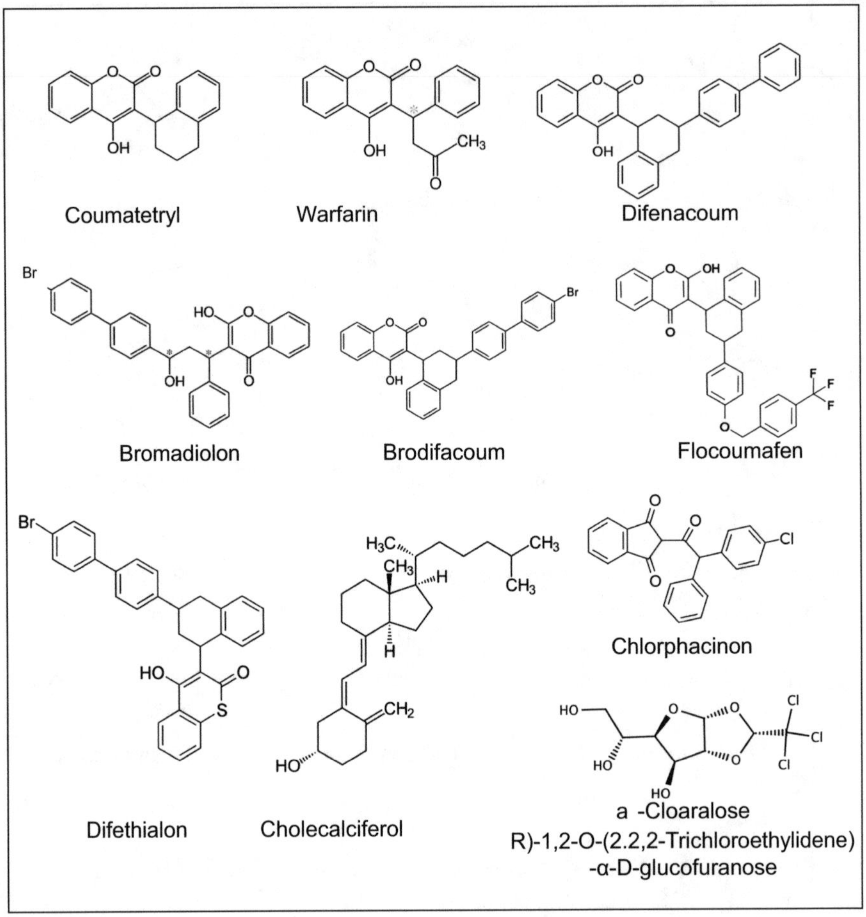

Abb. 6.5 Rodentizide

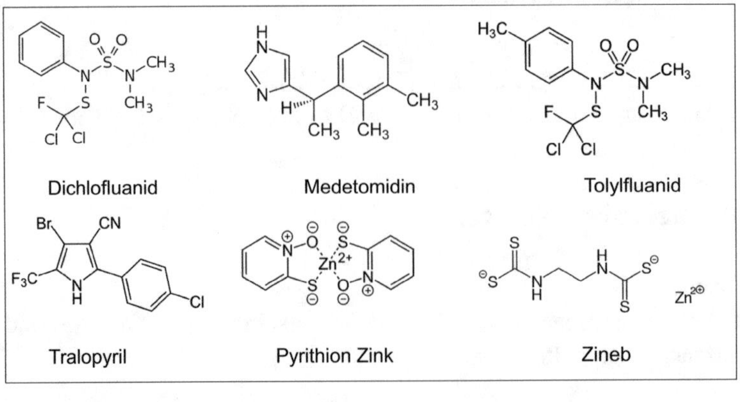

Abb. 6.6 Antifoulingmittel

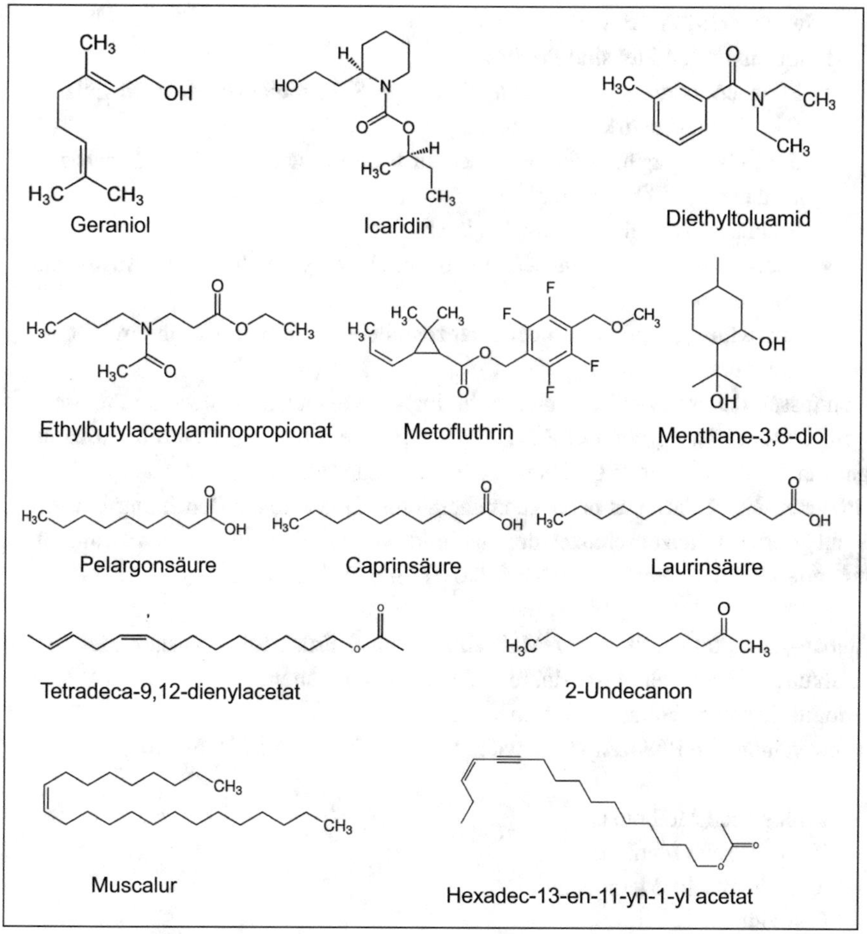

Abb. 6.7 Repellentien

Die zusätzlichen Anforderungen an die Kennzeichnung und der Informationen zur Anwendung werden beschrieben. Die zur Abgabe von Pflanzenschutzmitteln notwendigen spezifische Sachkundekriterien werden vorgestellt.

Das Pflanzenschutzgesetz [4] dient dem Schutz von Pflanzen, einschließlich Pflanzenteile, Früchte oder Samen, vor Schadorganismen und nichtparasitären Beeinträchtigungen sowie dem Schutz von Pflanzenerzeugnissen vor Schadorganismen (Vorratsschutz).

▶   **Pflanzenschutzmittel**

Pflanzenschutzmittel sind Produkte, um

- Pflanzen oder Pflanzenerzeugnisse vor Schadorganismen zu schützen, oder deren Einwirkung vorzubeugen,
- die Lebensvorgänge von Pflanzen zu beeinflussen, ohne ihrer Ernährung zu dienen (Wachstumsregler),
- Pflanzenerzeugnisse zu konservieren,
- unerwünschte Pflanzen oder Pflanzenteile zu vernichten, mit Ausnahme von Algen oder
- unerwünschte Pflanzen oder Pflanzenteile zu hemmen oder ihrem Wachstum vorzubeugen.

Sie umfassen daher sowohl chemische, biologische als auch nichtchemische Stoffe. Der Begriff Pestizid ist in der EG-RL 2009/128/EG definiert als Pflanzenschutzmittel im Sinne der EU-Verordnug 1107/2009 oder als Biozidprodukt.

Pflanzenschutz darf nur nach guter fachlicher Praxis unter Beachtung der Kriterien des integrierten Pflanzenschutzes durchgeführt werden. Die allgemeinen Grundsätze des Integrierten Pflanzenschutzes (EG-RL 2009/128/EG) sind

1. anbau- und kulturtechnischer Maßnahmen (u. a. Fruchtfolge, ausgewogene Dünge-, Kalkungs-, Bewässerungsverfahren, Hygienemaßnahmen)
2. Monitoring von Schadorganismen
3. Anwendung von Pflanzenschutzmaßnahmen nach folgender Reihenfolge:

   - Biologische Methoden
   - Physikalische Methoden
   - nichtchemische Methoden
   - Pestizide

Pestizide müssen zielartspezifisch mit den geringsten Nebenwirkungen für Menschen, Nichtzielorganismen und die Umwelt sein und sind auf das notwendige Maß zu begrenzen.

Pflanzenschutzmittel werden unterschieden in

- Akarizide: Mittel gegen Milben/Spinnentiere
- Avizide: Mittel gegen Vögel
- Bakterizide: Mittel gegen Bakterien
- Fungizide: Mittel gegen Pilze
- Herbizide: Mittel gegen Pflanzen
- Insektizide: Mittel gegen Insekten
- Molluskizide: Mittel gegen Schnecken
- Nematizide: Mittel gegen Nematoden (Fadenwürmer)
- Ovizide: Mittel gegen Eier, i. d. R. von Insekten

- Rodentizide: Mittel gegen Nagetiere (z. B. Mäuse, Ratten)
- Viruzide: Mittel gegen Viren und Viroide
- Wachstumsregulatoren

Als Schadorganismen gelten Pflanzen, Tiere oder Krankheitserreger die Pflanzen oder Pflanzenerzeugnissen schädigen können.

Die Anwendung von Pestiziden auf Freilandflächen ist nur zulässig, wenn diese landwirtschaftlich, forstwirtschaftlich oder gärtnerisch genutzt werden, nicht jedoch in oder unmittelbar an oberirdischen Gewässern und Küstengewässern. Sie ist somit verboten an Feldrainen, Böschungen oder Wegrändern; Herbizide dürfen auch auf Garageneinfahrten, Dächern oder Plattenwegen nicht eingesetzt werden. In begründeten Ausnahmenfällen kann bei der zuständigen Behörde eine Ausnahme beantragt werden.

Pflanzenschutzmittel dürfen nach § 28 nur in Verkehr gebracht werden, wenn sie gemäß Artikel 28 der EU-Verordnung 1107/2009 [5] zugelassen sind. In Deutschland gilt als Zulassungsstelle das Bundesamt für Verbraucherschutz und Lebensmittelsicherheit (BVL). Zugelassenen Wirkstoffe und zugelassenen Pflanzenschutzmittel werden vom BVL veröffentlicht und sind im Internet [6] zugänglich. Das Verzeichnis ist in sieben Teile untergliedert:

Teil 1: Ackerbau – Wiesen und Weiden – Hopfenbau – Nichtkulturland

Teil 2: Gemüsebau – Obstbau – Zierpflanzenbau

Teil 3: Weinbau

Teil 4: Forst

Teil 5: Vorratsschutz

Teil 6: Anerkannte Pflanzenschutzgeräte (Herausgegeben vom Julius Kühn-Institut)

Teil 7: Haus- und Kleingartenbereich

Die Übersichtsliste auf der Homepage des BVL bietet einen guten Überblick über die Wirkstoffe und die Pflanzenschutzmittel, siehe Abb. 6.8.

Zugelassene Pflanzenschutzmittel müssen gekennzeichnet werden gemäß den Vorschriften der CLP-Verordnung 1272/2008 [7]. Zusätzlich sind nach EU-Verordnung 547/2011 [8] auf der Kennzeichnung folgende Angaben mit aufzuführen

a) Handelsname oder Bezeichnung des Pflanzenschutzmittels,

b) Name, Anschrift des Zulassungsinhabers;

c) Name jedes Wirkstoffs;

d) Konzentration jedes Wirkstoffs;

e) Nettomenge des Pflanzenschutzmittels;

f) Chargennummer der Formulierung und das Herstellungsdatum;

g) Angaben über die erste Hilfe;

h) Hinweise auf etwaige besondere Gefahren für Mensch, Tier oder Umwelt;

i) Sicherheitshinweise zum Schutz der Gesundheit von Menschen, Tier, Umwelt;

j) Art des Pflanzenschutzmittels (z. B. Insektizid) und Wirkungsweise;

1 Bezeichnung	2 Zul-In	3 Zul-Nr	4 For	5 Wirkstoff(e)	6 W	7 Einsatzgebiete	8 HuK	9 Zul-Begin	10 Zul-Ende
Accurate Extra	10285	006776-00	WG	67,4 g/kg Metsulfuron (Methylester) 655,4 g/kg Thifensulfuron (Methylester)	H	A		2013-12-11	2023-06-30
ACELEPRYN	10607	00A289-00	SC	200 g/l Chlorantraniliprole	I	Z		2022-12-16	2025-12-31
Achiba Max	10523	007667-60	EC	92,5 g/l Quizalofop-P (Ethylester)	H	A, G		2021-04-29	2024-11-30
ACL+DFF+FFA SC 570	10021	00A060-00	SC	450 g/l Aclonifen 30 g/l Diflufenican 90 g/l Flufenacet	H	A		2020-12-16	2023-10-31
Aco.sol PY-Z	10589	033141-62	KN	4 g/l Pyrethrine	I	V		2007-06-11	2023-08-31
ACOIDAL WG	12004	007712-00	WG	800 g/kg Schwefel	F	W		2016-04-18	2024-12-31
ActiSeal F 60	13895	00A913-00	SC	600 g/l Fludioxonil	F	O		2022-06-02	2023-10-31
ACTIVUS SC	12226	006839-00	SC	400 g/l Pendimethalin	H	A		2011-01-13	2024-12-31
Acucel	10284	034046-63	SL	558,3 g/l Chlormequat (Chlorid)	W	A, Z		2016-04-04	2024-11-30
Acupro	10285	006366-61	WG	600 g/kg Diflufenican 57,8 g/kg Metsulfuron (Methylester)	H	A		2012-03-29	2024-03-31
ADDITION	12226	006840-00	SC	40 g/l Diflufenican 400 g/l Pendimethalin	H	A		2011-02-07	2023-12-31
Adengo	10021	026525-00	SC	225 g/l Isoxaflutole 86,77 g/l Thiencarbazone (Methylester)	H	A		2016-10-18	2026-12-31
Adentis	12120	028533-60	WG	723,4 g/kg Tribenuron (Methylester)	H	A		2022-11-30	2035-01-30

Abb. 6.8 Auszug aus der Übersichtsliste zugelassener chemische Wirkstoffe

k) Art der Zubereitung (z. B. Spritzpulver, Emulsionskonzentrat usw.);

l) zugelassene Verwendungszwecke sowie Bedingungen, unter denen das Erzeugnis verwendet bzw. nicht verwendet werden darf;

m) Gebrauchsanweisung, Verwendungsbedingungen sowie Aufwandmenge;

n) gegebenenfalls die Sicherheitswartezeit für jeden Gebrauch;

o) falls zutreffend: Hinweise Phytotoxizität, Empfindlichkeit bestimmter Sorten, unerwünschte Nebenwirkungen, Fristen zwischen Anwendung und Ansaat/Pflanzung;

p) falls ein Merkblatt beigefügt ist: „Vor Gebrauch beiliegendes Merkblatt lesen";

q) Anweisungen für geeignete Lagerung und die sichere Entsorgung;

r) soweit erforderlich, das Verfallsdatum bei normaler Lagerung;

s) Verbot der Wiederverwendung der Verpackung, sofern in der Zulassung erlaubt;

t) alle in der Zulassung vorgeschriebenen zusätzlichen Angaben;

u) Kategorien der Verwender, die das Pflanzenschutzmittel verwenden dürfen, sofern die Verwendung auf bestimmte Kategorien beschränkt ist.

Falls der Platz auf dem Etikett nicht für alle Angaben ausreicht, dürfen die Angaben der Nummern m, n, o, q, r und t auf einem beigefügten Merkblatt angegeben werden.

Verharmlosende Angaben wie „ungiftig" oder „nicht gesundheitsschädlich" sind nicht zulässig.

Das Zulassungszeichen des Bundesamtes für Verbraucherschutz und Lebensmittelsicherheit (BVL), siehe Abb. 6.9, ist optional, nur die Zulassungsnummer muss zwingend aufgeführt werden.

Die Zulassung von Pflanzenschutzmittel ist grundsätzlich auf maximal 10 Jahre begrenzt, zur Verlängerung ist ein erneuter Zulassungsantrag notwendig. Nach Ablauf der Zulassung dürfen Pflanzenschutzmittel noch maximal 2 Jahre angewendet werden, sofern kein Anwendungsverbot erlassen wurde.

Pflanzenschutzmittel dürfen grundsätzlich nur in der Originalverpackung gelagert werden.

Abb. 6.9 Zulassungszeichen
des BVL

Pflanzenschutzmittel dürfen aus einem EU-Mitgliedsland nur eingeführt werden, wenn national ein identisches Referenzmittel zugelassen wurde und eine Genehmigung des BVL vorliegt. Zusätzlich muss für die Lagerung und Anwendung die Gebrauchsanleitung des Referenzmittels vorliegen.

Pflanzenstärkungsmittel sind gemäß § 2 Pflanzenschutzgesetz Stoffe und Gemische einschließlich Mikroorganismen, die ausschließlich dazu bestimmt sind, allgemein der Gesunderhaltung der Pflanzen zu dienen oder sie vor nichtparasitären Beeinträchtigungen zu schützen.

Pflanzenstärkungsmittel dürfen nur in Verkehr gebracht werden, sofern keine schädlichen Auswirkungen befürchtet werden müssen. Beim erstmalige Inverkehrbringen muss dem BVL die Formulierung und die Kennzeichnung angezeigt werden. Bei vorliegenden Anhaltspunkten für eine schädliche Auswirkung kann das BVL das Inverkehrbringen untersagen. Eine Liste der mitgeteilten und nicht untersagten Pflanzenstärkungsmittel wird vom BVL veröffentlicht [9].

Auf der Verpackung oder der Verpackungsbeilage muss zusätzlich aufgeführt sein:

- „Pflanzenstärkungsmittel"
- Bezeichnung des Pflanzenstärkungsmittels,
- Name und Anschrift, der das Pflanzenstärkungsmittel erstmalig in Verkehr bringt
- Gebrauchsanleitung.

6.2.1 Begriffsdefinitionen

Mehrere der Im Zusammenhang mit dem Pflanzenschutz benutzte Begriffe gelten auch bei den Bioziden. Im amtlichen Fragenkatalog werden diese Begriffe im Kontext der Pflanzenschutzmittel abgefragt.

Der **integrierte Pflanzenschutz** vereinigt alle Methoden und Verfahren in möglichst optimaler Abstimmung. Hierbei wird nicht grundsätzlich auf chemische Pflanzenschutzmittel verzichtet, der Einsatz aber auf das unbedingt notwendige Maß beschränkt, um die Schad-organismen unter die Schadschwelle zu halten. Hierzu zählen die Verwendung von standort-gerechten Kulturen und von resistenten Sorten, die Schonung und Förderung von Nützlingen sowie eine sorgfältige und gezielte Düngung. Der Einsatz von Repellents wird hierbei den **biotechnischen Verfahren** zugezählt.

Zu den **indirekten** Pflanzenschutzmaßnahmen zählen die Saatbettbereitung und die Standortwahl.

Ein **Synergist** ist ein Stoff oder auch ein Körperteil, das die Wirkung eines anderen Stoffes, Körperteils unterstützt und verstärkt.

Durch Zugabe von Hilfsstoffen, Lösemittel etc. muss der Wirkstoffe in eine **Formu-lierung** überführt werden, die als Pflanzenschutzmittel (oder Biozidprodukt, Arznei-mittel) angewendet werden kann.

Die Mischung von Feststoffen, die feinverteilt in einem Lösemittel (meist Wasser) homogen verteilt sind, wird als **Suspension** bezeichnet.

Die analoge Verteilung von Flüssigkeitströpfchen in einer anderen Flüssigkeit ist eine **Emulsion**, wie beispielsweise die Fetttröpfchen in Wasser bei Milch.

Als **Ausflocken** wir die Separierung von Feststoffen von der Flüssigkeit bei Suspen-sionen bezeichnet, oder seltener die Separierung der Flüssigkeiten bei einer Emulsion

Die über das gesamte Leben aufnehmbare Stoffmenge wird als ADI – Acceptable Daily Intake – bezeichnet. ADI-Werte werden insbesondere für Lebensmittelzusatzstoffe, Pflanzenschutzmitteln abgeleitet.

Die **Wartezeit** bezeichnet die Zeitspanne zwischen letzter Behandlung und Ernte. Bei einer Wartezeiten F ist die Wartezeit eines Pflanzenschutzmittels durch die Vegetationszeit abgedeckt, die zwischen vorgesehener Anwendung und normaler Ernte verbleibt.

Allgemein wird als **Resistenz** die Widerstandsfähigkeit von Lebewesen gegen schäd-liche Einflüsse verstanden. Im Zusammenhang mit Pflanzenschutzmittel die Wider-standsfähigkeit von Schadorganismen beispielsweise gegen Pflanzenschutzmittel. Bei einer Resistenz von Pflanzen versteht man darunter die ererbte Widerstandsfähigkeit gegenüber Schadorganismen.

Der **Naturhaushalt** ist die Gesamtheit der Wechselwirkungen zwischen allen Be-standteilen der Umwelt und der Natur, also von Boden, Wasser und Luft sowie Tier- und Pflanzenwelt.

Repellents sind Mittel um (Schad)Organismen abzuschrecken oder zu vergrämen, um sie von einem Befall der Nutzpflanzen fernzuhalten.

Die Behandlung Saat- und Pflanzengut mit Pflanzenschutzmitteln wir als **Beizen** be-zeichnet, die eingesetzten Produkte als Beizmittel.

Pflanzenschutzmittel mit einer **Breitenwirkung** wirken gegen eine größere Anzahl verschiedener Schadorganismen. Im Gegensatz hierzu wirken **selektive** Pflanzenschutz-mittel gezielt gegen spezifische Schadorganismen.

Unter **kurativer** Wirkung wird eine heilende Wirkung verstanden.

Zu den **biologischen Pflanzenschutzverfahren** zählen der Einsatz von Nützlingen, aufgrund der nur begrenzt zur Verfügung stehenden Nützlingen ist die Anwendung nur begrenzt möglich.

Zu den **kulturtechnischen Maßnahmen** gehören die Sorten- und Standortwahl, die Anbautechnik, die Fruchtfolge sowie die Pflanzenernährung.

Pflanzenstärkungsmittel sind Stoffe und Gemische, einschließlich Mikroorganismen, die ausschließlich dazu bestimmt sind, allgemein der Gesundhaltung der Pflanze zu dienen, sowie Pflanzen vor nichtparasitären Beeinträchtigungen wie Frost oder erhöhter Verdunstung zu schützen. Sie zählen nicht zu den Pflanzenschutzmitteln.

Bei den **direkten Pflanzenschutzmaßnahmen** werden die Schadorganismen unmittelbar getroffen, beispielsweise durch mechanische oder chemische Maßnahmen. Hierzu zählen nach amtlichen Fragenkatalog auch die Wahl des Saatzeitpunktes und das Hacken von Unkraut.

6.2.2 Sachkunde

Gemäß § 9 Pflanzenschutzgesetz dürfen folgende Tätigkeiten nur von Personen durchgeführt werden, die über einen von der zuständigen Behörde ausgestellten Sachkundenachweis verfügen:

- Anwendung von Pflanzenschutzmitteln,
- Beratung über Pflanzenschutz,
- anleiten oder beaufsichtigen von Personen im Rahmen eines Ausbildungsverhältnisses oder von Hilfskräften,
- gewerbsmäßiges in Verkehr bringen sowie
- über das Internet auch außerhalb gewerbsmäßiger Tätigkeiten in Verkehr bringen.

Keine Sachkunde ist für die Anwendung von Pflanzenschutzmitteln notwendig, die für nichtberufliche Anwender zugelassen sind im Haus- und Kleingartenbereich, für die Ausübung einfacher Hilfstätigkeiten sowie während der Ausbildung bei Aufsicht durch einen Sachkundigen.

Die Anforderungen an die Sachkunde für die Abgabe von Pflanzenschutzmitteln sind die fachlichen Kenntnisse, um berufliche als auch nichtberufliche Anwender von Pflanzenschutzmitteln zu informieren über

- die bestimmungsgemäße und sachgerechte Anwendung von Pflanzenschutzmitteln,
- die mit der Anwendung von Pflanzenschutzmitteln verbundene Risiken und
- mögliche Risikominderungsmaßnahmen sowie
- die sachgerechte Lagerung und Entsorgung von Pflanzenschutzmitteln und ihren Resten.

Die Sachkunde muss alle drei Jahre durch eine von der Behörde anerkannte Fort- oder Weiterbildungsmaßnahme aufgefrischt werden.

Die Inhalte der Sachkundeprüfung für das Inverkehrbringen sind in der Pflanzenschutz-Sachkundeverordnung [10] in Anlage 1 Teil A und Teil C konkretisiert:

Teil A: Kenntnisse über

1. die in Anhang I der EU-Richtlinie 2009/128/EG aufgeführten Inhalte,
2. Schadorganismen und Schadensursachen bei Pflanzen und Pflanzenerzeugnissen,
3. Eigenschaften von Pflanzenschutzmitteln und
4. Verfahren der Anwendung von Pflanzenschutzmitteln.

Teil C: Kenntnisse und Fertigkeiten für eine sachgerechte Unterrichtung eines Erwerbers von Pflanzenschutzmitteln zur sachgerechten Anwendung und zur Vermeidung von Risiken für die Gesundheit von Mensch und Tier und für den Naturhaushalt,

1. von Personen die einen Sachkundenachweis besitzen,
2. von Personen die keinen Sachkundenachweis besitzen zusätzlich über die sachgerechten Handhabung, Lagerung und Entsorgung sowie über Alternativen mit geringem Risiko.

Sachkundig aufgrund ihrer Berufsausbildung sind

- Landwirte,
- Forstwirte,
- Gärtner,
- Winzer
- landwirtschaftliche Laboranten,
- landwirtschaftlich-technische Assistenten,
- Fachkraft Agrarservice,
- Schädlingsbekämpfer und geprüfter Schädlingsbekämpfer
- Pflanzentechnologen

6.2.3 Abgabe von Pflanzenschutzmitteln

Die Abgabe von Pflanzenschutzmittel, die nur für die berufliche Anwendung zugelassen sind, ist nach § 23 Pflanzenschutzgesetz nur zulässig, wenn der Erwerber über einen Sachkundenachweis verfügt und diesen in geeigneter Weise nachweisen kann.

Der Abgebende muss den Erwerber über die bestimmungsgemäß und sachgerechte Anwendung des Pflanzenschutzmittels unterrichten.

Bei der Abgabe an nichtberufliche Anwender muss der Abgebende darüber hinaus allgemeine Informationen über die Risiken der Anwendung von Pflanzenschutzmitteln für Mensch, Tier und Naturhaushalt zur Verfügung stellen, insbesondere über

- den Anwenderschutz,
- die sachgerechte Lagerung,
- Handhabung und Anwendung sowie
- die sichere Entsorgung nach den abfallrechtlichen Vorschriften und
- Möglichkeiten des Pflanzenschutzes mit geringem Risiko.

Pflanzenschutzmittel dürfen nicht in Selbstbedienung, z. B. durch Automaten, in den Verkehr gebracht werden.

Pflanzenschutzmittel dürfen nur in den Originalbehältern abgegeben und aufbewahrt werden.

Bei der Abgabe von Pflanzenschutzmittel, die unter die Erlaubnispflicht oder das Selbstbedienungsverbot nach Chemikalien-Verbotsverordnung [11] fallen, siehe Abschn. 3.5.3, wird sowohl die Sachkunde nach Pflanzenschutzgesetz als auch nach Chemikalien-Verbotsverordnung benötigt.

6.2.4   Anwendung von Pflanzenschutzmitteln

Pflanzenschutzmittel dürfen ausschließlich für die Anwendungsgebiete eingesetzt werden, für die sie zugelassen wurden. Diese kann u. a. der Gebrauchsanleitung entnommen werden und wird als Indikationszulassung bezeichnet.

In Anlage 1 der **Pflanzenschutz-Anwendungsverordnung** [12] sind die 45 Mittel aufgeführt, für die ein vollständige Anwendungsverbot existiert. Hierzu zählen:

- Arsenverbindungen
- Atrazin
- Bleiverbindungen
- Cadmiumverbindungen
- chlorhaltige organische Verbindungen wie 1,2-Dichlorethan, HCH, 2,4,5-T
- Quecksilberverbindungen
- Dinoseb, seine Acetate und Salze
- Endrin
- Nitrofen
- Quecksilberverbindungen

In Anlage 2 sind die Pflanzenschutzmittel aufgeführt, die nur für ganz spezifische Anwendungen erlaubt sind. Anlage 3 Abschnitt A enthält für spezifische Mittel Anwendungsbeschränkungen, die in Abschnitt B aufgeführten Stoffe dürfen nicht in Wasserschutzgebieten und Heilquellenschutzgebieten angewendet werden, sofern sie nicht unter der in § (2) bezeichneten speziellen Anwendungsform eingesetzt werden. Anlage 4 enthält besondere Abgabebedingungen für Diuron, Glyphosat und Glyphosat-Trimesium.

Bienengefährliche Pflanzenschutzmittel dürfen nicht auf blühende Pflanzen appliziert werden. Im Umkreis von 60 m um Bienenstände ist die Ausbringung während des täglichen Bienenflugs nur mit Zustimmung des Imkers zulässig. Ein Pflanzenbestand gilt als blühend, wenn sich die erste Blüte zu öffnen beginnt. Bienengefährliche Pflanzenschutzmittel sind mit der Aufschrift „Das Mittel ist bienengefährlich (B1)" gekennzeichnet.

Restmengen von Behandlungsflüssigkeiten in der Pflanzenschutzspritze dürfen im Verhältnis 1 zu 10 verdünnt und auf der Behandlungsfläche ausgebracht werden.

Pflanzenschutzmitteln müssen frostfrei, kühl, dunkel und trocken in einem abgeschlossenen Raum oder Schrank, getrennt von Lebens-, Genuss- und Futtermitteln gelagert werden. Das Lager muss eine ausreichende Belüftung besitzen, dass Luftgrenzwerte unterschritten werden, der Fußboden muss undurchlässig sein, der Auffangraum muss chemikalienbeständig sein und bei Flüssigkeiten mindestens dem Rauminhalt des größten Gefäßes aufnehmen können. Für ein Pflanzenschutzmittellager gilt Zutrittsverbot für Unbefugte, die Lagerung in Durchgängen, allgemein zugänglichen Fluren und Arbeitsräumen ist nicht zulässig und es muss gut beleuchtet sein.

Pflanzenstärkungsmittel müssen nicht zugelassen werden, eine Mitteilungspflicht vor dem erstmaligem bei der BVL ist ausreichend.

Grundsätzlich sollte bei stärkerem Wind, bei Regen und bei Dauerhaften Temperaturen über 25°C auf die Anwendung von Pflanzenschutzspritzungen verzichtet werden.

Pflanzenschutzmittel, deren Zulassung abgelaufen ist, dürfen noch 6 Monate nach Zulassungsende verkauft werden und 18 Monate nach Zulassungsende angewendet werden, soweit kein Anwendungsverbot besteht

Beizmittel von Saatgut wird u. a. gegen Steinbrand, Flugbrand, Schneeschimmel, Mehltau und Spelzenbräune eingesetzt.

6.2.5   Pflanzenschutzmittelwirkstoffe

Die zugelassenen Wirkstoffe von Pflanzenschutzmitteln können dem Verzeichnis des Bundesamtes für Verbraucherschutz und Lebensmittelsicherheit (BVL), siehe Abb. 6.3, entnommen werden. Zahlreiche Wirkstoffe sind auch als Biozidwirkstoffe zugelassen, beispielsweise Insektizide oder viele Fungizide als Holzschutzmittel.

6.2.5.1 Fungizide

Fungizide besitzen im Gegensatz zu den Insektiziden üblicherweise eine deutlich geringere Toxizität für Menschen und Tiere.

Als Fungizide in **Holzschutzmitteln** sind Borsäure, Propiconazol, Tebuconazol, und Floucomafen zugelassen, siehe Abb. 6.5, im Pflanzenschutz u. a. Schwefel und viele Triazole. Abb. 6.10 zeigt eine Auswahl der der wichtigsten Wirkstoffklassen.

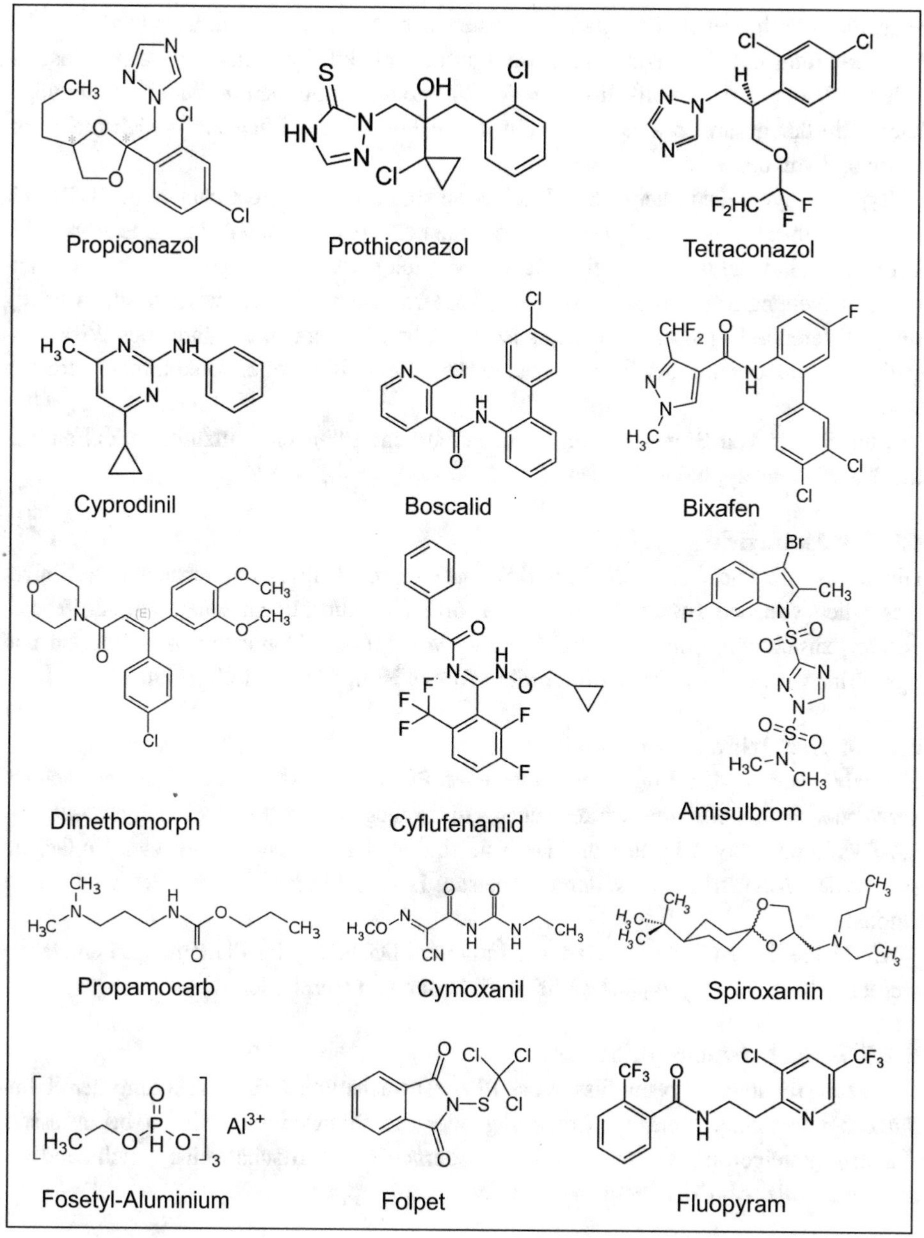

Abb. 6.10 Fungizide

6.2.5.2 Insektizide

Insektizide wirken in der Regel unspezifisch gegen die meisten Insekten und zahlreiche weitere Tiere. Sie schädigen daher auch Nützlinge sowie in Abhängigkeit vom Wirkstoff auch die verschiedenen Entwicklungsstadien der Insekten. Kontaktinsektizide werden bei Berührung mit dem Wirkstoff dermal aufgenommen. Systemisch wirkende Insektizide werden nach der Applikation von der Pflanze aufgenommen und über die Leitungsbahnen in der gesamten Pflanze verteilt. Beim Fressen der Pflanzen werden die Wirkstoffe oral von den Insekten aufgenommen.

Typische synthetisch hergestellt Insektizide sind organische Carbamate (z. B. Pirimicarb), Pyrethrine (auch als Pyrethroide bezeichnet) oder Deltamethrin, siehe Abb. 6.11. Pyrethrine sind natürliche Insektizide mit vergleichsweise geringer Warmblütertoxizität, aber bienengiftig und sehr giftig für Wasserorganismen. Pyrethrine besitzen häufig sensibilisierende Eigenschaften. Organische Carbamte besitzen ein ähnliches Wirkungsspektrum wie organische Phosphorsäureester, die mittlerweile vollkommen verboten sind.

Zum Schutz von Bienen dürfen bienengefährliche Pflanzenschutzmittel nicht an blühenden Pflanzen appliziert werden.

6.2.5.3 Akarazide

Die Wirkstoffe von Akaraziden zur Bekämpfung von Milben unterscheiden sich nicht wesentlich von den Insektiziden. In Abb. 6.12 sind die zugelassenen Wirkstoffe aufgeführt, zusätzlich können zur Bekämpfung von Milben Abamectin, Azadirachtin und Pyrethrine verwendet werden, ihre Strukturformel ist in Abb. 6.11 abgebildet.

6.2.5.4 Herbizide

Herbizide werden zum Abtöten von speziellen Pflanzen, meist als Unkräuter bezeichnet, verwendet. Totalherbizide wirken unspezifisch gegen alle Pflanzen, Glyphosat und 2,4-Dichlorphenoxyessigsäure und Derivate sind häufig verwendete Vertreter. Im Gegensatz zu den Totalherbiziden sollen die meisten Herbizide unerwünschte Pflanzen gezielt abtöten.

Herbizide dürfen nicht auf Garageneinfahrten, Dächern oder Plattenwegen eingesetzt werden. Abb. 6.13 zeigt typische Wirkstoffklassen von Herbiziden.

6.2.5.5 Wachstumsregulatoren

Wachstumsregulatoren beeinflussen das Pflanzenwachstum, z. B. Verkürzung der Halmlänge bei Getreide, ohne die Ernährung oder die Pflanzenumstände zu beeinflussen. Zur Ertragssteigerung spielen sie in der modernen Landwirtschaft eine zunehmend bedeutende Rolle. Abb. 6.14 zeigt wichtige Wirkstoffgruppen.

6.2.5.6 Molluskizide

Zur Bekämpfung von Schnecken werden das trimere Formaldehyd, Methaldehyd, sowie Eisen-III-phosphat und -pyrophosphat eingesetzt. Abb. 6.15 zeigt die Strukturformeln der zugelassenen Molluskizide .

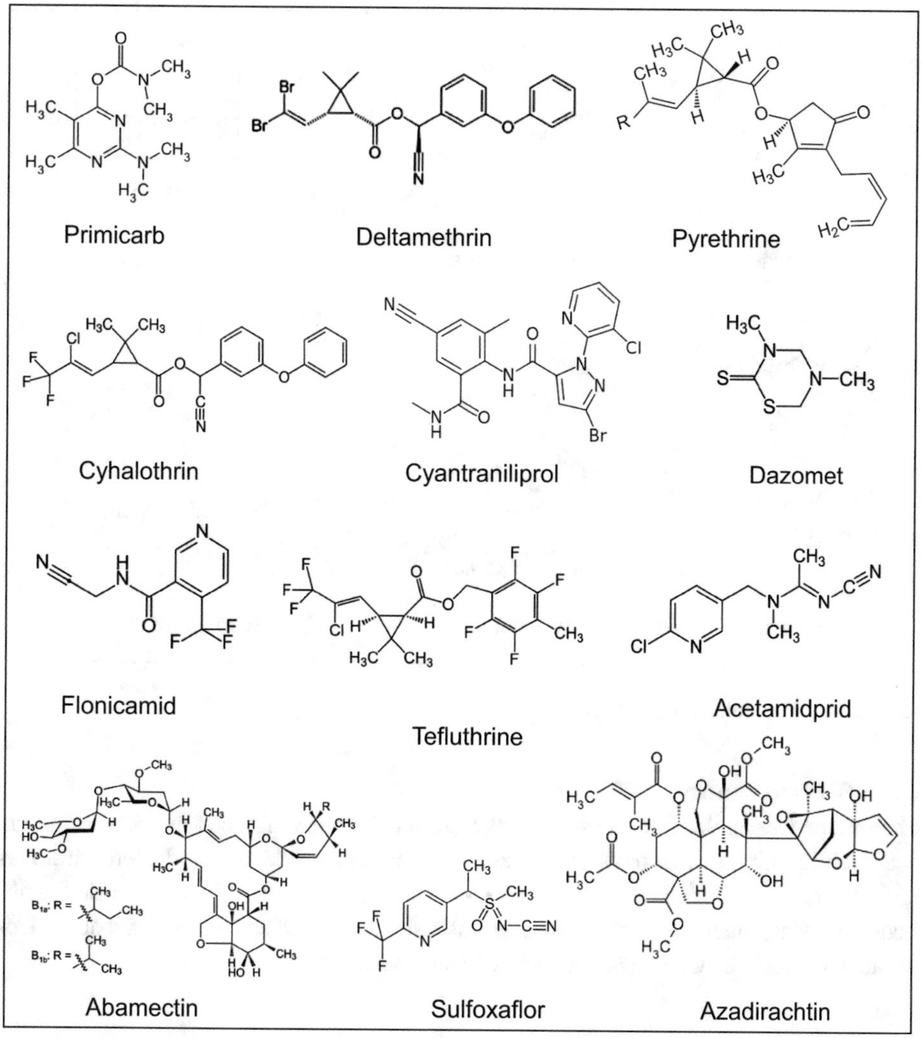

Abb. 6.11 Zugelassene Insektizide

6.2.5.7 Nematizid

Nematizide werden zur Bekämpfung von Nematoden, Fadenwürmer eingesetzt. Mit Nematoden befallene Böden stellen eine große Gefahr für die meisten Kulturpflanzen dar.

Bodenbegasungsmittel sind in Deutschland nicht mehr zugelassen, als Wirkstoffe dürfen nur noch Fosthiazat und Dazomet eingesetzt werden, siehe Abb. 6.16.

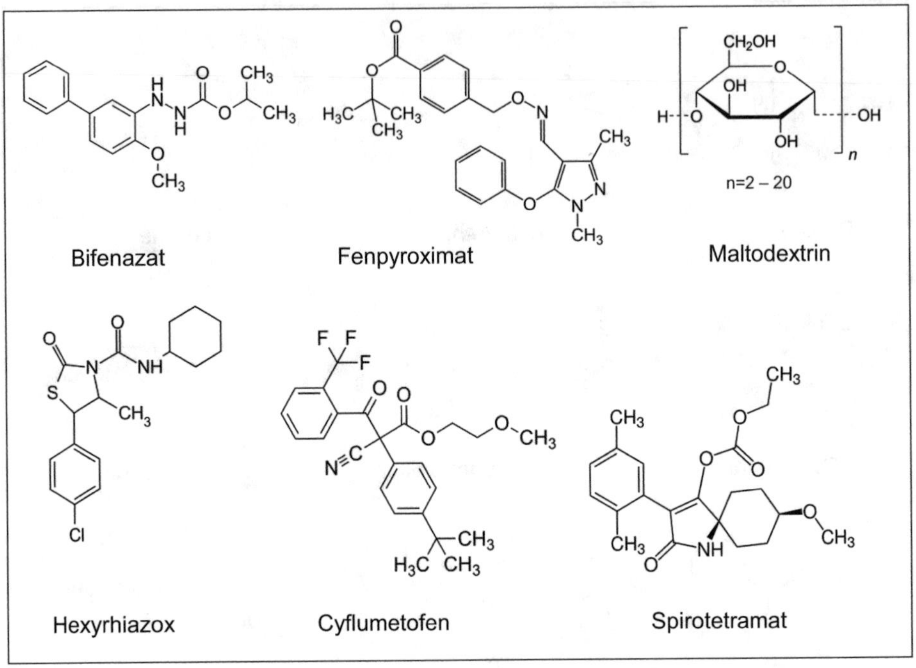

Abb. 6.12 Wirkstoffe von Akaraziden

6.2.5.8 Pheromone

Pheromone werden im Pflanzenschutz als Sexuallockstoffe eingesetzt um zu verhindern, dass sich Insekten vermehren können bzw. ihre Vermehrung deutlich reduziert wird. Das erste Pheromon Bombykol wurde von Adolf Butenandt aus den Duftdrüsen des weiblichen Seidenspinners isoliert. Zugelassen insbesondere im Obst- und Weinanbau ist Dodecadienol, auch als Codlemon bezeichnet, siehe Abb. 6.17.

6.2.6   Pflanzenkrankheiten – Nützlinge – Schädlinge

▶ **Trailer** Als Alternative zum Einsatz von Pflanzenschutzmitteln empfiehlt der Gemeinsame Fragenkatalog der Länder zum Erwerb der Sachkunde zum Inverkehrbringen von Pflanzenschutzmitteln den Einsatz von Nützlingen. Im Folgenden werden die Nützlinge aufgeführt, die gegen Schädlinge grundsätzlich eingesetzt werden können. Eine Aussage über die Praktikabilität bei bestehendem Schädlingsbefall ist damit nicht verbunden.

Zusätzlich werden im amtlichen Fragenkatalog aufgeführten Pflanzenkrankheiten aufgeführt.

Abb. 6.13 zugelassene Herbizide

Ein mausgrauer Schimmel auf Erdbeeren und Himbeeren mit muffigem Geschmack weist auf einen vom **Grauschimmel** (Botrytis) ausgelösten Pilzbefall hin. Er wird durch hohe Luftfeuchtigkeit und Pilze begünstigt.

Blattläusen und Wanzen sind **saugende Insekten,** der Rüsselkäfer und die Raupen sind **beißende Insekten.** Zu den saugenden Schädlingen zählen ebenfalls die Spinnmilben, die weiße Fliege und die Thripse.

Schadpilze sind für den Echten und den Falschen **Mehltau** verantwortlich. **Feuerbrand** wird durch Bakterien verursacht und kann in kürzester Zeit ganze Bäume zerstören. **Chlorose** ist im Gegensatz hierzu eine Mangelerscheinung ausgelöst durch Mineralstoffmangel.

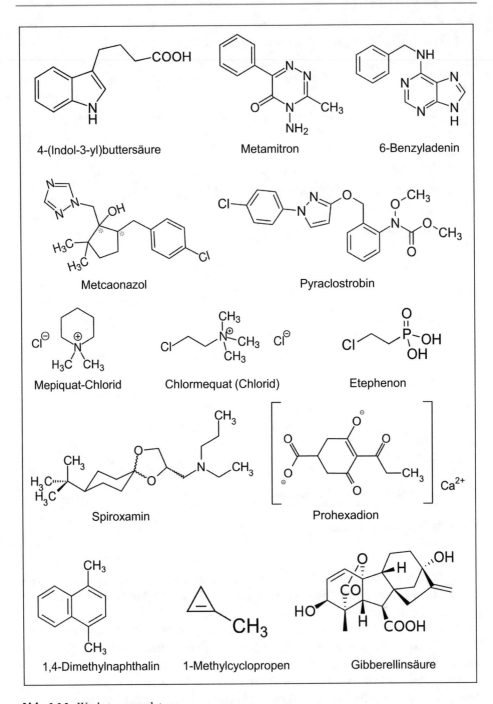

4-(Indol-3-yl)buttersäure   Metamitron   6-Benzyladenin

Metcaonazol   Pyraclostrobin

Mepiquat-Chlorid   Chlormequat (Chlorid)   Etephenon

Spiroxamin   Prohexadion

1,4-Dimethylnaphthalin   1-Methylcyclopropen   Gibberellinsäure

Abb. 6.14 Wachstumsregulatoren

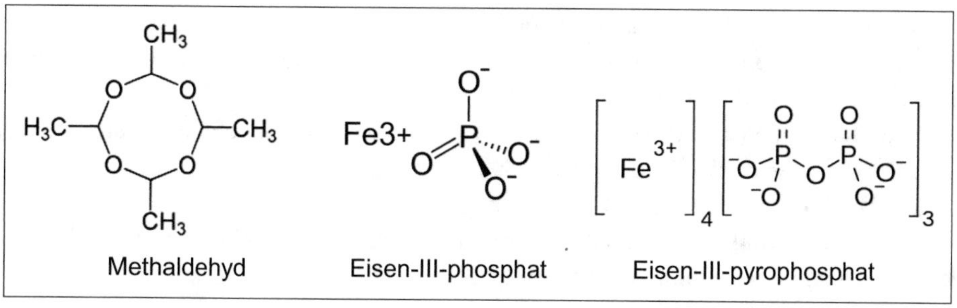

Abb. 6.15 Molluskizide

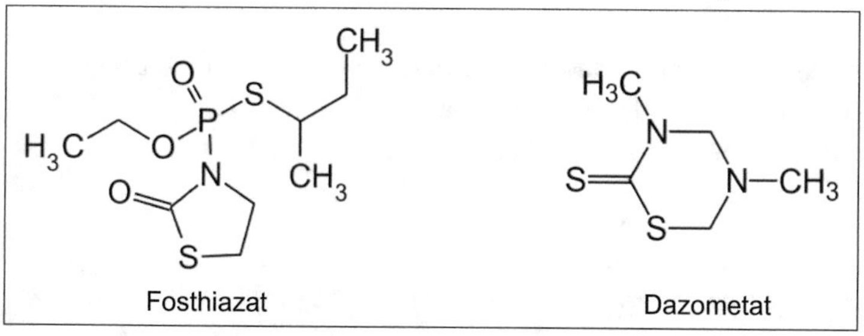

Abb. 6.16 zugelassene Nematizide

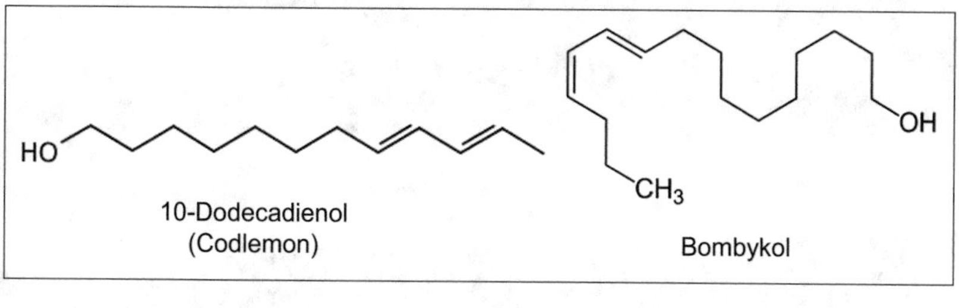

Abb. 6.17 Pheromone

Ein **Spinnmilbenbefall** zeigt sich an den eingesponnene jungen Blättern sowie den pünktchenartig aufgehellten Blättern.

Sternrußtau an Rosen ist eine Pilzerkrankung.

Rosenmehltau wird durch den Echten Mehltaupilz verursacht.

Zu den **saugende Schädlingen** zählen Milben (Spinnentiere), weiße Fliege, Thripse und Blattläuse.

Der **Kornkäfer** schädigt das Korn von Getreide.

Blattläuse schädigen die Pflanzen durch ihre Saugtätigkeit und durch Übertragung von Viren.

Nematoden, Fadenwürmer oder auch als Älchen bezeichnet, befallen Pflanzen meist vom Boden aus und schädigen sie durch Saugtätigkeit.

Der **Honigtau** wird von Blattläusen erzeugt.

Die **Mosaikkrankheit** wird durch Viren ausgelöst, befällt fast immer alle Pflanzenteile und kommt bei Zimmerpflanzen sehr selten vor, im Gegenteil kommt das Tabakmosaikvirus im Freien häufiger vor.

Rote Waldameisen und **Marienkäfer** ernähren sich u. a. von Blattläusen und können anstelle von Insektiziden insbesondere im gärtnerischen Bereich Insektizide ersetzen, desgleichen **Florfliegen. Radnetzspinnen** ernähren sich von Fliegen, somit auch von schädlichen Fliegen.

Moos in Rasen wird durch Beschattung und saure Bodenreaktion begünstigt.

Abb. 6.18 zeigt sowohl die Nützlinge, als auch bei der „Arbeit", Abb. 6.19 Pflanzenschädlinge, die im amtlichen Fragenkatalog aufgeführt sind.

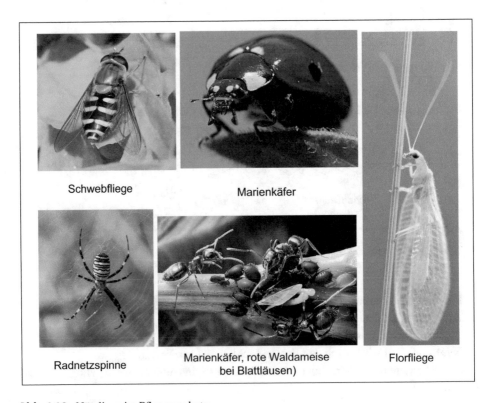

Schwebfliege   Marienkäfer

Radnetzspinne   Marienkäfer, rote Waldameise   Florfliege
                              bei Blattläusen)

Abb. 6.18 Nützlinge im Pflanzenschutz

Abb. 6.19 Schädlinge im Pflanzenschutz

6.3 Fragen

Sie aufgeführten Fragen aus dem amtlichen Fragenkatalog wurden aus Teil III für Biozide und Pflanzenschutzmittel entnommen. Fragen zu nicht mehr zugelassenen Produkten wurden ignoriert.

6.1. Antikoagulantien

□ a	sind blutgerinnungsfördernde Substanzen
□ b	sind blutgerinnungshemmende Substanzen
□ c	sind blutbildungshemmende Substanzen
□ d	können zum inneren Verbluten führen

6.2. Was bedeutet der Begriff phytotoxisch?

□ a	eine schädigende Wirkung auf Pflanzen
□ b	eine giftige Einwirkung auf den menschlichen Körper
□ c	mäßig giftig
□ d	besonders giftig

6.3. Auf welchen Flächen dürfen Pflanzenschutzmittel ohne Ausnahmegenehmigung nach § 12 Abs. 2 PflSchG angewendet werden?

□ a	Auf landwirtschaftlich, forstwirtschaftlich oder gärtnerisch genutzten Freilandflächen
□ b	Auf befestigten Hof- und Betriebsflächen
□ c	Auf Gleisanlagen
□ d	An Gewässern

6.4. Dürfen Herbizide auf Garageneinfahrten, Dächern oder Plattenwegen eingesetzt werden?

□ a	mit Zulassung der Gemeindeverwaltung
□ b	Es besteht keine Regelung
□ c	Der Einsatz von Pflanzenschutzmitteln auf befestigten Freilandflächen und auf sonstigen Freilandflächen, die weder landwirtschaftlich noch forstwirtschaftlich oder gärtnerisch genutzt werden, ist verboten
□ d	Es besteht die Möglichkeit, in begründeten Fällen bei der zuständigen Behörde eine Ausnahmegenehmigung zu beantragen

6.5. Dürfen Pflanzenschutzmittel in oder unmittelbar an oberirdischen Gewässern oder Küstengewässern angewandt werden?

□ a	ja
□ b	nur zum Hochwasserschutz
□ c	generell nein; im Ausnahmefall kann die zuständige Behörde eine Genehmigung erteilen
□ d	keine fischgiftigen Präparate, andere Mittel ja

6.6. Auf welchen Flächen ist die Anwendung von Pflanzenschutzmitteln nicht erlaubt?

□ a	auf Feldrainen, Böschungen und Wegrändern
□ b	in Hopfengärten und Hausgärten
□ c	auf Grünland und im Weinbau
□ d	zur Rekultivierung von Stilllegungsflächen

6.1. Antikoagulantien

6.7. Welche der genannten Punkte sind bei der Ausbringung bienengefährlicher Pflanzen-schutzmittel zu beachten?

☐ a	Sie dürfen nicht auf blühende Pflanzen appliziert werden
☐ b	Die Anwendung muss so erfolgen, dass blühende Pflanzen nicht mitgetroffen werden
☐ c	Die Ausbringung ist ohne Einschränkung möglich
☐ d	Im Umkreis von 60 m um Bienenstände ist die Ausbringung während des täglichen Bienenflugs nur mit Zustimmung des Imkers zulässig

6.8. Welche Aussage über die Eigenschaft von Phosphorwasserstoff ist richtig?

☐ a	Phosphorwasserstoff kann die Atemwege reizen
☐ b	Typische Vergiftungssymptome sind Atemnot, Kopfschmerz, Schwindel und Übelkeit
☐ c	Phosphorwasserstoff wird zur Schädlingsbekämpfung aus Phosphiden freigesetzt
☐ d	Phosphorwasserstoff ist u. a. mit „Lebensgefahr beim Einatmen" eingestuft
☐ e	Phosphorwasserstoff ist geruchlos
☐ f	Phosphorwasserstoff ist als Lebensgefahr beim Einatmen eingestuft
☐ g	Phosphorwasserstoff blockiert wichtige Enzymsysteme
☐ h	Phosphorwasserstoff kann Krebs erzeugen

6.9. Ethylenoxid

☐ a	ist ein extrem entzündbares Gas
☐ b	ist erbgutverändernd (keimzellmutagen) und krebserzeugend (karzinogen)
☐ c	ist zur Begasung von Getreidelagern zugelassen
☐ d	ist zur Sterilisation von medizinischen Geräten zugelassen, wenn es in vollautomatisch programmgesteuerten Sterilisatoren und in vollautomatischen Sterilisationskammern verwendet wird
☐ e	ist eine farblose, giftige Flüssigkeit
☐ f	ist ein Gas, das leichter ist als Luft

6.10. Welcher fungizider Wirkstoff ist in Holzschutzmitteln zugelassen?

☐ a	IPBC (3-Iod-2-propinylbutylcarbamat)
☐ b	Ameisensäure
☐ c	Hydrogencyanid
☐ d	Floucomafen

6.11. Welche Aussage zur Verkehrsfähigkeit von Biozidprodukten ist richtig?

☐ a	Regelungen dazu werden mit Durchführungsverordnungen der Kommission zur Genehmigung von Wirkstoffen getroffen
☐ b	Ohne fristgerecht eingeleitetes Zulassungsverfahren verlieren Biozidprodukte ihre Verkehrsfähigkeit

6.1. Antikoagulantien

| □ c | Regelungen dazu werden mit den Durchführungsbeschlüssen der Kommission zur Nichtgenehmigung von Wirkstoffen getroffen |
| □ d | Die Verkehrsfähigkeit regelt sich nach Anhang VI Tabelle 3 der CLP-Verordnung |

6.12. Pyrethrine

□ a	werden im Körper lange gespeichert
□ b	sind sehr giftig für Wasserorganismen
□ c	können nach wiederholtem Überempfindlichkeit hervorrufen
□ d	sind Atemgifte, für die besondere Sicherheitsmaßnahmen getroffen werden müssen
□ e	werden als Insektizide im Pflanzenschutz eingesetzt

6.13. Welche Aussage zu Carbamaten im Pflanzenschutz trifft zu?

□ a	ihre Wirkungssymptomatik ist ähnlich wie bei Phosphorsäureestern
□ b	sie werden als Antikoagulantien zur Nagetierbekämpfung verwendet
□ c	sie sind für den Menschen weitgehend ungefährlich
□ d	sie dienen fast ausschließlich als Insektizide

6.14. Welche der nachfolgenden Maßnahmen ist gegen die Möhrenfliege sinnvoll und wirksam einsetzbar?

□ a	Abdeckung mit Netzen
□ b	Einsatz von Pheromon-Fallen
□ c	Aufstellung von Gelbtafeln
□ d	Zwischenpflanzung von Lockpflanzen

6.15. Bei welchen der nachfolgend aufgeführten Insekten handelt es sich um schädlingsbekämpfende Nützlinge?

□ a	Rote Waldameisen
□ b	Marienkäfer
□ c	Bienen
□ d	Florfliegen

6.16. Welche der nachfolgenden Maßnahmen ist gegen Kohlfliegen an Freilandrettich sinnvoll und wirksam einsetzbar?

□ a	Abdeckung mit Vlies / Folie
□ b	Einsatz von Pheromon-Fallen
□ c	Aufstellen von Gelbtafeln
□ d	Zwischenpflanzung von Lockpflanzen

6.17. Welche Nützlinge helfen bei der Eindämmung von Blattlausbefall?

x a	Marienkäfer
x b	Schwebfliegen
□ c	Raubmilben

6.1. Antikoagulantien

x d	Florfliegen

6.18. Welche der folgenden Tierarten sind Nützlinge für heimische Kulturpflanzen?

x a	der Marienkäfer
☐ b	der Kartoffelkäfer
x c	die Radnetzspinne
☐ d	die Raubmilbe

6.19. Welche Aussage zu <u>Alkaloiden</u> ist richtig?

☐ a	Alkaloide sind Pflanzeninhaltsstoffe
☐ b	Viele Alkaloide sind giftig
☐ c	Giftige Alkaloide enthalten z. B. die Tollkirsche, der gefleckte Schierling und das Bilsenkraut
☐ d	Alkaloide sind z. B. Atropin, Nikotin und Strychnin
☐ e	Hormone des menschlichen Körpers
☐ f	mehrwertige aliphatische Alkohole
☐ g	stark wirksame Pflanzeninhaltsstoffe

6.20. Welche Stoffe sind in Antifoulingfarben verboten?

☐ a	Kupferverbindungen
☐ b	Quecksilberverbindungen
☐ c	zinnorganische Verbindungen
☐ d	Arsenverbindungen

6.21. Welche Stoffe sind als Pflanzenschutzmittel nach den Vorgaben der Pflanzenschutz-Anwendungs-verordnung verboten?

☐ a	Kupferverbindungen
☐ b	Quecksilberverbindungen
☐ c	bestimmte chlorhaltige organische Verbindungen
☐ d	Phosphorsäureester
☐ e	Arsenverbindungen
☐ f	Endrin
☐ g	Atrazin
☐ h	Dinoseb
☐ i	Nitrofen
☐ j	Calciumcyanamid

6.22. Welche Mittel werden vom Bundesamt für Verbraucherschutz und Lebensmittelsicherheit (BVL) nach dem Pflanzenschutzgesetz zugelassen?

☐ a	Entwesungsmittel
☐ b	Holzschutzmittel
☐ c	Herbizide

6.1. Antikoagulantien

□ d	Biozidprodukte

6.23. Dürfen Pflanzenschutzmittel umgefüllt werden?

□ a	ja, in feste, grellfarbige Verpackungen
□ b	ja, in beliebig gestalteten, beschrifteten Verpackungen
□ c	Aufbewahrung nur in Originalpackungen mit vorgeschriebener Kennzeichnung
□ d	ja, in Kunststoffsäcken mit dem grünen Punkt

6.24. Was gehört zur Kennzeichnung von Pflanzenschutzmitteln?

□ a	die Bezeichnung des Pflanzenschutzmittels
□ b	die Wirkstoffe nach Art und Menge
□ c	das Verfallsdatum, sofern begrenzte Haltbarkeit
□ d	die Zulassungsnummer
□ e	Bezeichnung des Pflanzenschutzmittels und Zulassungsnummer
□ f	Herstellungsdatum
□ g	Name und Anschrift des Herstellers / Vertreibers / Einführers

6.25. Welche Vorschriften es Pflanzenschutzgesetzes gelten für Pflanzenstärkungsmittel?

□ a	die Zulassungspflicht
□ b	eine Mitteilungspflicht vor dem erstmaligen Inverkehrbringen gegenüber dem BVL
□ c	das Selbstbedienungsverbot
□ d	die Sachkundepflicht für Verkäufer im Einzelhandel

6.26. Dürfen nicht mehr zugelassene Pflanzenschutzmittel angewandt werden?

□ a	ja, bis 18 Monate nach Zulassungsende, soweit kein Anwendungsverbot besteht
□ b	ja, aber nur in Mengen von weniger als 1 kg oder 1 l
□ c	ja, aber nur für den eigenen Anbau von pflanzlichen Erzeugnissen
□ d	nein

6.27. Was gilt für die Bereitstellung auf dem Markt bzw. die Verwendung von mit Biozidprodukten behandelten Waren?

□ a	mit Biozidprodukten behandelte Waren dürfen in Deutschland nicht verkauft werden
□ b	Der Lieferant einer behandelten Ware stellt auf Antrag eines Verbrauchers binnen 45 Tagen kostenlos Informationen über die biozide Behandlung der behandelten Ware zur Verfügung
□ c	mit Biozidprodukten behandelte Waren dürfen in Deutschland nur verkauft werden, wenn sie in Europa hergestellt wurden
□ d	das Inverkehrbringen von behandelter Ware mit nicht genehmigten Wirkstoffe, ist verboten

6.1. Antikoagulantien

6.28. Was ist bei der Schädlingsbekämpfung mit akut toxisch Stoffen oder Gemischen der Kategorie 1 bis 4 sowie STOT Kategorie 1 oder 2 zu beachten?

☐ a	Jede einzelne Schädlingsbekämpfung ist der Behörde mitzuteilen
☐ b	Jede einzelne Schädlingsbekämpfung in einer Gemeinschaftseinrichtung ist der Behörde mitzuteilen
☐ c	Vor der ersten Schädlingsbekämpfung ist die Tätigkeit bei der zuständigen Behörde anzuzeigen
☐ d werden	Hilfskräfte dürfen nicht eingesetzt

Literatur

1. Verordnung (EU) 528/2012, ABl. L 167 vom 27.6.2012, S. 1
2. https://echa.europa.eu/de/regulations/biocidal-products-regulation/approval-of-active-substances/list-of-approved-active-substances
3. https://www.baua.de/DE/Themen/Anwendungssichere-Chemikalien-und-Produkte/Chemikalienrecht/Biozide/Zugelassene-Biozidprodukte.htm
4. Pflanzenschutzgesetz vom 6. Februar 2012 (BGBl. I S. 148, 1281), zuletzt geändert am 18. August 2021 (BGBl. I S. 3908).
5. Verordnung (EU) 1107/2009, ABl. L 309 vom 24.11.2009, S. 1.
6. https://www.bvl.bund.de/SharedDocs/Downloads/04_Pflanzenschutzmittel/psm_uebersichtsliste.html%3Fnn%3D11031326
7. Verordnung (EU) 1272/2008 vom 16.12.2008 ABl. L 353 S. 1.
8. Verordnung (EU) 547/2011 vom 8.06.2011, ABl. L 155 vom 11.06.2011 S. 176
9. https://www.bvl.bund.de/DE/Arbeitsbereiche/04_Pflanzenschutzmittel/01_Aufgaben/04_Pflanzenstaerkungsmittel/psm_Pflanzenstaerkungsmittel_node.html;jsessionid=5E3A48494CCBA21E737C6690627ADA3F.2_cid290#doc11031236bodyText3
10. Pflanzenschutz-Sachkundeverordnung vom 27. Juni 2013 (BGBl. I S. 1953), zuletzt geändert am 31. August 2015 (BGBl. I S. 1474).
11. Chemikalien-Verbotsverordnung vom 20. Januar 2017 (BGBl. I S. 94; 2018 I S. 1389), zuletzt geändert am 19. Juni 2020 (BGBl. I S. 1328).
12. Pflanzenschutz-Anwendungsverordnung vom 10.11.1992 (BGBl. I S. 1887), zuletzt geändert am 1.06.2022 (BGBl. I S. 867).

Antworten

Antworten zu Kapitel 2

1-1	a
1-2	a, b
1-3	b
1-4	c
1-5	c
1-6	d
1-7	b
1-8	b
1-9	d
1-10	c

Antworten zu Kapitel 2

2-1	a, c, d
2-2	a, d
2-3	a, d, f
2-4	a
2-5	b, c, d, e
2-6	a, b, c, d, e
2-7	b, d, e, f, g, h, j
2-8	b, c, d, e, f
2-9	d, f
2-10	c

H. F. Bender, *Sicherer Umgang mit Gefahrstoffen,*
https://doi.org/10.1007/978-3-658-42886-0

2-11   a

2-12   b

2-13   a

2-14   b

Antworten zu Kapitel 3

3-1   b, c, d, f, g

3-2   b, c, d, (b nach amtlichen Fragenkatalog unzutreffend, Tabakerzeugnisse sind aber Gefahr-
       stoffe)

3-3   a, b

3-4   a, b, c, d, e, f

3-5   a, b, c, d

3-6   b

3-7   a, d

3-8   b

3-9   a, b

3-10   c, f

3-11   a, b, c,

3-12   c, d, e, f

3-13   c, d

3-14   b, d, g

3-15   c, d, g

3-16   c

3-17   c

3-18   b, d

3-19   c

3-20   a, c, d

3-21   b

3-22   a, b, d

3-23   c

3-24   c, d

3-25   a, c

3-26   a, c, d

Antworten zu Kapitel 4

4-1	a–d
4-2	a–d
4-3	a
4-4	b, c, d, e, f, g, h
4-5	a
4-6	a–k
4-7	a, b, d, e
4-8	a–f, i, j
4-9	c
4-10	a–c
4-11	a, c, d
4-12	a, c, d (b ist spezifische Ausnahme in Anhang XVII)
4-13	a, c
4-14	a, c, d

Antworten zu Kapitel 5

5-1	c, g
5-2	b, d, e, h
5-3	c
5-4	d
5-5	d
5-6	c
5-7	a, d, g
5-8	a, d

Antworten zu Kapitel 6

6-1	b, d
6-2	a
6-3	a
6-4	c, d
6-5	c
6-6	a
6-7	a, d
6-8	b, c, d, f, g

6-9	a, b, d
6-10	a, c
6-11	a–c
6-12	b, c, e
6-13	a, d
6-14	a
6-15	a, b, d
6-16	a
6-17	a, b, d
6-18	a, c
6-19	a–d, g
6-20	b–d
6-21	b, c (im amtl. Fragenkatalog fehlt „bestimmte", chlorhaltige Verbindungen sind nicht generell verboten!), e–i
6-22	c
6-23	c
6-24	a–g
6-25	b
6-26	a
6-27	b, d
6-28	b, c

Glossar

Aerosole sind kolloide Systeme aus Gasen und darin verteilten festen oder flüssigen Teilchen.

Die Akzeptanzkonzentration ist ein verbindlicher Beurteilungsmaßstab gemäß TRGS 910 für bestimmte krebserzeugende Stoffe. Es ist die Konzentration eines Stoffes in der Luft am Arbeitsplatz, die bei 40jähriger arbeitstäglicher Exposition mit dem Akzeptanzrisiko assoziiert ist. Bei Unterschreitung wird das Risiko einer Krebserkrankung als gering und akzeptabel angesehen.

Der Arbeitsplatzgrenzwert ist der nach Gefahrstoffverordnung festgelegte Grenzwert eines Stoffes in der Luft am Arbeitsplatz, bei dessen Unterschreitung keine akuten oder chronisch schädliche Auswirkungen auf die Gesundheit von Beschäftigten zu erwarten sind. Sie werden i. d. R. als Schichtmittelwert über einen Zeitraum von acht Stunden festgelegt, zur Bewertung von Expositionsspitzen sind die Kurzzeitwertbedingungen heranzuziehen. Die verbindlichen Grenzwerte werden in der TRGS 900 veröffentlicht.

Die Berücksichtigungsgrenze ist die Konzentration eines Stoffes, ab dieser Stoff bei der Einstufung eines Gemisches zu berücksichtigt werden muss und ab wann der Stoff in Abschn. 3 des Sicherheitsdatenblattes aufgeführt werden muss.

Der Biologische Grenzwert ist der Grenzwert für die toxikologisch-arbeitsmedizinisch abgeleitete Konzentration eines Stoffes, seines Metaboliten (Umwandlungsprodukts) oder eines Beanspruchungsindikators im entsprechenden biologischen Material, i. d. R. Urin oder seltener Blut. Er gibt an, bis zu welcher Konzentration die Gesundheit von Beschäftigten im Allgemeinen nicht beeinträchtigt wird (§ 2 Abs. 9 GefStoffV). Die Die verbindlichen Grenzwerte werden in der TRGS 903 veröffentlicht.

Biomonitoring ist die Untersuchung biologischen Materials zur Bestimmung von Gefahrstoffen, deren Metaboliten oder deren biochemischen beziehungsweise biologischen Effektparametern. Mit Hilfe des Biomonitoring kann die Einhaltung der biologischen Grenzwerte überprüft werden; insbesondere bei perkutaner Stoffaufnahme ist sie zur Überprüfung einer Gesundheitsgefährdung eine notwendige Ergänzung zur inhalativen Expositionsermittlung.

© Der/die Herausgeber bzw. der/die Autor(en), exklusiv lizenziert an Springer Fachmedien Wiesbaden GmbH, ein Teil von Springer Nature 2024
H. F. Bender, *Sicherer Umgang mit Gefahrstoffen*,
https://doi.org/10.1007/978-3-658-42886-0

CLP-Verordnung Verordnung über die Einstufung, Kennzeichnung und Verpackung von Stoffen und Gemischen (Classification, Labelling and Packaging; CLP) Verordnung (EG) Nr. 1272/2008 des Europäischen Parlaments und des Rates vom 16. 12. 2008. Anhang I enthält den Einstufungsleitfaden für gefährliche Stoffe und Gemische, Anhang VI die Tabelle der harmonisiert eingestuften Stoffe,

CMR Abkürzung für karzinogen (krebserzeugend), keimzellmutagen (erbgutverändernd) und reproduktionstoxisch (fortpflanzungsgefährdend).

Der DNEL (Derived No-Effect level) ist die nach der REACH-Verordnung für Stoffe, die in Mengen ab 10 t/Jahr registriert werden, abzuleitende Konzentration eines Stoffes, bei der keine gesundheitsschädliche Wirkung für den Menschen besteht. Sie ist sowohl für die inhalative als auch dermale Stoffaufnahmen abzuleiten, für gelegentliche und dauerhafte Exposition.

ECHA Europäische Chemikalienagentur, europäische Agentur mit Sitz in Helsinki, zuständig für die Verwaltung der REACH-, CLP- und Biozid-Verordnung.

ERB steht für Expositions-Risiko-Beziehung und stellt die Korrelation zwischen Exposition gegenüber einem krebsauslösendem Stoff und der Wahrscheinlichkeit einer Krebserkrankung dar.

Explosionsfähige Atmosphäre ist ein Gemisch eines brennbaren Stoffes i. d. R. in Luft, das mit einer Zündquelle zur Explosion gebracht werden kann. Über einer entzündbaren Flüssigkeit bildet sich oberhalb vom Flammpunkt eine explosionsfähige Atmosphäre.

Die **Exposition** beschreibt allgemein das Ausgesetzt sein gegenüber unterschiedlichen Einwirkungsfaktoren. Im Gefahrstoffrecht wird darunter die inhalative, dermale oder orale Aufnahme von Stoffen verstanden.

EX-Zonen Bereiche, in denen die Bildung einer explosionsfähigen Atmosphäre auftreten kann, sind in Abhängigkeit von Dauer und Häufigkeit in **EX-Zonen** einzuteilen.

Fachkunde bezeichnet die Kenntnisse zur Durchführung von korrekten, sicheren Tätigkeiten. Sie kann durch Unterweisung oder innerbetriebliche Weiterbildung erlangt werden.

Der Flammpunkt ist die niedrigste Temperatur, bei der sich aus einer Flüssigkeit bei Normaldruck (1013 mbar = hPa) Dämpfe in solchen Mengen entwickeln, dass sie mit der darüberstehenden Luft ein entflammbares Gemisch ergeben und mit einer wirksamen Zündquelle zur Explosion gebracht werden kann.

Gefahrstoffe Die Gefahrstoffverordnung definiert **Gefahrstoffe** als

1. Gefährliche Stoffe und Gemische nach § 3 (GefStoffV),
2. Stoffe, Gemische und Erzeugnisse, die explosionsfähig sind,
3. Stoffe, Gemische und Erzeugnisse, aus denen bei der Herstellung oder Verwendung Stoffe und Gemischen nach den Nummern 1 oder 2 entstehen oder freigesetzt werden können,
4. Stoffe und Gemische, die die Kriterien nach den Nummern 1 bis 3 nicht erfüllen, aber auf Grund ihrer physikalisch-chemischen, chemischen oder toxischen Eigenschaften und der Art und Weise, wie sie am Arbeitsplatz vorhanden sind oder

verwendet werden, die Gesundheit und die Sicherheit der Beschäftigten gefährden können,

5. alle Stoffe, denen ein Arbeitsplatzgrenzwert zugewiesen worden ist.

Die Gefährdungsbeurteilung ist die systematische Ermittlung und Bewertung relevanter Gefährdungen, um die erforderlichen Maßnahmen für Sicherheit und Gesundheit bei der Arbeit festzulegen. Nach Gefahrstoffverordnung sind die mit den Tätigkeiten verbundenen inhalativen, dermalen, physikalisch-chemischen sowie der sonstigen durch Gefahrstoffe bedingten Gefährdungen, zu berücksichtigen.

GHS (Globally Harmonized System) ist ein weltweit einheitliches System zur Einstufung und Kennzeichnung von Stoffen und Gemischen. Es wurde von den Vereinten Nationen entwickelt, um weltweit ein hohes Schutzniveau für die menschliche Gesundheit und die Umwelt zu schaffen und gleichzeitig den Welthandel zu vereinfachen. Die GHS-Regelungen zur Einstufung und Kennzeichnung von Chemikalien wurden mit der CLP-Verordnung in europäisches Recht umgesetzt.

Kurzzeitwerte ergänzen die Luftgrenzwerte, indem sie die Konzentrationsschwankungen um den Schichtmittelwert nach oben sowie in ihrer Dauer und Häufigkeit beschränken. Die Kurzzeitwertkonzentration ergibt sich aus dem Produkt von Luftgrenzwert und Überschreitungsfaktor.

Lagerklassen (LGK) Nach TRGS 510 sind Gefahrstoffe in **Lagerklassen (LGK)** einzuteilen.

M.-Faktor

Lagern ist gemäß § 2 Absatz 6 Gefahrstoffverordnung das Aufbewahren zur späteren Verwendung sowie zur Abgabe an andere. Es schließt die Bereitstellung zur Beförderung ein, wenn die Beförderung nicht innerhalb von 24 h nach der Bereitstellung oder am darauffolgenden Werktag erfolgt. Ist dieser Werktag ein Samstag, so endet die Frist mit Ablauf des nächsten Werktags.

Als Legaleinstufung (nach CLP-Verordnung: harmonisierte Einstufung) bezeichnet man die Einstufung eines Stoffes entsprechend den Vorgaben im Anhang VI der CLP-Verordnung (EG) Nr. 1272/2008. Im Gegensatz dazu steht die Methode nach dem Definitionsprinzip gemäß den Einstufungskriterien von Anhang I der CLP-Verordnung auf Basis der Eigenschaften der Stoffe und Gemische.

Die Maximale Arbeitsplatz-Konzentration (MAK-Wert) gibt die maximal zulässige Konzentration eines Stoffes als Gas, Dampf oder Schwebstoff in der (Atem-)Luft am Arbeitsplatz an, die nach dem gegenwärtigen Stand der Kenntnis auch bei wiederholter und langfristiger Einwirkung im Allgemeinen die Gesundheit der Beschäftigten nicht beeinträchtigt und diese nicht unangemessen belästigt.

PBT steht für die Abkürzung persistente, bioakkumulierbare und toxische Stoffe. Die Kriterien sind in Anhang XIII der REACH-Verordnung angegeben.

Als PNEC (predicted no effect concentration) bezeichnet man die vorausgesagte Konzentration eines in der Regel umweltgefährlichen Stoffes, bis zu der sich keine Auswirkungen auf die Umwelt zeigen. Wird diese Konzentration also unterschritten, sollten sich keine negativen Effekte zeigen.

RAC (Risk Assessment Committee) ist der Ausschuss für Risikobewertung der ECHA.

REACH-Verordnung Verordnung (EG) Nr. 1907/2006 des europäischen Parlaments und des Rates vom 18. 12.2006 zur Registrierung, Bewertung, Zulassung und Beschränkung chemischer Stoffe wird als REACH-Verordnung (Registration, Evaluation, Authorisation of Chemicals) bezeichnet.

Die Sachkunde setzt nach Chemikalienverbotsverordnung sowie nach Gefahrstoffverordnung eine spezifische, in der Verordnung spezifizierte Berufsausbildung oder ein spezielle, bestandene Sachkundeprüfung vor der zuständigen Behörde voraus. Nach Chemikalien-Verbotsverordnung wird eine Sachkunde zur Abgabe spezieller Gefahrstoffe benötigt, nach Gefahrstoffverordnung für Abbruch, Sanierung und Instandhaltungsarbeiten bei Exposition von Asbest sowie zur Durchführung von Schädlingsbekämpfung und Begasungen. Im Gegensatz hierzu kann die Fachkunde durch Unterweisung oder innerbetriebliche Weiterbildung erlangt werden.

Sicherheitsdatenblatt Beim Inverkehrbringen von gefährlichen Stoffen und Gemischen muss dem nachgeschalteten Anwender ein Sicherheitsdatenblatt nach Artikel 31 der REACH-Verordnung übermittelt werden. In Anhang II sind die Inhalte konkret und ausführlich aufgeführt.

Stand der Technik im Sinne des § 2 Abs. 15 GefStoffV ist der Entwicklungsstand fortschrittlicher Verfahren, Einrichtungen und Betriebsweisen, der die praktische Eignung einer Maßnahme zum Schutz der Gesundheit der Beschäftigten gesichert erscheinen lässt. Bei der Bestimmung des Stands der Technik sind insbesondere vergleichbare Verfahren, Einrichtungen oder Betriebsweisen heranzuziehen, die mit Erfolg in der Praxis erprobt worden sind. Gleiches gilt für die Anforderungen an die Arbeitsmedizin und die Arbeitsplatzhygiene.

Substitution bezeichnet den Ersatz eines Gefahrstoffes oder eines Verfahrens durch einen Stoff, ein Gemisch, ein Erzeugnis oder ein Verfahren, der zu einer insgesamt geringeren Gefährdung führt.

SVHC werden nach der REACH-Verordnung die besonders besorgniserregende Stoffe („substances of very high concern") abgekürzt. Sie werden in der Kandidatenliste aufgeführt und können nach Beschluss der EG-Kommission auf Anhang XIV der REACH-Verordnung aufgenommen werden und dem Zulassungsverfahren unterworfen werden.

TRGS Technische Regel für Gefahrstoffe, besitzen nach Gefahrstoffverordnung die Vermutungswirkung, sollen den Rechtsunterworfenen zur Umsetzung der gesetzlichen Regelungen helfen, ohne selbst Recht zu setzen./Der Überschreitungsfaktor wird zur Berechnung der nach TRGS 900 einzuhaltenden Kurzzeitgrenzwerte benötigt. Durch Multiplikation des Schichtmittelwertes (AGW) mit dem Überschreitungsfaktor wird der Kurzzeitgrenzwert berechnet, der i. d. R. innerhalb von 15 min nicht überschritten werden darf.

vPvB steht für die Abkürzung sehr persistent und sehr bioakkumulierbar. Die Kriterien sind in Anhang XIII der REACH-Verordnung angegeben.

Stichwortverzeichnis

Printed in the United States
by Baker & Taylor Publisher Services